高等职业教育系列教材

校企合作 | 产教融合 | 理论与实践相结合

云计算基础

主　编 | 郎登何　何　欢
参　编 | 李　力　钟世成　罗　刚

本书站在云计算服务提供者、使用者和监管者的角度，以通俗易懂的语言介绍了云计算基础及应用的相关知识和技术。全书共9章，包括云计算概述、云服务、云用户、云计算架构及标准化、云计算主要支撑技术、公有云平台的应用、云平台搭建基础、云计算存在的问题和云计算的应用。本书内容丰富、结构清晰、理论与实际操作相结合，能让读者在动手操作的过程中理解抽象的概念和掌握云计算应用技术，章末的小结和思考与练习则可帮助读者巩固所学知识。此外，本书以二维码方式提供了方便学习的视频资源。

本书可作为高职院校电子信息类专业的教材和云计算科普读物，也可以作为工程技术和管理人员的参考用书。

本书配有授课电子课件，需要的教师可登录 www.cmpedu.com 免费注册，审核通过后下载，或联系编辑索取（微信为 13261377872，电话为 010-88379739）。

图书在版编目（CIP）数据

云计算基础 / 郎登何，何欢主编. --北京：机械工业出版社，2025.5. --（高等职业教育系列教材）.
ISBN 978-7-111-77817-2

Ⅰ. TP393.027

中国国家版本馆 CIP 数据核字第 2025BD7286 号

机械工业出版社（北京市百万庄大街 22 号　邮政编码 100037）
策划编辑：李培培　　责任编辑：李培培
责任校对：李　杉　张　薇　　责任印制：常天培
固安县铭成印刷有限公司印刷
2025 年 5 月第 1 版第 1 次印刷
184mm×260mm · 14 印张 · 355 千字
标准书号：ISBN 978-7-111-77817-2
定价：59.90 元

电话服务
客服电话：010-88361066
010-88379833
010-68326294

网络服务
机　工　官　网：www.cmpbook.com
机　工　官　博：weibo.com/cmp1952
金　　书　　网：www.golden-book.com
机工教育服务网：www.cmpedu.com

Preface

前 言

随着数字经济的迅速发展，企事业单位业务上云已成为必然趋势，社会对云计算技术人才的需求成倍增加。其一，信息资源用户对信息的获取和应用的便捷性、低成本、个性化的要求不断提高，促使众多的 IT 企业在激烈的竞争中不断创新和变革以满足用户需求；其二，越来越多的公司认识到云计算在信息社会中的地位和作用，纷纷将云计算作为公司发展的重要战略；其三，国家高度重视云计算产业在国民经济中的重要作用，将其作为调整产业结构和发展国民经济的重要战略。鉴于以上原因，企业信息技术人员、高校电子信息类专业学生和社会大众渴望学习云计算知识与技术，更急需一批通俗易懂、能快速入门的读物或教材。

重庆电子科技职业大学产教融合，于 2012 年开设云计算系统集成专业，时至今日在云计算技术应用专业建设上积累了丰富的教学经验和大量的教学资源，本书是基于此并在企业工程师参与下开发的云计算技术应用专业教材之一。

本书第 1 章为云计算概述，首先解决云计算是什么，有什么用，如何产生，对信息技术应用有什么优势和劣势的问题；第 2 章介绍了基础设施即服务（IaaS）、平台即服务（PaaS）和软件即服务（SaaS）等云服务类型；第 3 章讲述了服务的使用者——政府、企业、开发人员和社会大众等各类云用户在云计算及其产业发展中的地位和作用；在前 3 章基础上，第 4 章“云计算架构及标准化”和第 5 章“云计算主要支撑技术”让读者从宏观上理解云计算的整体结构和所涉及的主要支撑技术；第 6 章“公有云平台的应用”和第 7 章“云平台搭建基础”通过实际操作引领读者使用国内知名的百度、阿里等公有云平台，感兴趣的读者可以自己动手搭建私有云平台；第 8 章介绍了云计算存在的问题及应对策略；最后，第 9 章简要介绍了云计算在行业中的相关应用情况。

本书在内容安排上力求循序渐进、理论与实践相结合，解释抽象的概念和专业术语时尽量用通俗易懂的语言以及容易接受和理解的示例进行说明。

本书的编写和定稿工作主要由重庆电子科技职业大学郎登何负责，参加编写和资料整理的还有重庆电子科技职业大学人工智能与大数据学院副院长何欢和实验师李力、重庆隆锦科技有限公司钟世成、重庆科尔讯科技有限公司罗刚。由衷感谢本书编写过程中提供大力支持和帮助的西安帕克耐电信有限公司彭贤明总经理、重庆市深联电子信息有限公司张晓非高级工程师、云技术教学团队和教研室的同事以及龚小勇和武春岭教授。

由于编者水平有限，错误和疏漏之处在所难免，恳请同行专家和广大读者朋友不吝赐教。

编 者

目录 Contents

前言

第5章 云计算主要支撑技术 54

第6章 公有云平台的应用 81

第7章 云平台搭建基础 107

第8章 云计算存在的问题 …… 183

第9章 云计算的应用 …… 202

参考文献 …… 218

第 1 章　云计算概述

本章要点

- 云计算的概念与特征
- 云计算的发展
- 云计算的优势与劣势

互联网的快速发展提供给人们海量的信息资源，移动终端设备的广泛普及使得人们获取、加工、应用和向网络提供信息变得更加方便和快捷。信息技术的进步将人类社会紧密地联系在一起，世界上各国政府、企业、科研机构、各类组织和个人对信息的“依赖”程度前所未有。

降低成本、提高效益是企事业单位生产经营和管理的永恒主题，因对“信息”资源的依赖，使得企事业单位不得不在“信息资源的发电站”（数据中心）的建设和管理上大量投入，导致信息化建设成本高，中小企业更是不堪重负。传统的信息资源提供模式（自给自足）遇到了挑战，新的计算模式已悄然进入人们的生活、学习和工作，它就是被誉为第三次信息技术革命的“云计算”。

本章介绍云计算基本概念、特征、优势和劣势。

1.1　云计算的概念与特征

云计算从互联网诞生以来就一直存在，业界目前并没有对云计算进行一个统一的定义，也不希望对云计算过早地下定义，避免约束了云计算的进一步发展和创新。

1.1.1　云计算的基本概念

云计算的基本概念

到底什么是云计算（Cloud Computing），目前有多种说法。现阶段广为接受的是美国国家标准与技术研究院（NIST）给出的定义：云计算是一种按使用量付费的模式，这种模式提供可用的、便捷的、按需的网络访问，进入可配置的计算资源共享池（资源包括网络、服务器、存储、应用软件、服务），这些资源能够被快速提供，只需要投入很少的管理工作，或与服务供应商进行很少的交互。通俗地讲，云计算要解决的是信息资源（包括计算机、存储、网络通信和软件等）的提供和使用模式，即由用户投资购买设施设备和管理促进业务增长的“自给自足”模式，转变为用户只需要付少量租金就能更好地服务于自身建设的、以“租用”为主的模式。

1. 云计算概念的形成

云计算概念的形成经历了互联网、万维网和云计算 3 个阶段，如图 1-1 所示。

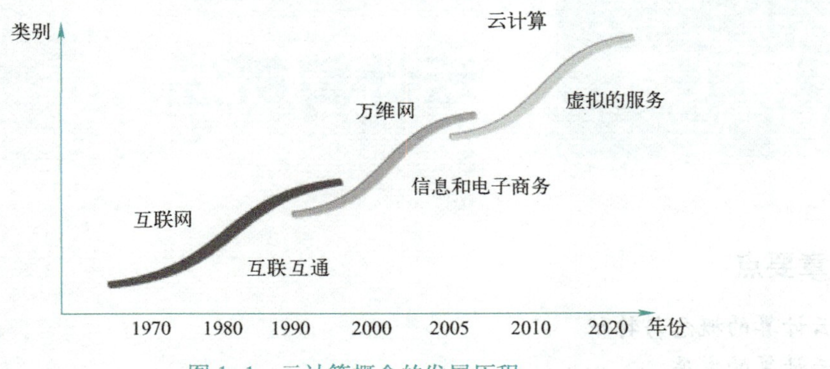

图 1-1　云计算概念的发展历程

（1）互联网阶段

个人计算机时代的初期，计算机不断增加，用户期望计算机之间能够相互通信，实现互联互通，由此，实现计算机互联互通的互联网的概念开始出现。技术人员按照互联网的概念设计出目前的计算机网络系统，允许不同硬件平台、不同软件平台的计算机上运行的程序能够相互之间交换数据。这个时期，PC 是一台“麻雀虽小，五脏俱全”的小计算机，每个用户的主要任务在 PC 上运行，仅在需要访问共享磁盘文件时才通过网络访问文件服务器，体现了网络中各计算机之间的协同工作。思科等企业专注于提供互联网核心技术和设备，成为 IT 行业的巨头。

（2）万维网阶段

计算机实现互联互通以后，计算机网络上存储的信息和文档越来越多。用户在使用计算机的时候，发现信息和文档的交换较为困难，无法用便利和统一的方式来发布、交换和获取其他计算机上的数据、信息和文档。因此，实现计算机信息无缝交换的万维网概念出现。当时全世界的计算机用户都可以依赖万维网的技术非常方便地进行网页浏览、文件交换等操作，同时，网景、雅虎和谷歌等企业也依赖万维网的技术创造了巨量的财富。

（3）云计算阶段

万维网形成后，万维网上的信息越来越多，形成了一个信息爆炸的信息时代。中国各行各业的互联网化与现实世界数据化的趋势，使得数量和计算量呈指数性爆发，而数据存储、计算和应用都更加需要集中化。预测到 2030 年，全球每年新增数据量将突破 1 YB（1 YB 相当于 4 万亿台 256 GB 高端手机的存储能力），整个网络上数据存储量将会达到 2500 ZB。如此大规模的数据，使得用户在获取有用信息的时候存在极大的障碍，如同大海捞针。同时，互联网上所连接的大量的计算机设备提供超大规模的 IT 能力（包括计算、存储、带宽、数据处理和软件服务等），用户由于难以便利地获得这些 IT 能力，而导致 IT 资源的浪费。

另一方面，众多的非 IT 企业为信息化建设投入大量资金购置设备、组建专业队伍进行管理，成本通常居高不下，是许多中小企业难以承受的。

于是，通过网络向用户提供廉价、满足业务发展的 IT 服务的需求由此产生，从而形成了云计算的概念。云计算的目标就是在互联网和万维网的基础上，按照用户的需要和业务规模的要求，直接为用户提供所需要的服务。用户不用自己建设、部署和管理这些设施、系统和服务，只需要参照租用模式，按照使用量来支付使用这些云服务的费用。

在云计算模式下，用户的计算机变得十分简单，用户的计算机除了通过浏览器给“云”发送指令和接收数据外基本上什么都不用做，便可以使用云服务提供商的计算资源、存储空间和各种应用软件。这就像连接“显示器”和“主机”的电线无限长，从而可以把显示器放在使用者的面前，而主机放在远到甚至计算机使用者本人也不知道的地方。云计算把连接“显示器”和“主机”的电线变成了网络，把“主机”变成云服务提供商的服务器集群。

在云计算环境下，用户的使用观念也发生了彻底的变化：从“购买产品”转变到“购买服务”。因为他们直接面对的将不再是复杂的硬件和软件，而是最终的服务。用户不需要拥有看得见、摸得着的硬件设施，也不需要为机房支付设备供电、空调制冷、专人维护等费用，并且不需要等待供货周期、项目实施等冗长的时间，只需要给云计算服务提供商支付费用，就会马上得到需要的服务。

2. 不同角度看云计算

云计算的概念可以从用户、技术提供商和技术开发人员 3 个不同角度来解读。

(1) 用户看云计算

从用户的角度考虑，主要根据用户的体验和效果来描述，云计算可以总结为：云计算系统是一个信息基础设施，包含硬件设备、软件平台、系统管理的数据以及相应的信息服务。用户使用该系统的时候，可以实现“按需索取、按用计费、无限扩展、网络访问”的效果。

简单而言，用户可以根据自己的需要，通过网络获得自己需要的计算机资源和软件服务。这些计算机资源和软件服务是直接供用户使用而不需要用户做进一步的定制化开发、管理和维护等工作。同时，这些计算机资源和软件服务的规模可以根据用户业务变化和需求的变化，随时进行调整。用户使用这些计算机资源和软件服务，只需要按照使用量来支付租用的费用。

(2) 技术提供商看云计算

技术提供商对云计算的理解为，通过调度和优化的技术，管理和协同大量的计算资源；针对用户的需求，通过互联网发布和提供用户所需的计算机资源和软件服务；基于租用模式的按用计费方法进行收费。

技术提供商强调云计算系统需要组织和协同大量的计算资源来提供强大的 IT 能力和丰富的软件服务，利用调度优化的技术来提高资源的利用效率。云计算系统提供的 IT 能力和软件服务针对用户的直接需求，并且都在互联网上进行发布，允许用户直接利用互联网来使用这些 IT 能力和服务。用户对资源的使用，按照其使用量来进行计费，实现云计算系统运营的盈利。

(3) 技术开发人员看云计算

技术开发人员作为云计算系统的设计和开发人员，认为云计算是一个大型集中的信息系统，该系统通过虚拟化技术和面向服务的系统设计等手段来完成资源和能力的封装以及交互，并且通过互联网来发布这些封装好的资源和能力。

所谓大型集中的信息系统，指的是包含大量的软硬件资源，并且通过技术和网络等对其进行集中式的管理的信息系统。通常这些软硬件资源在物理上或者在网络连接上是集中或者相邻的，能够协同来完成同一个任务。

信息系统包含硬件和很多软件功能，这些硬件和软件功能如果需要被访问和使用，必须有一种把相关资源和软件模块打包在一起并且能够呈现给用户的方式。虚拟化技术和 Web

服务是最为常见的封装和呈现技术，可以把硬件资源和软件功能等打包，并且以虚拟计算机和网络服务的形式呈现给用户使用。

3. 云计算概念总结

云计算并非一个代表一系列技术的符号，因此不能要求云计算系统必须采用某些特定的技术，也不能因为用了某些技术而称一个系统为云计算系统。

云计算概念应该理解为一种商业和技术的模式。从商业层面看，云计算模式代表了按需索取、按用计费、网络交付的商业模式。从技术层面看，云计算模式代表了整合多种不同的技术来实现一个可以线性扩展、快速部署、多租户共享的 IT 系统，提供各种 IT 服务。

云计算仍然在高速发展，并且不断在技术和商业层面有所创新。

1.1.2 云计算的基本特征

云计算的基本特征

云计算的核心思想是将大量用网络连接的计算资源统一管理和调度，构成一个计算资源池向用户提供按需服务。其通过使计算分布在大量的分布式计算机上，而非本地计算机或远程服务器中，企业数据中心的运行将与互联网更相似，使得企业能够将资源切换到需要的应用上，根据需求访问计算机和存储系统。

云计算的 4 个基本特征如下。

1）基于大规模基础设施支撑的强大计算能力和存储能力。

多数云计算中心都具有大规模的计算资源，例如，Google 云计算中心已经拥有几百万台服务器，通过整合和管理这些数目庞大的计算机集群来赋予用户前所未有的计算和存储能力。

2）使用多种虚拟化技术提升资源利用率。

云计算支持用户在任意位置、使用各种终端获取应用服务，对用户而言，只要按照需要请求“云”中资源，而不必（实际上是无法）了解资源的实体信息，例如，物理位置、性能限制等，从而有效简化应用服务的使用过程。

3）依托弹性扩展能力支持的按需访问，按需付费以及强通用性。

云计算中心的定位通常表现为，支持业界多数主流应用，支撑不同类型服务同时运行，保证服务质量。“云”是一个庞大的资源池，“云”中资源能够动态调整、伸缩，适应用户数量的变化，以及每个用户根据业务调整应用服务的使用量等具体需求，保证用户能够像自来水、电和煤气等公用事业一样根据使用量为信息技术应用付费。

4）专业的运维支持和高度的自动化技术。

“云”实现了资源的高度集中，不仅包括软硬件基础设施和计算、存储资源，也包括云计算服务的运维资源。在“云端”聚集了具有专业知识和技能的人员和团队，帮助用户管理信息和保存数据，从而保证业务更加持续稳定地运行。另一方面，云中不论是应用、服务和资源的部署，还是软硬件的管理，都主要通过自动化的方式来执行和管理，从而极大地降低整个云计算中心庞大的人力成本。

1.1.3 云计算判断标准

云计算判断标准

是不是云计算可用以下三条标准来衡量。

1. 用户使用的资源不在客户端而在网络中

云计算必须是通过网络向用户提供动态可伸缩的计算能力，如果来自用户本地肯定不能称为云计算。

2. 服务能力具有优于分钟级的可伸缩性

从网络得到的服务，无论是服务注册、查询、使用都应该是实时的，用户通常没有等待超过一分钟以上时间的耐心。

3. 五倍以上的性价比提升

用户在使用服务的成本支付上大幅降低，同使用本地资源相比应该有 5 倍以上的性价比。

1.2 云计算的发展

云计算是继 20 世纪 80 年代大型计算机到客户端/服务器的大转变之后的又一种巨变。了解云计算发展情况，有利于深刻理解云计算基本概念和掌握有关技术。

1.2.1 云计算简史

1983 年，太阳微系统公司（Sun Micro systems）提出“网络即计算机”（The Network is the Computer）。

2006 年 3 月，亚马逊（Amazon）推出弹性计算云（Elastic Compute Cloud，EC2）服务。

2006 年 8 月 9 日，Google 首席执行官埃里克·施密特（Eric Schmidt）在搜索引擎大会（SES San Jose 2006）首次提出“云计算”（Cloud Computing）的概念。Google“云端计算”源于 Google 工程师克里斯托弗·比希利亚所做的“Google 101”项目。

2007 年 10 月，Google 与 IBM 开始在美国大学校园，包括卡内基梅隆大学、麻省理工学院、斯坦福大学、加州大学伯克利分校及马里兰大学等，推广云计算的计划，这项计划希望能降低分布式计算技术在学术研究方面的成本，并为这些大学提供相关的软硬件设备及技术支持（包括数百台个人计算机及 Blade Center 与 System x 服务器，这些计算平台将提供 1600 个处理器，支持包括 Linux、Xen 和 Hadoop 等开放源代码平台）。而学生则可以通过网络开发各项以大规模计算为基础的研究计划。

2008 年 2 月 1 日，IBM 宣布将在中国无锡太湖新城科教产业园为中国的软件公司建立全球第一个云计算中心（Cloud Computing Center）。

2008 年 7 月 29 日，雅虎、惠普和英特尔宣布一项涵盖美国、德国和新加坡的联合研究计划，推出云计算研究测试床，推进云计算。该计划要与合作伙伴创建 6 个数据中心作为研究试验平台，每个数据中心配置 1400 个至 4000 个处理器。这些合作伙伴包括新加坡资讯通信发展管理局、德国卡尔斯鲁厄大学 Steinbuch 计算中心、美国伊利诺伊大学香槟分校、英特尔研究院、惠普实验室和雅虎。

2008 年 8 月 3 日，美国专利商标局网站信息显示，戴尔正在申请“云计算”（Cloud Computing）商标，此举旨在加强对这一未来可能重塑技术架构的术语的控制权。2010 年 3 月 5 日，Novell 与云安全联盟（CSA）共同宣布一项供应商中立计划，名为“可信任云计算计划（Trusted Cloud Initiative）”。

2010 年 7 月，美国国家航空航天局和 Rack space、AMD、Intel、戴尔等支持厂商共同宣布“Open Stack”开放源代码计划。

2010 年 10 月，微软表示支持 Open Stack 与 Windows Server 2008 R2 的集成；而 Ubuntu 已把 Open Stack 加至 11.04 版本中。

2011 年 2 月，思科系统正式加入 Open Stack，重点研制 Open Stack 的网络服务。

2012 年，随着阿里云、盛大云、新浪云、百度云等公共云平台的迅速发展，以及腾讯、淘宝、360 等开放平台的兴起，云计算真正进入到实践阶段。2012 年被称为“中国云计算实践元年”。

2014 年 8 月 19 日，阿里云启动“云合计划”，该计划拟招募 1 万家云服务商，为企业、政府等用户提供一站式云服务，其中包括 100 家大型服务商、1000 家中型服务商，并提供资金扶持、客户共享、技术和培训支持，帮助合作伙伴从 IT 服务商向云服务商转型。东软、中软、浪潮、东华软件等国内主流的大型 IT 服务商，均相继成为阿里云合作伙伴。

根据 Gartner 统计，2022 年全球云计算市场规模为 4910 亿美元，增速 19%。预计在大模型、算力等需求的刺激下，市场仍将保持稳定增长，到 2026 年全球云计算市场将突破万亿美元。根据中国信通院统计，2022 年我国云计算市场规模达到 4550 亿元，较 2021 年增长 40.91%。相比于全球 19%的增速，我国云计算市场仍处于快速发展期，预计 2025 年后，云计算整体市场规模超万亿元将是常态。

1.2.2 云计算现状

当前云计算已经不再像前几年那样火热，产业界对云计算的关注度已经被大数据、人工智能等新的名词所超越，但这并不意味着云计算本身影响力的削弱，而是因为“云”已经成为 ICT 技术和服务领域的“常态”。产业界对待云计算不再是抱着疑虑和试探的态度，而是越来越务实地接纳它、拥抱它，不断去挖掘云计算中蕴藏的巨大价值。其国际、国内现状如下。

1. 国际现状

近年来，随着大模型、算力等需求的刺激，全球云计算市场规模不断扩大，呈现稳定且高速的增长态势。尽管受到通胀压力和宏观经济下行的双重影响，增速较有所放缓，但仍然保持在高位运行。在产业链的上游主要包括芯片厂商和基础设备提供商，他们提供云计算所需的核心硬件芯片、服务器、路由器、交换机等；中游主要是 IDC 制造商和云服务提供商，IDC 制造商负责建设和运营数据中心，提供数据存储和计算服务，而云服务提供商则进一步细分为基础设施、平台服务和软件服务等类型；下游则是最终客户端，包括各行各业的政府客户、企业客户以及个人用户等，他们通过使用云计算服务，可以获得快速、高效、灵活的计算和数据存储能力，进一步提升自身业务的运营效率和发展潜力。

从区域分布情况来看，全球云计算市场的发展呈现出“一超多强”的态势。北美洲占据全球 52.1%的公有云市场规模，欧洲和亚洲分别位列市场份额占比的第二、三位。值得注意的是，亚洲市场的增速超过 30%，将成为云计算市场竞争的下一主战场。与此同时，我国的云计算市场仍处于快速发展期，保持较高的抗风险能力。

从市场规模来看，IBM、亚马逊 AWS、微软 Azure 和谷歌云等占据大部分的市场份额，他们拥有强大的技术实力和丰富的服务经验，能够为客户提供更加稳定、高效的云服务。

IBM 的业务遍及 130 多个国家和地区，拥有超过 39000 名员工，在计算机生产与革新领域处于世界领先地位。其在计算机输入/输出技术、生产性研究、数学、物理领域进行创新，推动了基础科学的发展。同时也为企业提供应对业务挑战和数字化转型的各种方案，如混合云基础架构旗舰产品、新一代 AI、安全和存储，通过 AI 更快地查找研发信息、提高内置数据恢复能力、从网络攻击中恢复时间缩短数倍等，展现其在技术创新和解决方案提供方面的领导地位。还积极参与社会公益活动，通过其技术、资源和人员的力量，帮助世界各地推进众多倡议，如通过 P-TECH 教育项目培养科技人才，以及 2021 年通过在指甲大小的芯片上安装 500 亿个晶体管的世界首个 2 nm 芯片的创新成果。

亚马逊 AWS 是全球最全面、应用最广泛的云计算服务提供商之一，提供超过 200 项功能齐全的服务。其数据中心遍布全球，提供包括计算、存储、数据库等基础设施服务，以及机器学习、人工智能等新兴技术。AWS 提供的服务和功能比其他任何云服务提供商都要多，这使得企业和机构能够更快、更容易且更低成本地将现有应用迁移到云中，构建几乎任何应用程序或服务。

微软加大在云计算和人工智能领域的投入，推出微软 Azure 云平台。微软 Azure 是微软基于云计算的操作系统，主要目标是为开发者提供一个平台，帮助开发可运行在云服务器、数据中心、Web 和 PC 上的应用程序。云计算的开发者能使用微软全球数据中心的储存、计算能力和网络基础服务。它开放式的架构给开发者提供了 Web 应用、互联设备的应用、个人计算机、服务器以及最优的在线复杂解决方案。微软凭借 Azure，使其市场份额正在不断增长。

谷歌云在全球云服务市场中的地位仅次于亚马逊和微软，但谷歌云业务的增长势头强劲。根据财报显示，谷歌云业务部门在连续亏损三年后，实现了盈利，这标志着谷歌云业务价值的进一步显现。这一转变主要得益于 AI 和云计算的推动，表明谷歌云有着巨大的市场潜力和增长动力。

虚拟化起家的公司 VMware，从 2008 年也开始举起了云计算的大旗。VMware 具有坚实的企业客户基础，为超过 19 万家企业客户构建了虚拟化平台，而虚拟化平台正成为云计算的最为重要的基石。没有虚拟化的云计算，绝对是空中楼阁，特别是面向企业的内部云。VMware 已经推出了云操作系统 vSphere、云服务目录构件 vCloud Director、云资源审批管理模块 vCloud Request Manager 和云计费 vCenter Chargeback。VMware 致力于开放式云平台建设，是一款不需要修改现有的应用就能将今天数据中心的应用无缝迁移到云平台的解决方案，也是目前唯一提供完善路线图帮助用户实现内部云和外部云连接的厂家。

VMware 和 EMC 宣布计划共同成立新的云服务业务，旨在为客户提供业内最全面的混合云产品组合。这家新的联盟企业使用 Virtustream 品牌，将 vCloud Air、Virtustream、对象存储和管理云服务融为一体。在 VMword 2015 大会上，发布了一系列新产品和服务，帮助客户业务转型，迎接全新 IT 模式。

VMware 宣布为 VMware vCloud Air 提供新一代公有云产品，包括对象存储服务和全球 DNS 服务。VMware vCloud Air Object Storage 是搭载谷歌云平台和 EMC 非结构化数据的一个高度可扩展、可靠和具成本效益的存储服务。

VMware 宣布了在“云管理平台”的多项重大更新，包括 vRealize Automation 和 vRealize Business。增强功能包括在整个云端提供以应用为主的网络和安全应用程序，通过单一的控制面板提高透明度和控制 IT 服务的成本和质量。

VMware 为其云原生技术产品提供两个全新项目，旨在满足企业的安全和隔离 IT 要求、服务水平协议、数据持久性、网络服务和管理。VMware vSphere Integrated Containers 将帮助 IT 团队在本地或在 VMware 的公有云或 vCloud Air 中运行云原生应用。VMware 的 Photon 平台将作为运行云原生应用的专用平台。

此外，惠普、英特尔等国际 IT 巨头都纷纷成立了自己的数据中心，目的同样是推广云计算技术。

2. 国内现状

我国云计算经过多年产业培育期，从产业链成熟度、商业模式，到客户使用习惯等方面，已经具备很好的发展条件，随着各行业领域大数据应用的不断推进，整个云计算行业即将步入爆发期。

云计算在促进大众创业、万众创新方面成效明显。如百度开放云平台就聚集了 100 多万开发者，利用百度云的计算能力、数据资源和应用软件等，开发位置导航、影音娱乐、健康管理和信息安全等各类创新应用。几年来，百度云已累计为开发者节约了超过 25 亿元的研发成本。此外，阿里小贷依托阿里云生态体系和大数据支撑，可以了解把握小微企业的信用程度，已累计为 90 万家小微企业放贷 2300 亿元，为缓解我国小微企业融资难问题做出了积极贡献。云计算已经成为我国社会创新创业的重要基础平台，应用市场需求旺盛，发展前景广阔。

当前，我国已进入数字经济时代，随着“一带一路”经济带的贯通，信息产业势必会迅速发展。云计算作为数字经济时代的基础设施，其应用将更加广泛和深入。

1.3 云计算的优势与劣势

云计算的优势与劣势

当前各种市场营销都以云计算作为卖点，云手机、云电视、云存储等频频冲击着人们的眼球。2012 年以来，各大 IT 巨头们频繁出手，纷纷收购各种软件公司为以后云计算发展打下基础，而且在云计算背景下各大厂家以此作为营销法宝，各种云方案、云功能“纷纷出炉”，一切似乎都预示着人们已进入“云的时代”。

1.3.1 云计算的优势

那么云计算究竟有什么好处呢？为什么各大巨头纷纷出手发展云计算呢？为什么要用云计算？云计算能给人们带来哪些便利？这些都是用户需要弄明白的问题，下面总结一下云计算的几大优势，以帮助更多用户了解云计算。

1. 更加便利

如果你的工作需要经常出差，或者有重要的事情需要及时得到处理，那么云计算就会给你提供一个全球随时访问的机会，无论你在什么地方，只要登录自己的账户，就可以随时处理公司的文件或亲人的信件。你可以安全地访问公司的所有数据，而不仅限于 U 盘中有限的存储空间，能让人随时随地都可以享受跟公司一样的处理文件的环境。

2. 节约硬件成本

前谷歌中国区总裁李开复在 2011 年表示，云计算可将硬件成本降低至原来的 1/40，他举例说，谷歌如果不采用云计算，每年购买设备的资金将高达 640 亿美元，而采用云计算后仅需要 16 亿美元的成本。

云计算能为公司节省多少成本会根据公司的不同有所差别。但是云计算能节省企业硬件成本已经是个不争的事实，企业可以使公司的硬件的利用率达到最大化，从而使公司支出进一步缩小。

3. 节约软件成本

公司利用云技术将不必为每一个员工都购买正版使用权，当使用云计算的时候，只需要为公司购买一个正版使用权就可以了，所有员工都可以依靠云计算技术共同使用该软件。软件即服务（SaaS）已经得到越来越多人的认可，随着它的发展，云计算节省软件成本的优势将会越来越显著。

4. 节省物理空间

部署云计算后，企业再也不需要购买大量的硬件，同时存放服务器和计算机的空间也被节省出来，在房屋价格不断上涨的阶段，节省企业物理空间无疑会给企业节省更多的费用，大幅提升企业的利润。

5. 实时监控

企业员工可以在全国各地进行办公，只需要一个移动设备就能满足，而通过手机电话等方式可以对员工的具体情况进行监控，可以对公司的情况进一步了解，在提升员工的工作积极性的同时使员工的效率达到最大化。

6. 企业更大的灵活性

云计算提供给企业更多的灵活性，企业可以根据业务情况来决定是否需要增加服务，企业也可以从小做起，用最少的投资来满足自己的现状，而当企业的业务增长到需要增加服务的时候，可以根据自己的情况对服务进行选择性增加，使企业的业务利用性达到最大化。

7. 减少 IT 支持成本

简化硬件的数量，消除组织网络和计算机操作系统配置步骤，可以减少企业对 IT 维护人员数量的需求，从而使企业的 IT 支持成本达到最小化，使企业工作人员达到最佳状态，省去之前庞大的 IT 维护人员支持成本无疑就是提升了企业的利润。

8. 企业安全

云计算能给企业数据带来更安全的保证，可能很多人并不同意这个观点，但是云计算能给企业带来的安全是真实存在的。在我国，一些企业很难对计算机的安全做到固若金汤，而云计算则能很好地解决这类问题，服务提供商能够给企业提供最完善、最专业的解决方案，使企业数据安全得到最大保证。

9. 数据共享

以前人们保存电话号码，通常是手机里面存储一百多个，电话簿上也会存储很多，计算机里面也会存储一些，当有了云计算，数据只要一份（即保存在云的另一端，如云盘），用户的所有电子设备只要连接到互联网，就可以同时访问和使用同一数据。

10. 使生活更精彩

以前人们存储数据在很多情况下是记录在便携式计算机或者计算机硬盘中，而现在，可以把所有的数据保存在云端。当驾车在外时，只要自己登录所在地区的卫星地图就能了解实时路况，可以快速查询实时路线，还可以把自己拍下的照片随时传到云端保存，实时发表亲身感受，等等。

可以说云计算带来的好处是非常多的，使我们的生活更精彩。

1.3.2 云计算的劣势

事物都有利弊之分，云计算也不例外，只有充分认识到它的优势和劣势，才能更好地应用云计算，其劣势表现在以下几个方面。

1. 数据安全性

从数据安全性方面看，云计算还没有完全解决这个问题，企业将数据存储在云上还会考虑其重要性，有区别地对待。

2. 应用软件性能不够稳定

尽管已有许多云端应用软件供用户使用，由于网络带宽等原因使其性能受到影响，相信随着我国信息化的发展，这个问题将迎刃而解。

3. 按流量收费有时会超出预算

将资源和数据存储在云端进行读取的时候，需要的网络带宽是非常庞大的，所需要的成本过于巨大，甚至超过了购买存储本身的费用。

4. 自主权降低

客户希望能完全管理和控制自己的应用系统，在原来的模式中，每层应用都可以自定义地设置和管理；而换到云平台以后，用户虽然不需要担心基础架构，但同时也让企业感到了担忧，毕竟现在熟悉的东西突然变成了一个“黑盒”。

小结

云计算概念应该理解为一种商业和技术的模式。从商业层面看，云计算模式代表了按需索取、按用计费、网络交付的商业模式。从技术层面看，云计算模式代表了整合多种不同的技术来实现一个可以线性扩展、快速部署、多租户共享的 IT 系统，提供各种 IT 服务。云计算仍然在高速发展，并且不断地在技术和商业层面有所创新。

云计算有 4 个基本特征，分别是：基于大规模基础设施支撑的强大计算能力和存储能力；使用多种虚拟化技术提升资源利用率；依托弹性扩展能力支持的按需访问，按需付费以及强通用性；专业的运维支持和高度的自动化技术。

云计算在不断发展变化中，随着相关技术的成熟，其优势的一面是客户将不断受益，其不足之处是用户必须结合自身实际情况在安全性、稳定性等方面慎重考虑。云计算还有很长的路要走，很多地方还要优化。

思考与练习

一、填空题

1. 云计算要解决信息资源（包括________、________、________、________等）的提供和使用模式，即由用户投资购买设施设备和管理促进业务增长的________模式向用户只需付少量租金就能更好地服务于自身建设的以________为主的模式。

2. 云计算概念的形成经历了________、________和________三个阶段。

二、选择题

1. 下面属于云计算优势的是（　　）。

A. 节约硬件成本　　B. 节约软件成本

C. 数据共享　　D. 节约物理空间

2. 下面属于云计算劣势的是（　　）。

A. 依赖网络　　B. 服务迁移面临挑战

C. 数据安全存在风险　　D. 风险更加集中

三、简答题

1. 请列举一些关于云计算的名词。

2. 结合实际情况谈谈什么是云计算。

3. 云计算对中小企业有何意义？如果你是企业的信息主管，对信息化会有何期待？

第 2 章　云服务

本章要点

- 领会什么是云服务
- 理解基础设施即服务、平台即服务
- 掌握软件即服务
- 了解其他云服务

从信息资源的提供和使用来看，通过网络获取信息资源的用户也就获得了云服务，云计算环境下，IT 即服务。这些服务有哪些，有什么特点，在信息化高速发展的今天，有必要理解并掌握这些服务获取知识和技能。

2.1 什么是云服务

云服务是基于互联网的相关服务的增加、使用和交付模式，通常是通过互联网提供的动态、易扩展、廉价的各类资源。这种服务可以是 IT、软件和互联网相关产品，也可以是其他服务，云服务意味着计算能力可以作为一种商品通过互联网进行流通，能解决企事业单位和社会组织业务效率快速提升的有关问题。

如图 2-1 所示。云服务的提供者是各类 IT 厂商，以下章节简称为云服务提供商。包括电信运营商、各类软件开发企业、应用服务开发单位等，如中国电信、中国移动、中国联通等通信运营商，微软、Oracle 等软件公司，亚马逊、谷歌、百度、阿里巴巴等服务提供商等。云服务的客户是使用信息资源的企事业单位或者个人，客户只需要通过网络连接到云服务提供商的资源中心就可以获得所需要的服务。

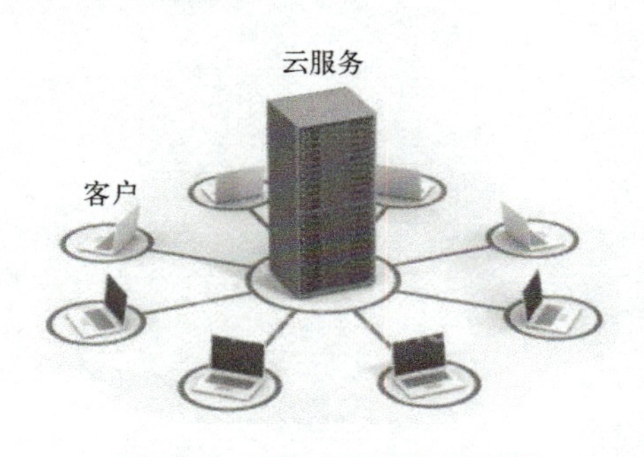

图 2-1　云服务与客户关系图

2.1.1　云服务简介

云服务提供商向客户提供的服务非常丰富，例如存储服务、办公服务、安全服务、娱乐服务、金融服务和教育服务等，也可以相对应地称为云存储、云办公、云安全、云娱乐等。例如百度、360、阿里向用户推出的云盘存储服务；微软在中国大陆推出由世纪互联运营的 Microsoft 365 云办公服务等。

1. 云存储（Cloud Storage）

在 PC 时代，用户的文件存储在本地存储设备中（如硬件、软盘或者 U 盘中），云存储则不将文件存储在本地存储设备上，而存储在“云”中，这里的云即“云存储”，它通常是由专业的 IT 厂商提供的存储设备和为存储服务的相关技术集合，即它是指通过集群应用、网格技术或分布式文件系统等功能，将网络中大量各种不同类型的存储设备通过应用软件集合起来协同工作，共同对外提供数据存储和业务访问功能的一个系统。云存储的核心是应用软件与存储设备相结合，通过应用软件来实现存储设备向存储服务的转变，是一个以数据存储和管理为核心的云计算系统。

提供云存储服务的 IT 厂商主要有微软、IBM、Google、网易、新浪、中国移动 139 邮箱和中国电信等。

2. 云安全（Cloud Security）

云计算中用户程序的运行、各种文件存储主要由云端完成，本地计算设备主要从事资源请求和接收功能，也就是事务处理和资源的保管由第三方厂商提供服务，用户会考虑这样做是否可靠，重要信息是否泄密，等等，这就是云安全问题。

“云安全”是在“云计算”“云存储”之后出现的“云”技术的重要应用，已经在反病毒软件中取得了广泛的应用，发挥了良好的效果。云安全是我国企业创造的概念，在国际云计算领域独树一帜。最早提出“云安全”这一概念的是趋势科技，2008 年 5 月，趋势科技正式推出了“云安全”技术。“云安全”的概念在早期曾经引起过不小争议，现在已经被普遍接受。值得一提的是，中国网络安全企业已经在“云安全”的技术应用方面走到了世界前列。

3. 云办公（Cloud Office）

广义上的云办公是指将企事业单位及政府办公完全建立在云计算技术基础上，从而实现三个目标：第一，降低办公成本；第二，提高办公效率；第三，低碳减排。狭义上的云办公是指以“办公文档”为中心，为企事业单位及政府提供文档编辑、存储、协作、沟通、移动办公和工作流程等云端软件服务。云办公作为 IT 业界的发展方向，正在逐渐形成其独特的产业链与生态圈，并有别于传统办公软件市场。

（1）云办公的原理

云办公的原理是把传统的办公软件以瘦客户端（Thin Client）或智能客户端（Smart Client）运行在网络浏览器中，从而达到轻量化目的，如图 2-2 所示。随着云办公技术的不断发展，现今世界顶级的云办公应用，不但对传统办公文档格式具有很强的兼容性，更展现了前所未有的特性。

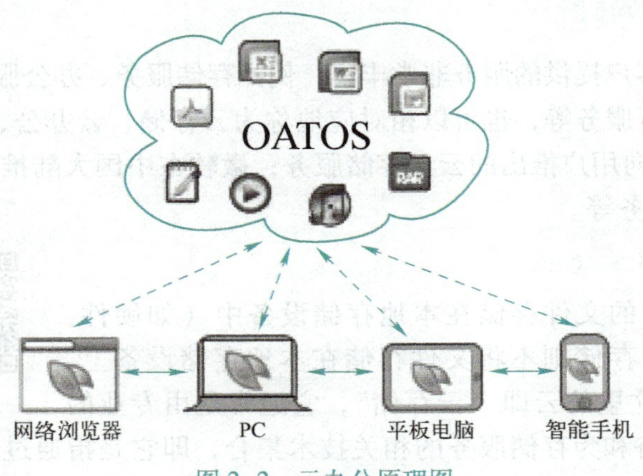

图 2-2　云办公原理图

（2）云办公的特性

云办公的特性如下。

1）跨平台：编制出精彩绝伦的文档不再是传统办公软件（如 Microsoft Office）所独有，网络浏览器中的瘦客户端也同样可以编写出符合规格的专业文档，并且这些文档在大部分主流操作系统与智能设备中都可以被轻易打开。

2）协同性：文档可以多人同时进行编辑修改，配合直观的沟通交流，随时构建网络虚拟知识生产小组，从而极大地提高办公效率。

3）移动化办公：配合强大的云存储能力，办公文档数据可以无处不在，通过移动互联网随时随地同步与访问数据，云办公可以帮助外派人员彻底扔掉繁重的公文包。

（3）云办公和传统办公软件比较

传统办公软件的问题：在 PC 时代 Microsoft 公司的 Office 软件垄断了全球的文档办公市场，但随着企业协同办公需求的不断增加，传统办公软件展现出以下缺点。

1）使用复杂，对计算机硬件有一定要求。传统办公软件需要用户购买及安装臃肿的客户端软件，这些客户端软件不但价格昂贵，而且要求用户在每一台计算机都进行烦琐的下载与安装，最后更拖慢了用户本地计算机的运行速度。

2）跨平台能力弱。传统办公软件对于新型移动设备操作系统（如 iOS、Android 等）缺乏足够的支持。随着办公轻量化、办公时间碎片化逐渐成为现代商业运作的特性，传统办公软件则相对显得臃肿与笨重。

3）协同能力弱。现代商业运作讲究团队协作，传统办公软件“一人一软件”的独立生产模式无法将团队中每位成员的生产力串联起来。虽然传统办公厂商（如 Microsoft）推出了 SharePoint 等专有文档协同共享方案，但其昂贵的价格与复杂的安装维护工作成为其普及的绊脚石。

（4）云办公应用的优越性

云办公应用为解决传统办公软件存在的诸多问题而生，其相比传统办公软件的优越性体现在如下几个方面：

1）运用网络浏览器中的瘦客户端或智能客户端，云办公应用不但实现了最大程度的轻量化，更为客户提供创新的付费选择。首先，用户不再需要安装臃肿的客户端软件，只需要打开网络浏览器便可轻松运行强大的云办公应用。其次，利用 SaaS 模式，客户可以采用按需付费的形式使用云办公应用，从而达到降低办公成本的目的。

2）因为瘦客户端与智能客户端本身的跨平台特性，云办公应用自然也拥有了这种得天独厚的优势。借助智能设备这一载体，云办公应用可以帮助客户随时记录与修改文档内容，并同步至云存储空间。云办公应用让用户无论使用何种终端设备，都可以使用相同的办公环境，访问相同的数据内容，从而大幅提高了方便性。

3）云办公应用具有强大的协同特性，其强大的云存储能力不但让数据文档无处不在，更结合云通信等新型概念，围绕文档进行直观沟通讨论，或进行多人协同编辑，从而大幅提高团队协作项目的效率与质量。

（5）用户的疑虑

对云办公应用的主要疑虑体现在其对传统文档格式的兼容性。

其实应该看到，就算是 Microsoft 推出的 Microsoft 365 云办公应用，也无法对其自家的 Office 软件生产的文档格式进行百分百的格式还原兼容。事实上，这正是云办公与传统办公软件市场最大的不同之处。经过长期的发展，一些世界尖端的云办公应用已经完全有能力编辑出专业的文档与表格，因此在与传统办公软件格式兼容的问题上，大可以转换一种思维，如果从现在开始使用云办公应用来生产新的文档，而这些文档又可以在大多数平台中得到完全展现的话，与旧文档格式兼容的依赖就可以大幅弱化。可以这样理解，对旧文档格式的兼容支持仅作为导入云办公应用格式的用途。

（6）云办公——知名云办公应用提供商

1）Google Docs。Google Docs 是云办公应用的先行者，提供在线文档、电子表格、演示文稿三类支持。该产品于 2005 年推出，不但为个人提供服务，更整合到了其企业云应用服务 Google Apps 中。

2）Microsoft 365。传统办公软件王者 Microsoft 公司也推出了其云办公应用 Microsoft 365，预示着 Microsoft 自身对于 IT 办公的理解转变，更预示着云办公应用的发展革新浪潮不可阻挡。Microsoft 365 将 Microsoft 众多的企业服务器服务以 SaaS 方式提供给客户。

3）EverNote。EverNote 在近年来异军突起，主打个人市场，其口号为“记录一切”。EverNote 并没有在兼容传统办公软件格式上花太多的精力，而是瞄准跨平台云端同步这个亮点。EverNote 允许用户在任何设备上记录信息并同步至用户其他绑定设备中。

4）搜狐企业网盘。搜狐企业网盘是集云存储、备份、同步、共享为一体的云办公平台，具有稳定安全、快速方便的特点。搜狐企业网盘，支持所有文件类型上传、下载和预览，支持断点续传；多平台高效同步，共享文件实时更新，误删文件快速找回；有用户权限设置，保障文件不被泄露；采用 AES-256 加密存储和 HTTP+SSL 协议传输，多点备份，保证数据安全。

5）OATOS 云办公套件。OATOS 专注于企业市场，企业用户只需要打开网络浏览器便可以安全直观地使用其云办公套件。OATOS 兼容现今主流的办公文档格式，更配合 OATOS 企业网盘、OATOS 云通信和 OATOS 移动云应用等核心功能模块，为企业打造一个创新的，集文档处理、存储、协同、沟通和移动化为一体的云办公 SaaS 解决方案。

6）35 互联云办公。35 互联云办公采用行业领先的云计算技术，基于传统互联网和移动互联网，创新云服务+云终端的应用模式，为企业用户版提供一账号管理聚合应用服务。35 云办公聚合了企业邮箱、企业办公自动化、企业客户关系管理、企业微博和企业即时通信等企业办公应用需求，同时满足了桌面互联网、移动互联网的办公模式，开创全新的立体化企业办公新模式。一体化实现企业内部的高效管理，使企业沟通、信息管理以及事务流转不再受使用平台和地域限制，为广大企业提供最高效、稳定、安全和一体化的云办公企业解决方案。

4. 云娱乐

广义的云娱乐是基于云计算的各种娱乐服务，如云音乐、云电影、云游戏等。狭义的云娱乐是通过电视直接上网，不需要计算机、鼠标、键盘，只用一个遥控器便能轻松畅游网络世界，既节省了去电影院的时间和金钱，又省去了下载电影的麻烦，电视用户可随时免费享受到即时、海量的网络大片，打造了一个更为广阔的3C融合新生活方式。

（1）云娱乐背景

1987年9月20日，中国人发出了一封主题为“穿越长城，走向世界”的E-mail，首次实现与Internet的连接，使中国成为国际互联网络大家庭的一员。互联网在中国30多年的发展给人们带来了深刻影响，几乎大部分60岁以下的人群都与互联网有着千丝万缕的联系，可以说互联网已经成为人们获取信息和娱乐的一种方式，随着在线视频的逐渐流行，以及生活水平的提高和消费理念的成熟，消费者对于电视的功能给予了更多的期望，人们意识到计算机有时不能提供最佳的互联网体验，电视在视频显示方面的优势就凸显出来，用更少的支出获得更多的生活享受成为一种需求，能通过电视直接上网成为众多用户的期待。

（2）云娱乐的形成条件

彩电行业进入数字化时代以来，数字技术正在打破消费电子、通信和计算机之间的界限，全球彩电企业面临全新的竞争局面。从模拟时代到数字时代，彩电行业的竞争形态发生了根本变化，在尺寸、画质、音质和外观等方面做到差异化越来越难，3C融合成为竞争新方向。3C融合的关键是内容的共享，内容的载体是开放式流媒体，开放式流媒体电视是未来电视发展的主流方向。

（3）云娱乐的主要产品

在“互联网+”的当下，家庭生活进入云娱乐时代，各种云娱乐产品以更加开放、更加融合的姿态改变着人们的生活。yobbom家庭云娱乐一体机就是杰出的代表。

yobbom家庭云娱乐一体机是一款集“HiFi音响+WiFi点唱机+OTT播放器”功能于一身的生态创新、聚合交互型智能家居设备。它不仅以极具性价比的优势从硬件层面解决了构建家庭娱乐中心系统基础设备的难题，而且从内容层面聚合了咪咕音乐、芒果TV等国内知名音视频内容供应商的优质资源，可将用户的客厅瞬间升级成家庭KTV、电影院、私人音乐会。

（4）云娱乐特点

1）省时省力省钱。对于爱看电影的用户来说，接入搜狐高清、豆瓣电影、优酷影视频道看电影省去了去电影院的时间和金钱，又省去了下载电影的麻烦，高清画质弥补了在计算机上观看电影画质不清的缺陷。

2）方便快捷。云娱乐时代，在闲暇的时光，人们无论是想听听音乐，还是想和家人一起看一部震撼的大片，抑或是想和朋友在家KTV，都将变得轻松、经济和便捷；更重要的是，电视机、计算机和电影院三种模式之间只需要通过一个遥控器自由切换，给酷爱电影、喜欢上网的朋友带来了福音，同时为一些从未上网的用户敞开了网络之门。

5. 云服务的分类

云服务按是否公开发布服务分为公有云、私有云和混合云。

1）公有云通常指第三方服务商为用户提供的能够使用的服务，一般可以通过 Internet 使用，可能是免费或成本低廉的。这种云有许多实例，可以在当今整个开放的公有网络中提供服务。公有云被认为是云计算的主要形态。在国内发展如火如荼，根据市场参与者类型分类，可以分为五类：

- 传统电信基础设施运营商，包括中国移动、中国联通和中国电信；
- 政府主导下的地方云计算平台，如各地的“某某云”项目；
- 互联网巨头打造的公有云平台，如盛大云、阿里云、百度云等；
- 部分原 IDC 运营商，如世纪互联；
- 具有国外技术背景或引进国外云计算技术的国内企业，如风起亚洲云。

2）私有云是为一个客户单独使用而构建的，因而提供对数据、安全性和服务质量的最有效控制。私有云企业拥有基础设施，并可以控制在此基础设施上部署应用程序的方式。私有云可部署在企业数据中心的防火墙内，也可以将它们部署在一个安全的主机托管场所，私有云的核心属性是专有资源。

3）混合云融合了公有云和私有云，是近年来云计算的主要模式和发展方向。私有云主要是面向企业用户，出于安全考虑，企业更愿意将数据存储在私有云中，但是同时又希望可以获得公有云的计算资源，在这种情况下混合云正成为主要建设模式，它将公有云和私有云进行混合和匹配，以获得最佳的效果，这种个性化的解决方案，达到了既省钱又安全的目的。

三者之间的关系如图 2-3 所示。公有云是可以服务于所有客户的云计算系统，它通常是由专门的服务商提供，隔离在企业防火墙以外的系统，而私有云只服务于企业内部，部署在企业防火墙以内，所有应用只对内部员工开放，混合云则介于二者之间，具有私有云和公有云的共同特征。

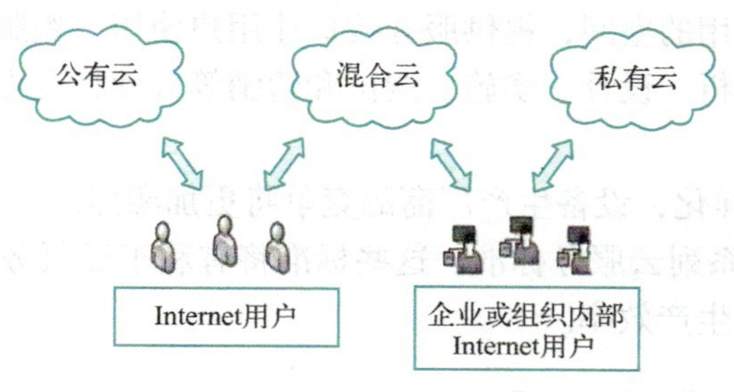

图 2-3 公有云、混合云和私有云之间的关系

2.1.2 云服务的特点和云服务对 IT 的改变

云服务是社会经济发展的必然结果，已经深入到国民经济的各行各业以及人们的生活、

工作和学习之中，云服务是建立在云计算的基础之上的。云服务的发展必将促进企业信息化的发展和引发 IT 服务的深刻变革。企业和用户只需要关注自己的数据，而对数据的计算、存储方式和效率都采用云的服务来实现和提升，云服务提供商则将核心业务重点放在 IT 架构的运营上，服务将成为 IT 的核心内容。

1. 云服务的特点

云服务作为一种全新的模式，受到广泛的关注，并产生巨大的商业潜力，已经有越来越多的 IT 巨头投身到了云服务的领域里。其特点如下：

（1）设备无关性

用户所用服务无论是哪个层次，都要通过网络从云服务提供商处获取，云服务提供商用什么设备、如何管理与维护，用户不需要知道，只需要上网的设备可以使用即可。对用户来说，大大减少了传统模式下的设备依赖性，这为云服务动态地配置资源提供可能。

（2）无限可能的计算能力

云服务提供商将大量计算资源集中到一个公共资源池中，通过多种租用的方式共享这个服务，提供了最大限度的共享，提高了资源的利用率，对用户来说好像有无限的资源，永远也用不完。

（3）成本低

一方面云服务提供商方便集中管理云中心设施设备，降低管理成本；另一方面用户不仅省去了基础设施设备的购置费用、运维费用，还可以根据业务需要不断扩展和更换服务，降低了 IT 成本，提高了资金利用率。

2. 云服务对传统 IT 行业的改变

现在，由云服务引发的一场变革正在轰轰烈烈进行，对传统 IT 行业的影响如下：

1）小的 IT 厂商被迫转型，那些以组装台式机为主营业务的小计算机公司迎来新的机遇和挑战，IT 行业将重新进行资源整合，强者愈强，弱者将出局。

2）“世界上只需几台计算机就够了”，它们是 IBM、谷歌、微软或者阿里巴巴等。云计算模式下互联网即计算机，国际 IT 巨头因掌握 IT 领域核心技术、管理先进，在这场声势浩大的竞争中处于优势。

3）软件开发公司的工作方式更加自由。软件公司根据市场需要开发的各种软件只需要放在自己的数据中心或租用的空间，提供服务接口让用户使用，盗版软件将没有市场。软件公司在软件需求获取、分析、设计、实施、测试和营销等方面将变得更加方便，有利于开发更多优质软件服务用户。

4）用户终端终将多样化，设备生产厂商的竞争将更加激烈。

5）IT 行业将产生一系列云服务标准。这些标准将有利于云服务提供商提供优质服务和用户使用云服务提高企业生产效率。

2.2 基础设施即服务（IaaS）

基础设施即服务（IaaS）

按照服务类型云服务分为基础设施即服务（Infrastructure as a Service，IaaS,）、平台即服务（Platform as a Service，PaaS）和软件即服务（Software as a Service，SaaS），如图 2-4 所示。

图 2-4 云服务的三种类型

基础设施即服务（Infrastructure as a Service，IaaS）是指用户通过 Internet 可以获得 IT 基础设施硬件资源，并可以根据用户资源使用量和使用时间进行计费的一种能力和服务。提供给用户的服务是对所有计算基础设施的利用，包括 CPU、内存、存储、网络等计算资源，用户能够部署和运行任意软件，包括操作系统和应用程序。用户不管理或控制任何云计算基础设施，但能控制操作系统的选择、存储空间、部署的应用，也有可能获得有限制的网络组件（例如路由器、防火墙、负载均衡器等）的控制。

1. IaaS 的作用

1）用户可以从提供商那里获得需要的虚拟机或者存储等资源来装载相关的应用，同时这些基础设施的烦琐的管理工作将由 IaaS 提供商来处理。

2）IaaS 能通过它上面的虚拟机支持众多的应用。IaaS 主要的用户是系统管理员。

2. IaaS 的特征

1）以服务的形式提供虚拟的硬件资源。

2）用户不需要购买服务器、网络设备、存储设备，只需要通过互联网租赁即可。

3. IaaS 的优势

1）节省费用：大量设施设备购置、管理和维护费用的节省。

2）灵活，可随时扩展和收缩资源：用户可根据业务需求增加和减少所需虚拟化资源。

3）安全可靠：很多时候专业的 IT 厂商（云服务提供商）管理 IT 资源比用户单位自行管理更专业、更可靠。

4）让客户从基础设施的管理活动中解放出来，专注核心业务的发展。

4. IaaS 的应用方式

美国《纽约时报》使用成百上千台亚马逊弹性云计算虚拟机在 36 小时内处理 TB 级的文档数据，如果没有亚马逊提供的计算资源，《纽约时报》处理这些同样多的数据将要花费数天或者数月的时间，采用 IaaS 方式大幅提高了处理效率，降低了处理成本。

IaaS 通常分为三种用法：公有云、私有云和混合云。

亚马逊弹性云在基础设施中使用公共服务器池（公有云）；更加私有化的服务会使用企业内部数据中心的一组公用或私有服务器池（私有云）；如果在企业数据中心环境中开发软件，那么公有云、私有云都可以使用（混合云），而且使用弹性云临时扩展资源的成本也很低，如开发和测试，综合使用两者可以更快地开发应用程序和服务，缩短开发和测试周期。

5. 主要服务商

(1) 服务商选择考虑因素

选择云计算基础设施服务商（如 VMware、微软、IBM 或 HP）时，用户应结合自身业务发展需求选择有利于可持续发展的服务商提供基础设施服务，考虑因素有：

1）服务商是否有明确云计算战略。

2）服务商所提供的服务是否满足用户需求且不会突破预算。

3）服务商能否提供创新产品，即其产品应能与其他厂商的云计算平台实现互操作。

需要强调的是，如果没有一家服务商满足用户需要，选择构建私有云的代价是昂贵的，用户如果不经过深思熟虑和产品调研比较，所面临的风险将是受制于某一厂商而无法脱身。

(2) 国外主要服务商

1）VMware。VMware 公司无疑是云计算领域的推动者，为公有云和私有云计算平台搭建提供软件，如 vSphere 系列软件为云平台的搭建提供了全方位支持。

2）微软。众所周知，微软公司已全面向云计算转变，Windows Azure 是微软的平台即服务（PaaS）产品，Windows Server 2008、Hyper-V 等都提供云计算支持。

3）IBM。IBM 提供了 Cloud Burst 私有云产品和 Smart Cloud 公有云产品。

4）Open Stack。Open Stack 由美国国家航空航天局和 Rackspace 合作研发，以Apache 许可证授权，并且是一个自由软件和开放源代码项目。

5）Amazon EC2。亚马逊弹性云计算（Amazon Elastic Compute Cloud，Amazon EC2），是亚马逊的 Web 服务产品之一，Amazon EC2 利用其全球性的数据中心网络，为客户提供虚拟主机服务，让用户可以租用数据中心运行的应用系统。

6）Google Compute Engine（GCE）。Google Compute Engine（GCE）是一个 IaaS 平台，其架构与驱动 Google 服务的架构一样，开发者可以在这个平台上运行 Linux 虚拟机，获得云计算资源、高效的本地存储，通过 Google 网络与用户联系，得到更强大的数据运算能力。

(3) 国内主要服务商

百度、阿里巴巴、腾讯和华为被誉为国内云计算“四大金刚”。

1）百度。通过百度可在互联网上找到需要的信息，也可申请成为百度用户使用其提供的云盘，申请云主机和开发平台的使用。百度已成为人们网络生活不可缺少的工具。

2）阿里巴巴。在 2009 年，阿里巴巴宣布成立“阿里云”子公司，该公司将专注于云计算领域的研究和研发。阿里云的目标是要打造互联网数据分享的平台，成为以数据为中心的先进的云计算服务公司，现在可在阿里云上申请云服务器、云数据、云安全等多项服务。

3）腾讯。腾讯是国内最大的社交平台之一，QQ 用户都是腾讯公司的客户。腾讯公司在云计算领域不吝重金建设数据中心向全世界提供各类云服务。

4）华为。华为云成立于2005 年，立足于互联网领域，提供云主机、云存储、超算、内容分发与加速、视频托管与发布、云电脑、云会议、游戏托管、应用托管等服务和解决方案，专注于云计算中公有云领域的技术研究与生态拓展，致力于为用户提供一站式云计算基础设施服务。

此外，国内知名的云服务商还有 360、万网、鹏博士、中国电信、中国联通和中国移动等。

2.3 平台即服务（PaaS）

平台即服务（Platform as a Service，PaaS）是把服务器平台或开发环境作为一种服务提供给客户的一种云计算服务。在云计算的典型层级中，平台即服务层介于软件即服务与基础设施即服务之间（如图 2-5 所示）。平台即服务是一种不需要下载或安装即可通过互联网发送操作系统和相关服务的模式。由于平台即服务能够将私人计算机中的资源转移至网络，所以有时它也被称为“云件”（cloudware）。平台即服务是软件即服务（Software as a Service）的延伸。

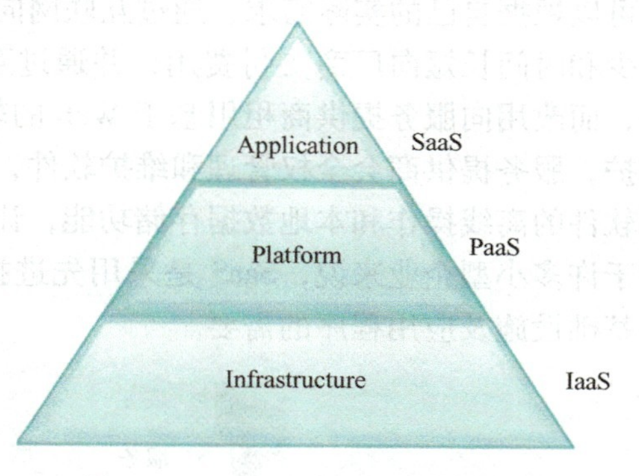

图 2-5　IaaS、PaaS、SaaS 层次关系

平台即服务的用户能将基础设施部署与创建至客户端，或者借此获得使用编程语言、程序库与服务的许可。用户不需要管理与控制基础设施，包含网络、服务器、操作系统或存储，但需要控制上层的应用程序部署与应用代管的环境。用户或者厂商基于 PaaS 平台可以快速开发自己所需要的应用和产品。

1. PaaS 的功能

1）友好的开发环境：通过提供 SDK 和 IDE 等工具让用户能在本地方便地进行应用的开发和测试。

2）丰富的服务：PaaS 平台会以 API 的形式将各种各样的服务提供给上层的应用。

3）自动的资源调度：即可伸缩特性，它不仅能优化系统资源，而且能自动调整资源来帮助运行于其上的应用更好地应对突发流量。

4）精细的管理和监控：通过 PaaS 能够提供应用层的管理和监控，来更好地衡量应用的运行状态，还能够通过精确计量应用所消耗的资源来更好地计费。

5）主要用户：应用 PaaS 用户可以非常方便地编写应用程序，而且无论是在部署还是在运行的时候，用户都不需要为服务器、操作系统、网络和存储等资源的管理操心，这些烦琐的工作都由 PaaS 提供商负责处理。PaaS 主要的用户是开发人员。

2. PaaS 的特点

1）按需要服务；

2）方便的管理与维护；

3）按需计费；

4）方便的应用部署。

3. PaaS 的优势

1）开发简单；

2）部署简单；

3）维护简单。

2.4 软件即服务（SaaS）

软件即服务（Software as a Service，SaaS）是随着互联网技术的发展和应用软件的成熟，兴起的一种完全创新的软件应用模式，如图 2-6 所示。它是一种通过 Internet 提供软件的模式，提供商（厂商）将应用软件统一部署在自己的服务器上，客户可以根据自己的实际需求，通过互联网向厂商定购所需要的应用软件服务，按定购的服务多少和时间长短向厂商支付费用，并通过互联网获得厂商提供的服务。用户不用再购买软件，而改用向服务提供商租用基于 Web 的软件，来管理企业经营活动，且不用对软件进行维护，服务提供商会全权管理和维护软件，软件厂商在向客户提供互联网应用的同时，也提供软件的离线操作和本地数据存储功能，让用户随时随地都可以使用其定购的软件和服务。对于许多小型企业来说，SaaS 是采用先进技术的最好途径，它消除了企业购买、构建和维护基础设施及应用程序的需要。

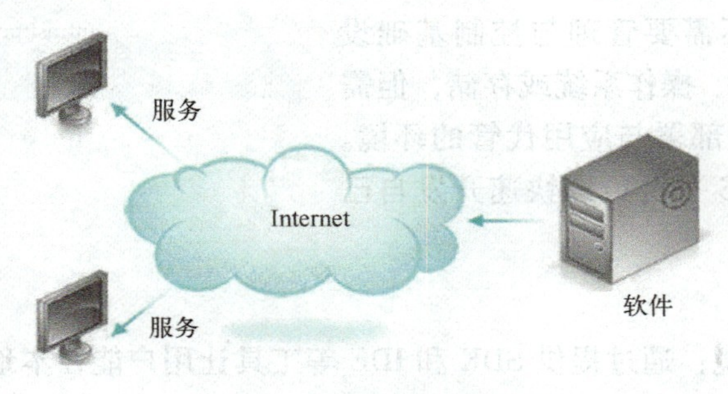

图 2-6　软件即服务示意图

SaaS 应用软件的价格通常为“全包”费用，囊括了通常的应用软件许可证费、软件维护费以及技术支持费，将其统一为每个用户的月度租用费。对于广大中小型企业来说，SaaS 是采用先进技术实施信息化的最好途径。但 SaaS 绝不仅仅适用于中小型企业，所有规模的企业都可以从 SaaS 中获利。

1. SaaS 的功能

1）随时随地访问：在任何时候或者任何地点，只要接上网络，用户就能访问 SaaS 服务；

2）支持公开协议：通过支持公开协议（例如 HTML4/5），能够方便用户使用；

3）安全保障：SaaS 提供商需要提供一定的安全机制，不仅要使存储在云端的用户数据处于绝对安全的环境，而且也要在客户端实施一定的安全机制（例如 HTTPS）来保护用户；

4）多租户机制：通过多租户机制，不仅能更经济地支撑庞大的用户规模，而且能提供一定的可定制性以满足用户的特殊需求。

2. SaaS 特点

1）在中小企业盛行；

2）不用管理软硬件；

3）服务主要是通过浏览器实现。

3. SaaS 的优势

1）软件租赁：用户按使用时间和使用规模付费；

2）绿色部署：用户不需要安装，打开浏览器即可运行；

3）不需要额外的服务器硬件；

4）软件（应用服务）按需订制。

4. SaaS 的一些应用

1）实际上 SaaS 主要在 CRM 软件领域应用广泛；

2）另外，进销存、物流软件等也是一种应用；

3）更广义的是工具化 SaaS，例如视频会议租用等，企业邮箱等成为 SaaS 应用的主要应用。

需要强调的是：随着技术发展和商业模式的创新，SaaS 定义的范围会更宽泛，不仅包括企业在线管理软件（CRM/ERP/SCM/人力资源管理），而且还包括企业在线办公系统、在线营销系统、在线客服系统和在线调研系统等，只是满足客户的不同需求而已，在线管理软件偏重于企业管理需求，其他在线软件偏重于办公、营销、推广和交流等需求。

SaaS 的应用将不断推动软件开发、企业管理模式的创新。

2.5 更多服务（XaaS）

XaaS 是一个通称，是 X as a service 的缩写，是指越来越多的服务通过互联网提供，不仅仅指 IaaS、PaaS 和 SaaS，还包括存储即服务（Storage as a Service，SaaS）、通信即服务（Communications as a Service，CaaS）、网络即服务（Network as a Service，NaaS）和监测即服务（Monitoring as a Service，MaaS）等。云计算的本质就是 XaaS。

XaaS 最常见的例子是软件即服务（Software as a Service，SaaS）、基础设施即服务（Infrastructure as a Service，IaaS）和平台即服务（Platform as a Service，PaaS）。这三个结合起来使用，有时被称为 SPI 模式（SaaS、PaaS、IaaS）。

随着云服务爆炸式的增长，“即服务”这个后缀也正在以令人目眩的速度增长，以下列出的仅仅是云服务领域中目前存在的此类服务的一部分：

存储即服务（Storage as a Service，SaaS）；

安全即服务（Security as a Service，SECaaS）；

数据库即服务（Database as a Service，DaaS）；

监控/管理即服务（Monitoring/Management as a Service，MaaS）；

通信即服务（Communications as a Service，CaaS）；

身份即服务（Identity as a Service，IDaaS）；

备份即服务（Backup as a Service，BaaS）；

桌面即服务（Desktop as a Service，DaaS）。

小结

随着世界经济不断发展与变迁，云服务已经深入各行各业之中，人们对其利用程度也越来越广泛，云服务是建立在云计算的基础之上的。它的发展是随着企业信息化的发展而发展的，它的发展将引发 IT 服务的变革，企业和用户只需要关注数据是自己的，而对数据的计算存储方式和效率均采用云服务来实现和提升，云服务提供商则将核心业务重点放在 IT 架构的运营上，服务将成为下一代 IT 的核心内容。

基础设施即服务（Infrastructure as a Service，IaaS）是指用户通过Internet可以获得IT基础设施硬件资源，并可以根据用户资源使用量和使用时间进行计费的一种能力和服务。提供给用户的服务是对所有计算基础设施的利用，包括处理CPU、内存、存储、网络和其他基本的计算资源，用户能够部署和运行任意软件，包括操作系统和应用程序。用户不管理或控制任何云计算基础设施，但能控制操作系统的选择、存储空间、部署的应用，也有可能获得有限制的网络组件（例如路由器、防火墙、负载均衡器等）的控制。

平台即服务（Platform as a Service，PaaS）是一种无须下载或安装，即可通过互联网发送操作系统和相关服务的模式。由于平台即服务能够将私人计算机中的资源转移至网络云，所以有时它也被称为“云件”（cloudware）。平台即服务是软件即服务（Software as a Service）的延伸。

软件即服务（Software as a Service，SaaS）是随着互联网技术的发展和应用软件的成熟，兴起的一种完全创新的软件应用模式。它是一种通过Internet提供软件的模式，提供商（厂商）将应用软件统一部署在自己的服务器上，客户可以根据自己的实际需求，通过互联网向厂商定购所需要的应用软件服务，按定购的服务多少和时间长短向厂商支付费用，并通过互联网获得厂商提供的服务。用户不用再购买软件，而改用向服务提供商租用基于Web的软件，来管理企业经营活动，且无须对软件进行维护，服务提供商会全权管理和维护软件，软件厂商在向客户提供互联网应用的同时，也提供软件的离线操作和本地数据存储功能，让用户随时随地都可以使用其定购的软件和服务。对于许多小型企业来说，SaaS是采用先进技术的最好途径，它消除了企业购买、构建和维护基础设施和应用程序的需要。

XaaS是一个通称，是X as a Service的缩写，是指越来越多的服务通过互联网提供，不仅仅指IaaS、PaaS和SaaS。还包括存储即服务（Storage as a Service，SaaS）、通信即服务（Communications as a Service，CaaS）、网络即服务（Network as a Service，NaaS）和监控即服务（Monitoring as a Service，MaaS）等。云计算的本质就是XaaS。

XaaS最常见的例子是软件即服务（Software as a Service，SaaS）、基础设施即服务（Infrastructure as a Service，IaaS）和平台即服务（Platform as a Service，PaaS）。这三个结合起来使用，有时被称为SPI模式（SaaS、PaaS、IaaS）。

思考与练习

一、填空题

1. 云服务是基于互联网的相关服务的________、________和________模式，通常是通过互联网提供的动态、易扩展、廉价的各类资源。这种服务可以是________、________，也可以是________，云服务意味着计算能力可作为一种商品通过互联网进行流通，能解决企事业单位和社会组织业务效率快速提升的有关问题。

2. 云服务的提供者是各类________，也可称为________，包括________、各类________、________等，如中国电信、中国移动、中国联通等通信运营商，微软、Oracle等软件公司，亚马逊、谷歌、百度、阿里巴巴等服务提供商。云服务的客户是使用信息资源的企事业单位或者个人，客户只需要通过________连接到________的资源中心就可以获得所需要的服务。

3. 云服务按照是否公开发布服务可分为________、________和________，也是云服务的三种________。

4. 按照服务类型云服务分为________、________和________。

二、选择题

1. 属于云办公的特性的是（　　）。

A. 跨平台　　B. 协同性　　C. 移动化　　D. 全自动化

2. 云办公较于传统办公的优势（　　）。

A. 可以不安装办公软件，通过浏览器即可使用

B. 协同性更强

C. 办公效率更高

D. 有更高的性价比

三、简答题

1. 结合学习和生活实际情况，说说什么是云服务，都使用过哪些服务，应该如何选择云服务商？

2. 什么是基础设施即服务（IaaS）？有何功能和特点？

3. 什么是平台即服务（PaaS）？有何功能和特点？

4. 什么是软件即服务（SaaS）？有何功能和特点？

5. 还有哪些云服务，举例说明。

第3章　云　用　户

本章要点

- 政府用户
- 企业用户
- 开发人员
- 大众用户

任何技术的发展与创新都是以满足人们生产、生活需要为目的的，云计算的迅速发展同样是为一定用户群体服务的。它的兴起动力源于高速互联网络和虚拟化技术的发展、更加廉价且功能强劲的芯片及硬盘、数据中心的发展。云计算的用户为获取自身业务发展需要的信息资源，借助各种终端设备通过网络访问云服务商提供的各类服务。其用户已渗透到人类生产、生活的各个领域，这些用户可以分为政府机构、企业、开发人员及大众用户。本章介绍云计算的各类用户。

3.1 政府用户

政府机构在云计算的发展过程中扮演着一个特殊的角色，国家政府机构是信息资源最大的生产者和使用者，国家政府部门的信息化程度是衡量一个国家现代化程度的重要指标。是推动这项技术发展的一股力量，这其中包括引导、投资及提供相应的资助。同时还肩负着对这个“生态系统”的监管和标准制定的责任。再者，政府还是最大的使用者和受益者。图3-1所示给出了政府在云计算发展中所扮演的三种角色。可以理解为承担着监管、使用和服务为一体的特殊的职责。

图3-1　云计算发展中政府的角色

3.1.1 政府机构作为云服务的提供商

政府机构是云计算的提供商，是信息资源的最大生产者，也是信息资源的最大使用者。这里的信息资源可以理解为人类在生产、生活中创造的有价值的信息服务。从某种意义上讲，政府行使职能进行国家管理的过程就是信息搜集、加工处理并进行决策的过程，在这个过程中信息流动贯穿其中，而政府作为信息流的“中心节点”，其自身的信息化则成为经济和社会信息化的先决条件之一。人们通常所讲的政务信息透明完全可以借助云服务为老百姓提供便利。当然，国家推行的电子政务正是在国民经济和社会信息化背景下，以提高政府办公效率、改善决策和投资环境为目标，将政府的信息发布、管理、服务和沟通功能向互联网迁移，同时也为政府管理流程再造、构建和优化政府内部管理系统、决策支持系统、办公自动化系统，提高政府信息管理、服务水平提供了强大的技术和咨询支持。电子政务的发展必然会用到云计算技术，云计算技术能够有效利用国家大力投入的政府机构的高标准的网络环境和物理硬件环境。按需求提供资源，服务可计量，整个分布式共享形式可被动态地扩展和配置，最终以服务的形式提供给用户。换言之，政府机构可通过各种终端设备传播相应服务。

3.1.2　政府机构作为云服务的监管者

政府机构是云计算的监管者。政府作为监管者，有责任降低使用云服务的“风险”，并通过“必要的监管职能确保用户和提供商的正常运作”，这里的监管职能是通过制定相应法律法规和行业标准加以约束，特别是对违反法律以及道德规范的相关服务坚决进行打击，为整个社会以及“云计算生态环境”构建一个健康发展的外部环境，为人民生活水平的提高以及国家财富的积累起到积极作用。

3.1.3　政府机构作为云服务的使用者

政府机构是云计算的用户。政府信息化发展需要云计算。这里所说的需要云计算是指对于某些政务信息公开化方面，云计算能够更好地解决实际问题。但是政府机构应该确定自己的业务需求，切不可追求政绩工程盲目投资，必须先进行评估，明确内部业务需求。

长期以来，我国在信息基础设施上投入巨大，然而我们需要深刻地认识到，这些基础设施如果不能最大化地发挥作用，很快会变成不值钱的固定资产，从而造成国家资源的巨大浪费。政府机构在采购或者做出某些决策时应该能够尽可能地制定出方案，以科学化的手段并进行综合考虑，既不造成资源浪费，又能从根本上解决实际问题。

3.1.4　政务云

政务云即电子政务云（E-government cloud），结合了云计算技术的特点，对政府管理和服务职能进行精简、优化、整合，并通过信息化手段在政务云上实现各种业务流程办理和职能服务，为政府各级部门提供可靠的基础 IT 服务平台。政务云通过统一标准不仅有利于各个政府之间的互联互通，避免产生“信息孤岛”，也有利于避免重复建设，节约建设资金。为政府机构优质、全面、规范、透明、国际水准的管理和服务提供条件。

1. 电子政务的重要性

随着云计算、大数据、人工智能和区块链等现代信息技术的发展，推动电子政务的发展和应用是政务部门提升履职能力和水平的重要途径，也是深化行政体制改革和建设人民满意的服务型政府的战略。

电子政务系统是现代政府的重要组成部分，为建设数字化、智慧化的政府提供强有力的支撑。不仅可以提升政府工作效率，还可以增加政府与民众之间的互动和透明度，更加有利于经济结构战略性调整、切实保障和改善民生、加强和创新社会管理目标，推动服务政府、责任政府、法治政府的建设。

2. 电子政务信息化过程中出现如下问题

1）资源浪费现象严重；

2）信息孤岛阻碍信息的交流共享；

3）高难度开发制约着应用；

4）高运行成本难以承受网络环境下的应用系统的部署、运行和维护。

3. 政务云对电子政务的影响

1）为从根本上打破各自为政的建设思路提供了可能；

2）通过统筹规划，可以把大量的应用和服务放在云端，充分利用云服务；

3）通过第三方、专业化的服务，可以增强电子政务的安全保障；

4）可以大量节约电子政务的建设资金，降低能源消耗，实现节能减排。

4. 电子政务云平台优势

（1）硬件使用效率低，资源无法共享

问题描述：各委办局子系统独立运行，特定时间内一些业务需求得不到满足，而其他业务却处于空闲状态。

解决方案：通过多层虚拟技术，实现各电子政务系统之间的硬件共享，甚至与各地的“云计算中心”平台的硬件资源共享。

“云”优势：充分利用共享的硬件资源，实现应用系统按照需求，向电子政务云动态申请计算与存储能力的“云计算”。

（2）服务质量保证参差不齐

问题描述：不断申请上马新的业务系统，运维压力不断提升，水平却很难提高。一些经过特殊设计的应用系统能够实现高可用性，而更多的系统服务质量完全依赖各信息中心的技术与资源，运营水平参差不齐。

解决方案：通过集中的虚拟化管理，轻松实现统一的低成本高标准的运维管理。

“云”优势：各委办局系统都能达到统一标准的运维管理。原信息中心可以将精力投入到各自业务系统中，不必再过分关注备份恢复、安全管理和运行维护等细节。

（3）客户端维护成本高

问题描述：每个系统都有特定的客户端应用。这些应用的分发、维护工作随应用的增加增长成本。

解决方案：通过 VDI（Virtual Desktop Infrastructure），全面虚拟化客户端上的行业应用。简化客户端应用运维需求，实现动态管理。

“云”优势：大幅降低客户端运维需求，将有可能实现低成本的客户端运维或客户端外包与租赁。

（4）灾难恢复困难

问题描述：遭遇重大灾难，造成政务系统全面彻底的破坏，除个别特殊设计的系统外，多数政务系统将完全瘫痪。而按照现有模式，把所有系统都实现异地灾备，成本和复杂度极高。

解决方案：通过云计算主机和 VM 高可用性、热迁移等技术，或与姐妹城市达成共识，利用对方的“电子政务云”互为备份，实现低成本异地灾备。

“云”优势：可通过云计算高可用性或可与姐妹城市的政务云互相备份，恢复快，成本低，管理方便。

3.2 企业用户

企业是云计算的重要用户，它们遍布于农业、工业、商业、建筑、交通运输和教育培训等行业，下面从大型企业和中小型企业两个方面介绍。

3.2.1 大型企业

大型企业一般实力雄厚，业务复杂。可以分为两种，一种是作为云服务提供商角色，另一种则是根据自身业务需求构建私有云的角色，当然也可以使用公有云及混合云。

1. 大型企业作为云服务商

21 世纪是信息时代，谁拥有更多的资源，谁就站在了制高点，谁就能创造更多的财富。一些大型的 IT 企业恰恰看到了这样的发展趋势，才大力发展云技术。图 3-2 所示列出了部分云服务商提供的服务及其投入云计算行业的历程，以及他们是何时开始提供云计算的。进入 2012 年后越来越多的大型 IT 企业进入云服务商的行列。

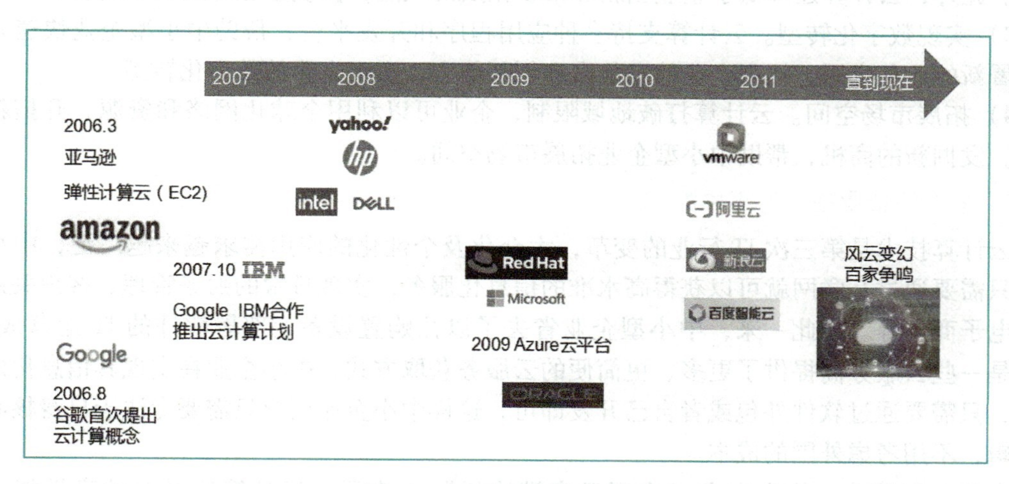

图 3-2 云服务商历史阶段

2. 大型企业建设私有云

一般来讲，大型企业业务复杂，职能机构多，需要信息化的建设。云计算可以轻松实现不同设备间的数据与应用共享，存在跨设备平台的业务推广的优势，云计算的出现是软硬件技术发展到一定阶段的产物，是大型企业发挥资源规模效应的关键。云计算平台具有高可扩展性、超大规模、高可用性和成本低廉等特点。

随着企业业务量的不断增加，云计算能实时监控资源的使用情况，分析并自动重新增加以及分配相应的系统资源。同时当业务处于阶段性低需求时，云平台可伸缩式自动化地回收资源开销，节约维护成本，降低能耗。

当云计算下的软件系统出现故障时，云计算支持冗余的、能够自我恢复的高扩展性保障。

对于企业如何利用云计算平台，如何搭建自身的私有云以及混合云，需要结合自身企业内部信息化的软硬件基础综合考虑，加以分析决策以制定出合理的解决方案。

3.2.2 中小型企业

中小型企业处于整个国民经济行业的金字塔的最底层，其坚实有力的发展是整个国家经济的发展基础。云计算是渗透于整个国民经济所有行业的一种技术以及商业模式，那么云计算又能给中小企业带来什么，下面将和大家分享一下对此的理解。

1. 中小型企业在云计算中的优势

中小型企业在云计算中的优势包括降低成本、提升市场竞争力、实现数字化转型和拓展市场空间。

1）降低成本。云计算通过将传统 IT 基础设施的成本转化为按需付费的模式，使得中小型企业无须进行大规模的前期投资即可获得所需要的信息化服务，从而减轻了管理和维护信息系统的负担。

2）提升市场竞争力。基于云计算的信息系统可以快速了解消费者需求和市场趋势，轻松进行市场定位，进行有效的管理；同时，根据各类信息，帮助企业动态调整战略，提升竞争力。此外，云计算还降低了企业创新和市场拓展的风险，促使企业释放潜在价值。

3）实现数字化转型。云计算支持多种应用程序和开发平台，帮助中小型企业快速开发和部署新的业务应用，提高企业的竞争力和创新能力，实现企业的数字化转型。

4）拓展市场空间。云计算打破地域限制，企业可以利用全球化网络和资源，开拓新的市场，发掘新的商机，帮助中小型企业拓展市场空间。

2. 中小型企业在云计算中如何做

云计算技术是第三次 IT 行业的变革，大众化及个性化的应用需求越来越广泛，中小型企业只需要通过互联网就可以获得高水准的信息化服务，实现日常的财务管理、客户关系管理、电子商务等。如此一来，中小型企业省去了以往购置设备、部署软件的 IT 运营成本。特别是一些云服务商提供了更多、更简便的云服务获取方式，中小企业在实现其信息化建设方面，只需要通过软件外包或者自己开发即可，这样中小企业用户只需要专注于自身核心业务逻辑，不用考虑外围的成本。

中国工程院院士倪光南在“中国云高端论坛”上表示，云计算所具有的高性能、通用性、资源动态共享和业务创新等优势，对于社会新的业务、新的商业模式发展具有非常好的帮助。而云计算的最终价值就是计算成为社会的服务，可以把大规模的分散计算资源整合为按需提供的计算资源，极大提高了 IT 设施的利用率，降低了成本及用户使用门槛。“从每家挖水井到自来水水管；工厂从产业化电气发电到电网输电，云计算要像用水电那样提供计算服务，这是传统产业趋势。”按需付费是云计算的首要特征，但云计算提供的是信息，而水电提供的是物质，信息的特点是可以无限复制，不需成本。在“云计算生态环境”中的中小型企业只需要采取租用方式即可获取服务以及其他如云主机、云存储等的云计算资源。

3. 中小型企业在云计算中的发展模式

云计算对于中小型企业的发展也提供了一个发展模式，开始时企业由于资金紧张，可先通过租用的方式获取云服务商提供的服务资源，满足自身业务的某些需求，随着发展到一定规模，再自行购买一些 IT 设备，构建好自身业务的应用。某些服务一部分可由自己公司内部完成设计开发，而另一部分仍然采取租用的形式。当公司逐渐发展到一定规模时，单纯地从云服务商那里获取资源已不能满足业务需要，并且涉及一些安全方面等重要机密信息时，已不再适合以租用方式进行，为了提升本企业的信息化建设及资源的配置合理化，公司可自建私有云，或者将私有云的构建交给云服务托管单位，从而使企业运营达到一定的高可用程度。

通常中小型企业的类别是根据收入情况来定义的，但在讨论技术需求方面，产品数目、通道数目、运行的国家以及第三方供应链的集成等，是需要按照同等重要性来考虑的。简言之，中小型企业是其业务复杂度的衡量。很多中小型企业通过收购成长，也有一些中小型企业从大公司剥离出来。中小型企业阶段是理解业务流程及数据的成熟度与深度方面的一个关键时期，其数据安全性及保密性的需求不低于大型企业。中小型企业概括来说 IT 部门相对较小，因而与大型企业相比，其专业技术技能以及知识结构相对比较落后。中小型企业的重要 IT 项目可能很难调整，IT 部门的投资可能会削减，IT 基础设施可能会变得落后，IT 团队可能在及时响应业务需求方面有困难。与大型企业不同，中小型企业的决策制定往往是由几个人来决定的。鉴于这些特定情况，中小型企业的一些基本特征是可以通过充分利用云计算资源得到加速改善的。中小型企业内部没有基础设施，而是由云服务商提供服务，可以把复杂的中小型企业看作云计算使用的先锋。图 3-3 所示简要说明了中小型企业是如何借助云计算发展逐步做大做强的过程。

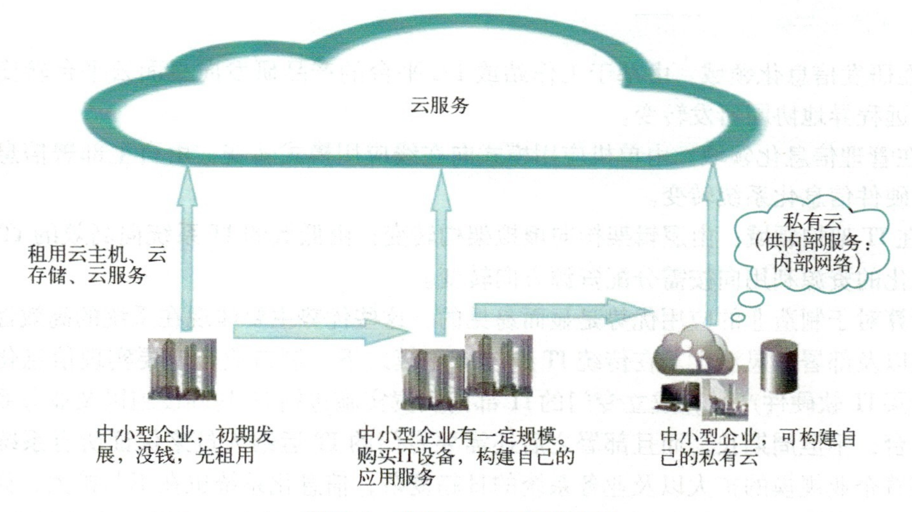

图 3-3　中小型企业发展过程

随着社会信息化程度的不断提高，某些基础性的软硬件已经达到了非常成熟的阶段，中小型企业获取这些信息化资源的方式也变得越来越方便，很多的技术已经被封装得更加简化实用，不用关心更多的原理，就像使用电话一样，有些时候只需要使用即可。那么这时中小型企业应学会站在巨人的肩膀上看远方，只要是能够看见具体的一些应用价值，就会很快通过各种信息化技术来得以实现，效率在这里体现得非常明显，也就是说点子变得越来越重要。

4. 中小型企业在云计算中的发展举例

启信宝是由苏州贝尔塔数据技术有限公司于 2015 年 5 月开发上市的一款企业征信产品，应用阿里云提供的 ECS（Elastic Compute Service，弹性计算服务）服务，通过 ECS 的自身弹性扩容等功能，支持用户即时查询全国7000多万家企业的对外投资、知识产权、新闻和招聘等信息。

满足了各应用场景对于各系统层资源的需求，实现了高灵活性及扩展性。在阿里云技术支持下，面对快速增长的百万级用户群，系统不仅提供了企业信息的快捷查询、实时的在线更新以及精准的动态推送等服务，同时还为多家金融、银行、保险等企业提供深度的企业征信数据服务。此外，消息服务的应用大大提高了系统后台数据处理的能力，实现高并发和可扩展。

阿里云的应用很大程度节省了启信宝的开发和运维成本，公司将集中更多的精力在核心业务上。依赖阿里云现有的技术，可以很容易地调整公司业务的规模，从容应对高速增长的用户量所带来的负载压力，实现了系统资源的高灵活性及扩展性，有力地保障了系统提供持续稳定、快捷优质的用户体验。

3.2.3 云计算与制造业

随着云计算的发展，越来越多的云应用开始融入制造企业的日常业务中，从管理信息化到研发信息化，再到IT基础设施，云计算无孔不入，不知不觉地“钻入”到企业IT应用的方方面面。

1. 云计算对于制造业的价值

1）在研发信息化领域：由基于工作站或PC平台的产品研发向桌面云平台转变；由区域研发向远程异地协同研发转变。

2）在管理信息化领域：由单机应用模式向在线应用模式转变；由自主部署信息化系统向租赁软硬件信息化系统转变。

3）在IT架构领域：由逻辑架构向虚拟架构转变；由低效的IT系统向高效的IT系统转变；由固化的资源利用向按需分配资源方向转变。

云计算对于制造业的应用优势是显而易见的，这些优势主要体现在系统的高效性、资源的共享性以及部署的灵活性。在传统IT架构应用模式下，制造业企业要实现信息化应用必须首先购买IT软硬件产品，成立专门的IT部门负责实施包括IT基础设施以及业务系统在内的所有平台，不但周期长，而且部署之后还需要专门的IT运维人员来保证所有系统的正常运行。随着企业规模的扩大以及业务系统的日趋复杂，信息化系统也在不断扩大，而且投入成本也在不断增长，这是传统制造企业在传统IT架构下应用信息化系统所面临的普遍问题，也是必须经历的过程。

在云时代，这一切都发生了彻底转变。制造业企业的信息化应用无须购买任何软硬件产品，也无须部署信息化平台，企业可以通过租赁软硬件系统的方式来满足自身的所有业务需求，按照使用多少来支付费用。这不但能有效减少信息化投入对于企业资金的占用，而且能大幅度地帮助企业节省成本。

2. 制造业云计算面临的挑战

当前，云计算应用已经在很大程度上被制造企业所接受。因为这种新型架构及应用模式能极大地降低制造业企业对于IT资金的投入以及IT运维的压力，而且能够很好地满足制造业企业某些业务的应用需求，例如在管理信息化领域，基于SaaS模式的CRM和ERP系统已经被很多中小企业所接受；在产品研发领域，基于桌面虚拟化的协同设计或远程异地协同设计也已经在部分制造业企业得到初步应用。企业无须考虑其实现模式，也无须管理这些系统，只需要根据业务使用了多少软硬件资源而支付相应的费用即可。但是，制造业的云应用依然存在很多问题需要解决。

1）数据安全无法保障。这既包括由云计算服务提供商的系统故障导致的数据丢失，也包括由于人为或黑客入侵导致的数据泄露，从而给企业带来重大经济损失。当前，云计算应用刚刚起步，相关法律法规仍不完善，一旦服务方出现信任危机或系统故障导致客户重要数据丢失，造成无法挽回的损失，该如何处理，业界目前争论不一。

2）服务迁移困难。就像使用手机一样，可以使用中国移动的服务，也可以使用中国联通的服务或中国电信的服务，各服务商提供的服务大同小异，价格也有区别。云服务也如此。客户可以使用亚马逊的云服务，也可以使用谷歌或微软的云服务。客户必须能很方便地实现从一家云服务提供商向另一家云服务提供商的迁移，但目前由于各家云服务平台发展不一，这种服务迁移还不容易实现。

3）带宽限制。除部分制造业企业部署的私有云之外，大多云服务都是基于互联网的在线应用，这些在线云服务严重依赖网络带宽访问。企业在接入远处的云端时，较窄的带宽会严重影响业务的使用效率。目前，有很多厂商都提供基于云服务的广域网加速解决方案，例如 Riverbed、F5 等，也有很多虚拟化厂商也有自己的广域网加速技术或产品，如惠普的 HP2 压缩技术，Citrix 也提供基于自己桌面虚拟化系统的网络优化技术等。

4）云应用集成存在问题。很多大型集团型制造业企业不但拥有众多的信息化系统，如 ERP、CRM、OA、SCM、MES、PLM、PDM 和 CAD 等，这就需要考虑如何对异构系统进行集成的问题，当然，在这方面有很多制造业企业做得很不错，能够实现数据一次录入就可以被所有系统调用。但对于云应用，这些业务系统的集成会存在很大困难。其原因就在于目前云应用发展还不够成熟，很多信息化解决方案提供商只能提供部分或少数几种业务系统，而且不同厂商之间的云服务系统无法实现集成。因此就目前而言，信息化云服务主要适用中小型企业，这些企业的信息化应用还处于起步或初级阶段，并不会涉及业务系统之间的集成。

3. 制造业云计算发展的推动因素及趋势

随着云计算的发展，传统的 IT 系统将显得越来越笨拙，云计算替代传统 IT 架构系统已经成了不可逆转的趋势。同时，随着终端移动化的发展，移动办公渐成气候，这将进一步推动云计算在制造企业的落地。未来，制造业云计算应用将呈现以下趋势。

（1）企业业务移动化将推动云计算在制造业的落地

随着移动终端开始融入企业业务应用，企业的业务系统正在“移动”，这种移动化的业务系统将使企业变得更加灵活。但这种业务移动化应用与云计算所演绎的应用模式在很大程度上非常类似，它们都是通过互联网访问远端的信息化平台，依赖远端平台的计算来实现业务数据的交互和访问，而且数据都在远端，不在本地。不同的是，云计算的远端平台都是经过了虚拟化的资源，能实现更为高效的资源分配。但这种类似的应用模式能很大程度上推动云计算应用在企业的落地。

（2）大数据的发展将越来越依赖于云计算平台来完成这类高性能应用

随着大数据的发展，企业对高性能的计算系统越来越依赖，因为更高性能的分析系统带来的是更短的分析时间，这就意味着企业能更快地从海量数据信息中获取想要的信息，加快企业的业务决策。但依赖传统的 IT 系统来完成这类分析应用将越来越不可能，因为就目前而言，再强大的服务器在面对海量数据处理时，其计算能力也会很快耗尽。与这种情况不同，云计算的优势就是将分散的系统整合成一台虚拟的超级计算机，其最大的优势就是能够提供超强的计算能力。

（3）云制造是制造业云计算应用的终极模式

很多人将云制造称之为制造业的云计算。就目前而言，制造业的云计算还远远不能称为云制造。云制造的目标是：实现对产品开发、生产、销售、使用等全生命周期的相关资源的整合，提供标准、规范、可共享的制造服务模式。这种制造模式可以使制造业企业用户像用水、电、煤气一样便捷地使用各种制造服务。从对云计算的定义看，目前的制造业云计算离云制造还有相当距离。目前的制造业云计算应用还仅仅限制在一些有限的领域，而且应用还很浅显，根本没有涉及企业的核心系统和业务。但随着制造业云计算的发展，云制造终有一天会实现。

3.2.4 云计算与商业企业（云电子商务）

互联网共经历了三十多年时间，已经进行了两次大的技术升级，也就重新分配了两次财富。

第一次互联网的技术升级是1994~2000年的拨号上网，它孕育着互联网的第一次财富的重新分配；互联网的第二次技术升级是2000年到现在的宽带拨号上网，因此而带来的第二次财富的重新分配的代表有Google（全球最大搜索引擎）、百度（中文最大的搜索引擎）、QQ、盛大和联众。

而今互联网正在进行第三次大的技术升级，那就是IPv6，IPv6和现在的宽带技术相比会更快（比现在的宽带要快1000~10000倍），IP地址更多（是2^{128}个IP地址，而现在的IP地址只有2^{32}个，IPv6可以使地球上的每一粒沙子都拥有一个IP地址）、更安全。我国正深入推进IPv6规模部署和应用，网络性能显著提高，行业融合应用更加深入广泛，用户体验提升明显，家家户户已离不开网络，给人们的生活带来了前所未有的方便。

人人都要上网，自然生意也要搬到网上来经营，商业企业的管理者，如何利用互联网给自己的企业带来发展和帮助呢？如何利用最低的成本达到最大的效益呢？如何让不懂互联网的企业进入互联网电子商务领域呢？

2011年是互联网电子商务的元年，云商务的诞生带动中国电子商务的发展，为各个中小型企业以及个人网站的发展带来一次新的机遇！

新一代云电子商务，是一个非常美丽的商业网络应用模式。它的出现将为不甘平庸、怀抱梦想的创业者带来自主创业的商机；为苦于无法把自己的产品推向更大市场的中小型企业带来海量的分销渠道；为苦于耗费太多时间选购生活用品的消费者带来便利和实惠。

通俗点说：云商务就好像电表和电线路，用户不需要自己再发电了，只需要接上电，安上电表，按需付费即可；也可以比喻为煤气管道，用户再也不需要自己去买一罐一罐的煤气了。

云电子商务模式包括云联盟、云推广、云搜索和云共享整套电子商务解决方案。

公司把各个电子商务网站整合，形成战略联盟、利益联盟，构建互联网上最大的站长联盟群体，以个人为中心，辐射周边的企业、商家和消费者，同时不断地发展和推动更多的人来建立自己的网站，开设自己的新一代云电子商务平台，然后由公司提供空中托管，保姆式经营，通过站长联盟和建立渠道网络，拓展更多的盈利通道。

云电子商务产品有B2B（类似阿里巴巴）、C2C（类似淘宝网）、B2C（团购系统）和

B2B+C2C+B2C 综合系统。这些产品由许多模块组成，价格低廉，几百至几千元就可以拥有一套功能强大的电子商务网站。更重要的是可以通过这个网站把自己的产品分销出去，还要让个人利用这个网站赚钱！新一代云电子商务管理系统一般包括团购电子商务系统（B2C）、商城电子商务系统（C2C）和企业交易电子商务系统（B2B）3 个部分，如图 3-4 所示。

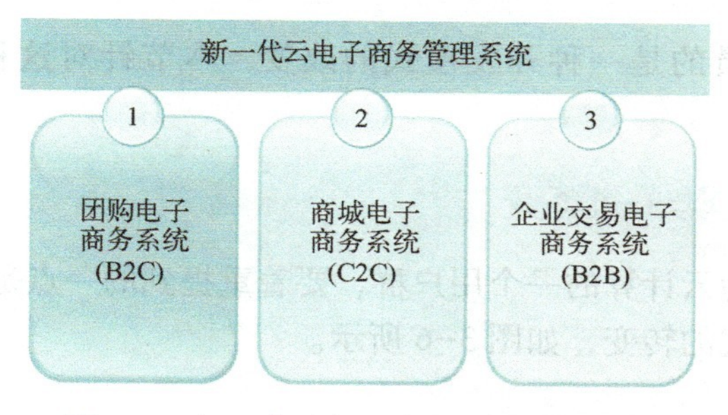

图 3-4 新一代云电子商务管理系统组成

云电子商务服务对象是创业者、企业商务和消费者，如图 3-5 所示。

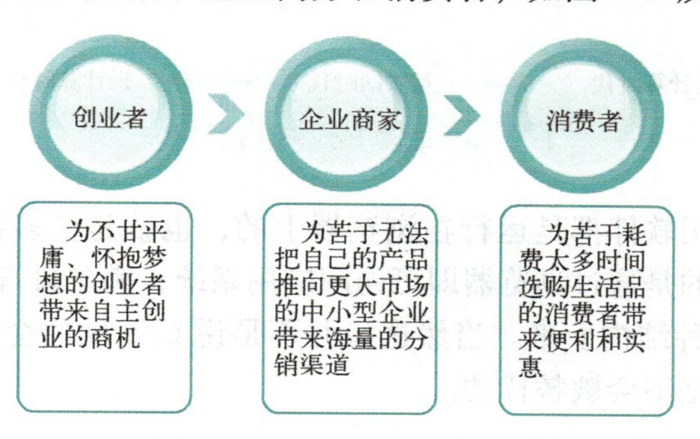

图 3-5 云电子商务服务对象

云电子商务对企业用户的好处：现在很多企业商家都在搭建自己的企业网站，目的是把自己的企业或产品推广到全国甚至全球，拓展销售通路，打造知名度。委托一般的建站公司一年至少也要几千元，多则几万元，推广和宣传还需要自己负责。

选择云电子商务平台就拥有了千千万万个帮其分销商品的渠道商，并终生锁定这些利益与企业相关的消费者，因为获得的是终身授权，企业只要把产品上传到自己的新一代电子商务网站，加入云联盟计划后商品信息就可以在千千万万个联盟网站上出现，消费者只要在他们的网站里单击购买，企业就会在后台看到订单，进行交易后资金就会进入自己的网站账户，同时还可以通过云联盟体系获得联盟网站里产品的销售佣金提成，企业不但给自己的产品拓展了销售通路，省去了大量的广告费用，还能通过这个系统联盟赚钱——何乐而不为？

云电子商务对企业用户的好处：个人选择云服务商提供的云商务平台就是选择了投入最小回报最大的互联网创业工具，可以用微不足道的资金投入，拥有一个融合 B2B、B2C 和 C2C 三种成功模式的电子商务平台；拥有千千万万个帮助您一起成功的事业伙伴。让企业者能以非常高的起点进入互联网，不需要为策划运营和盈利方案而劳神，因为系统为用户设定好了前中后期盈利模式，拥有多种赚钱通路；也不必为网站的持续开发和技术问题操心，一旦获得系统的商业授权，将终身享受新一代公司研发团队的技术服务；客户网站还可以进行空中托管，进行“保姆式”指点，系统有网上网下的培训课程，还有各种站长服务手把手地指导用户经营自己的网站，轻松实现在家创业！

3.3 开发人员

云计算带给开发人员的是一种开发模式的改变，本节针对这种开发模式的改变进行讲解。

3.3.1 软件开发模式的转变

这里将开发人员作为云计算的一个用户群，要着重提到的一点是云计算产业的发展，同时也带来了软件开发模式的转变，如图 3-6 所示。

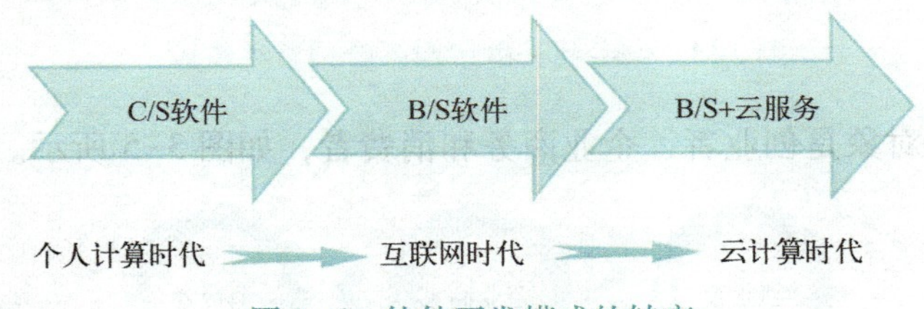

图 3-6 软件开发模式的转变

目前，大部分的应用软件都是运行在浏览器上的，也就是说多数软件都采用 B/S 结构的软件模型，用户更多的是通过浏览器即可访问应用系统，满足自身业务需求，越来越多的软件都迁移到了 B/S 这种结构上来。当然这里并不是说 C/S 软件会消失，或许在某些应用场景，这种结构的软件是不会被替代的。

3.3.2 B/S+云服务软件模式

B/S+云服务的软件模式已经到来。目前有很多大型云服务提供商将服务以不同的形式提供给用户以及开发人员，有些企业利用云服务并结合自身业务，再次生成新的服务提供出来，开发人员可通过 API 来访问这些服务接口，然后结合自己的业务逻辑开发应用软件。这种模式必将变得越来越普遍，这是信息化发展的一个必然，软件封装变得越来越容易，把更多的服务交给更专业的公司去做，企业只需要关注自身的业务。例如，如果想获取地图服务，以及实现地图相关操作的功能，只需要去访问 Google 地图 API、百度地图 API、搜狗地图 API、MapABC 地图 API 或者阿里云地图 API，并在地图上叠加相应功能即可。例如想实现一个热点事件地图网站，既可以利用网络爬虫，也可以采用其他技术来获取一些热点新闻发生的地点坐标、图片及文字或者视频，然后叠加在地图上，通过这些服务厂商提供的 API 接口调用即可。也就是说我们只关注我们的点子及业务，而不需要做多余的、别人做得比自己更专业的工作。

现在的云计算最为实用的价值是为开发人员提供自助服务工具，只需要规定适合自己的测试环境，要么是私有云，要么是通用的 IaaS（基础设施即服务），例如 Amazon Web Services，或是一个 PaaS（平台即服务）。基于云的应用也非常适合应用程序的快速开发。当把工作划分成许多小模块，不希望因为手动配置而减缓速度，用户希望测试它、部署它，然后继续工作。在通常情况下，会得到一个预装的应用程序服务器、工作流程工具和资源监控以及需要着手处理的一些资源。对于那些学习如何利用云的开发人员而言，这不仅提高了效率，还创建了一些极具价值的应用程序，更好地满足了企业的商业需要。云计算为开发人员省去了部署应用程序环境的时间，让他们有更多的时间、更多的精力用在开发技术方面。云计算的优势远远不止于提供良好的测试环境。这些年来，开发团队成员往往遍布全球，毫无疑问，类似 Wiki 的网页社交工具还可为开发人员提供状态报告以及其他沟通方式。如果这个世界上确实存在原生云应用的话，那无疑就是合作。人们或许想把源代码库、Bug 跟踪等资源共享在云端，随时方便他人访问。

许多开发商现在已支持 Web 合作，无论它们是否在云环境中工作。不过，需要好好地想一想如何防止云的突发性，有了云计算，确实会大大节省费用，特别是公共的云服务——可以按照选择的需求来支付费用。

3.3.3 云计算对软件开发与测试的影响

1. 对软件开发的影响

在云计算环境下，软件开发的环境、工作模式也将发生变化。虽然传统的软件工程理论不会发生根本性的变革，但基于云平台的开发工具、开发环境、开发平台将为快速开发、项目组内协同和异地开发等带来便利。软件开发项目组内可以利用云平台，实现在线开发，并通过云实现知识积累、软件复用。

云计算环境下，软件产品的最终表现形式更为丰富多样。在云平台上，软件可以是一种服务，如 SaaS，也可以就是一个 Web Services，也可能是可以在线下载的应用，如苹果的在线商店中的应用软件，等等。

2. 对软件测试的影响

在云计算环境下，由于软件开发工作的变化，也必然会对软件测试带来影响和变化。

软件技术、架构发生变化，要求软件测试的关注点也应做出相对应的调整。软件测试在关注传统的软件质量的同时，还应该关注云计算环境所提出的新的质量要求，如软件动态适应能力、大量用户支持能力、安全性和多平台兼容性等。

云计算环境下，软件开发工具、环境和工作模式发生了转变，也就要求软件测试的工具、环境和工作模式也应发生相应的转变。软件测试工具也应工作于云平台之上，测试工具的使用也应通过云平台来进行，而不再是传统的本地方式；软件测试的环境也可移植到云平台上，通过云构建测试环境；软件测试也应该可以通过云实现协同、知识共享和测试复用。

软件产品表现形式的变化，要求软件测试可以对不同形式的产品进行测试，如 Web Services 的测试、互联网应用的测试和移动智能终端内软件的测试等。

3.4 大众用户

这里所说的大众用户是指千千万万的个人用户，这些用户更在乎云服务的高效、便捷和低成本，甚至免费。例如，通过云存储服务，大众用户可以收发电子邮件，存取照片和个人文档；通过云娱乐服务商，可以购买音乐、电影等娱乐内容；通过云生活服务，可以查找出行的驾驶及步行路线、与网络中的其他用户进行电话、视频互动交流等。

当然，云计算给大众用户带来好处的同时，也不能忽视它的缺点。其缺点主要表现在：①过度依赖网络，可以说没有网络就没有云计算，更谈不上服务的用户体验了；②有数据安全的问题，云计算环境中，用户的数据通常储存在云服务商的“数据中心”，这些数据对“黑客”是一个巨大的诱惑，一旦被别有用心的人掌握，后果很严重；③有可靠性问题，如果网络瘫痪，或者接入网络的那条线路瘫痪，用户是无法访问自己数据的；④数据中心的应用程序和数据出现故障或关闭，用户也是不能得到服务的。

尽管如此，随着云计算及其产业的发展，各种改善和提高人们生活、学习、工作效率的云服务呈百花齐放之势，正在深刻地改变着人们身边的一切。

小结

政府机构在云计算的发展过程中扮演着一个特殊的角色，承担着监管、使用和服务为一体的特殊职责。政府机构作为云计算的提供商，是信息资源的最大生产者，也是信息资源的最大使用者。政府作为监管者，有责任降低使用云服务的“风险”，并通过“必要的监管职能确保用户和提供商的正常动作”，这里的监管职能是通过制定相应法律法规和行业标准加以约束，特别是对违反法律以及道德规范的相关服务坚决进行打击，为整个社会以及“云计算生态环境”构建一个健康发展的外部环境，能为人民生活水平的提高以及国家财富的积累起积极作用。政府机构是云计算的用户。政府信息化发展需要云计算。这里所说的需要云计算是指对于某些政务信息公开化方面，云计算能够更好地解决。

政府云即电子政务云（E-government cloud)，结合了云计算技术的特点，对政府管理和服务职能进行精简、优化、整合，并通过信息化手段在政务云上实现各种业务流程办理和职能服务，为政府各级部门提供可靠的基础 IT 服务平台。

企业是云计算重要用户，它们遍布于农业、工业、商业、建筑、交通运输和教育培训等行业。大型企业一般实力雄厚，业务复杂，可以分为两种，一种是作为云服务商角色，另一种则是根据自身业务需求构建私有云的角色，当然也可以使用公有云及混合云。随着社会信息化程度的不断提高，某些基础性的软硬件已经达到了非常成熟的阶段，中小型企业获取这些信息化资源的方式也变得越来越方便，很多技术已经被封装得更加简化实用，不用关心更多的原理，就像使用电话一样，有些时候只需要使用即可而不用关心其背后的复杂技术。那么这时中小型企业应学会站在巨人的肩膀上看远方，只要是能够看见具体的一些应用价值，就会很快通过各种信息化技术来得以实现，效率在这里体现得非常明显。

开发人员作为云计算的一个用户群，云计算给开发人员的开发模式带来了改变，云计算产业的发展，也带来了软件开发模式的转变。

通过云服务，大众用户可以存储个人电子邮件、存储相片、从云计算服务商处购买音乐、存储配置文件和信息、参与社交网络互动、通过云计算查找驾驶及步行路线、开发网站以及与云计算中的其他用户互动。云计算消费者可以安排网球比赛或者打高尔夫球、追踪某个健身计划、进行交易可搜索、打电话、通过视频交流、通过互联网查找最新消息、确定某种说法的出处以及查找新认识的朋友个人信息。现在纳税申报单也可以通过云计算完成。

思考与练习

一、填空题

1. 云计算的用户为获取自身业务发展需要的信息资源，借助各种终端设备通过网络访问云服务商提供的各类服务。云用户已渗透到人类生产生活的各上个领域，这些用户可以分为________、________、________及________。

2. 政府机构在云计算中扮演着特殊的角色，是信息资源的最大_______，也是_______，还是________。

二、选择题

1. 企业作为云用户，部署模式可以有（　　）。

A. 公有云　　B. 私有云　　C. 混合云　　D. 社区云

2. 通过云计算，大众用户可完成的事务有（　　）。

A. 存储个人电子邮件、存储相片

B. 从云计算服务商处购买音乐、存储配置文件和信息

C. 与社交网络互动、通过云计算查找驾驶及步行路线

D. 开发网站，以及与云计算中的其他用户互动

三、简答题

1. 云服务的用户有哪些？政府机构作为云用户应该怎么做？

2. 大型企业、中小型企业在云服务的使用中应分别怎样做？

3. 开发人员如何使用云计算？云计算环境下，软件开发行业如何改变开发模式？

4. 大众用户使用云服务可做什么？

第 4 章　云计算架构及标准化

本章要点

- 云计算架构
- 国际云计算标准化工作
- 国内云计算标准化工作
- 如何实施云计算

掌握云计算架构，有利于理解云产业中各类角色之间的分工、合作与交互，明确云计算模式和其他计算模式间的区别与联系，助力企业上云，推动云计算及其产业发展。

云计算标准化工作是推动云计算和信息化建设的重要基础性工作之一，受到各国政府及国内外标准化组织和协会的高度重视，也是云计算从业者的必备知识。

本章介绍云计算架构和标准化，希望读者掌握相关内容，服务企业上云。

4.1 云计算架构

可以从不同视角理解云计算架构。下面从用户、功能、实现和部署四个视角描述云计算架构，如图 4-1 所示，简称“架构四视角”。

（1）用户视角

用户视角是用户眼中的云计算，涉及与用户业务相关的活动、角色、子角色和共同关注点等，如图 4-2 所示。

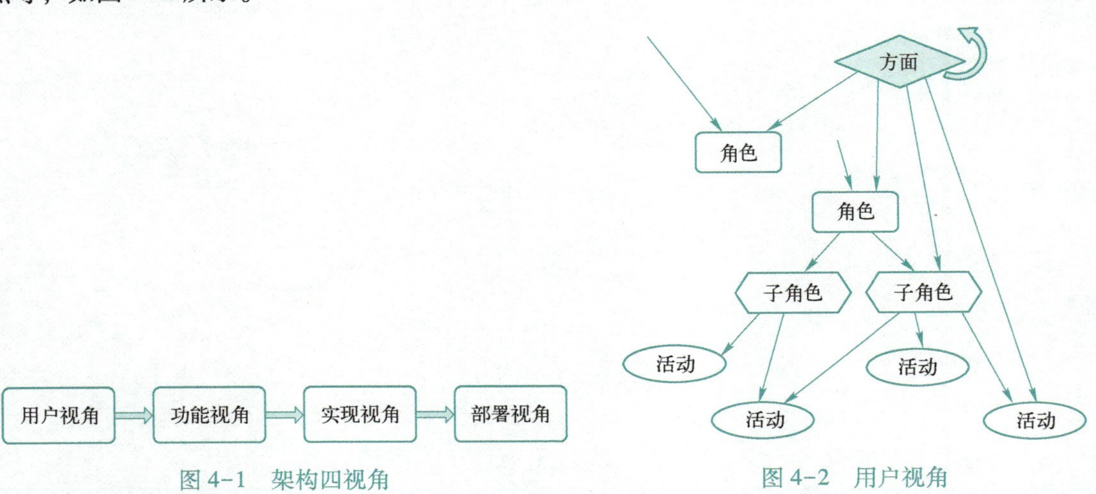

图 4-1　架构四视角

图 4-2　用户视角

角色是一组具有相同目标的云计算活动的集合，包括云服务客户、云服务提供者、云服务协作者，表 4-1 展示了云计算角色及其包含的子角色与活动。

表 4-1　角色、子角色与活动

角　色	子　角　色	活　动
云服务客户	云服务用户	使用云服务
	云应用服务管理者	执行服务测试、监控服务、管理安全策略、提供计费和使用量报告、处理问题报告、管理租户
	业务管理者	执行业务管理、选择和购买服务、获取审计报告
	云服务集成者	连接 ICT 系统和云服务
云服务提供者	云服务运营管理者	准备系统、监控和管理服务、管理资产和库存、提供审计数据
	云服务部署管理者	定义环境和流程、定义度量指标、定义部署步骤
	云服务管理者	提供服务、部署和配置服务、执行服务水平管理
	云服务业务管理者	管理提供云服务的业务计划、管理客户关系、管理财务流程
	客户支持和服务代表	监控客户请求
	跨云提供者	管理同级的云服务；执行云服务的调节、聚集、仲裁、互连或者联合
	云服务安全和风险管理者	管理安全和风险、设计和实现服务的连续性、确保依从性
	网络提供者	提供网络连接、交付网络服务、提供网络管理
云服务协作者	云服务开发者	设计、创建和维护服务组件；组合服务、测试服务
	云审计者	执行审计、报告审计结果
	云服务代理者	获取和评估客户、选择和购买服务、获取审计报告

共同关注点是在云计算系统中需要不同角色之间协调且一致实现的行为或能力，主要包含可用性、安全、性能、维护和版本控制等。

（2）功能视角

功能视角是云服务要提供的各种功能，也是角色和子角色要执行的云计算活动集合，由功能组件组成，可以通过分层框架来描述，如图 4-3 所示。在分层框架中，特定类型的功能被分组到各层中，相邻层次的组件之间通过接口交互，通常包括用户层、访问层、服务层、资源层和跨越各层的跨层功能，如图 4-4 所示。

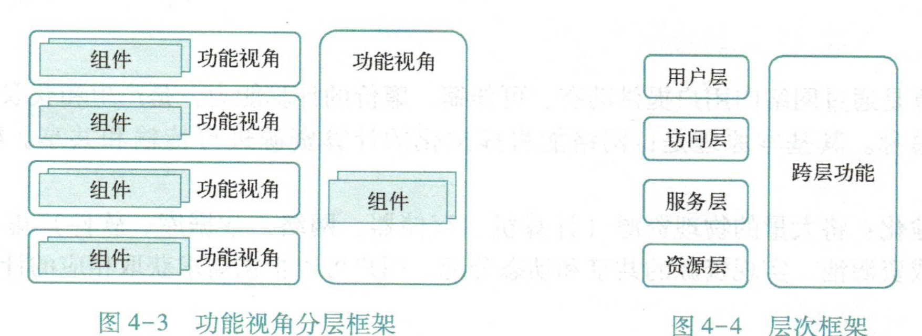

图 4-3　功能视角分层框架　　图 4-4　层次框架

图 4-5 较详细地展示各层功能，如用户层有用户功能、业务功能和管理功能；访问层有访问控制和连接管理；服务层有服务能力、业务能力、管理能力和服务编排；资源层有物理资源以及对物理资源的抽象和控制。跨层功能较为丰富，包括集成、安全、运营支撑系

统、业务支撑系统和开发功能等。

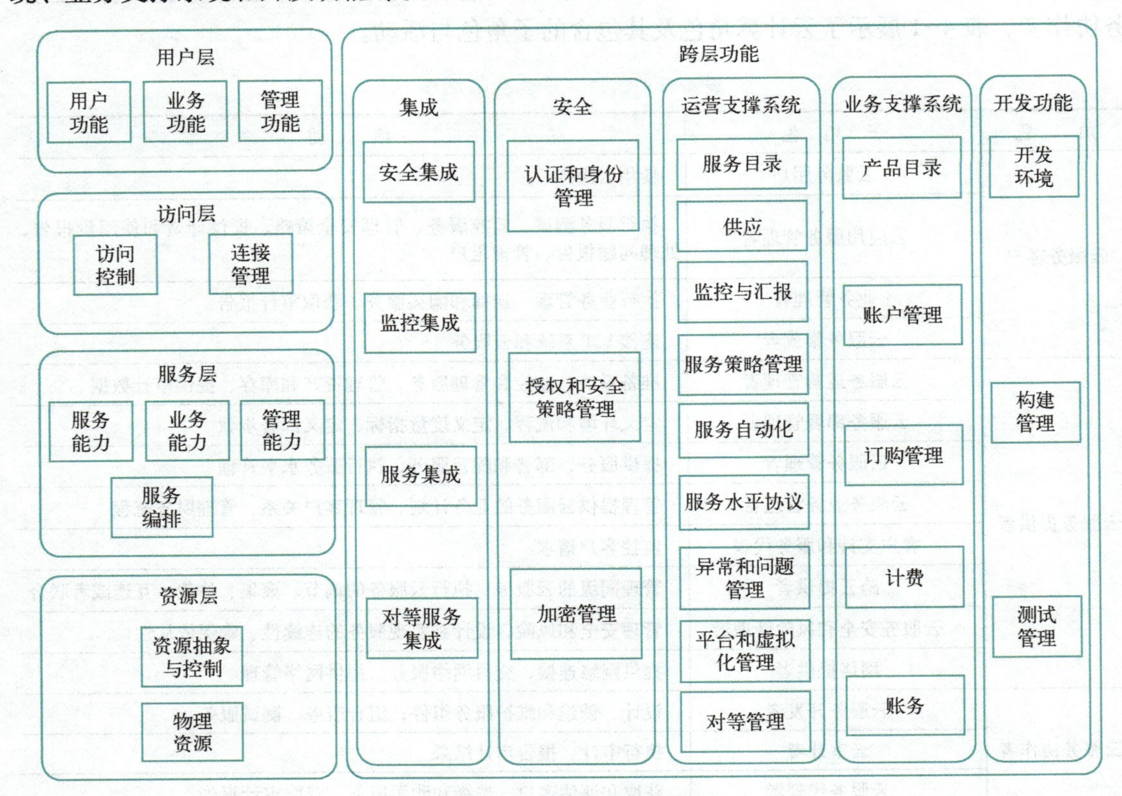

图 4-5　层次架构中的功能组件

（3）实现视角

实现视角基于功能视图，为了实现各层功能需要的人、财、物和技术的总称，包括基础设施即服务（IaaS）的实现、平台即服务（PaaS）的实现和软件即服务（SaaS）的实现。

（4）部署视角

云服务部署由云服务部署管理者负责，在部署视角中，要详细定义各种活动的具体内容，包括定义环境与流程、定义度量指标与指标采集方法和定义部署步骤。

4.1.1　云计算的基本原理

云计算是通过网络向用户提供动态、可伸缩、廉价的计算能力，是产生和获取计算能力的方式的总称。其基本原理是：网络能将虚拟化的计算资源进行传输和共享。核心要点如下。

资源池化：将大量的物理资源（计算机、存储器、网络、数据库、软件）虚拟化，集中起来形成资源池，实现资源的共享和动态分配。用户可以根据需求获取相应的计算资源和服务。

按需使用：按需使用计算资源和服务，无须购买和维护大量的硬件设备，但需要支付相应的租赁费用。

高可用性：云平台能够保证用户的数据和应用程序在出现故障时自动备份和恢复，保障业务的连续性，具有高可用性。

安全性：提供了完善的安全保障措施，包括数据加密、访问控制、安全审计等，保障用户数据的安全。

可扩展性：云平台具有可扩展性，能够根据用户的需求动态扩展计算资源和应用程序，满足用户不断增长的业务需求。

4.1.2　云计算体系结构

云计算平台是一个强大的“云”网络，连接了大量并发的网络计算和服务。可利用虚拟化技术扩展每一个服务器的能力，将各自的资源通过云计算平台结合起来，提供超级计算和存储能力。通用的云计算体系结构如图 4-6 所示。

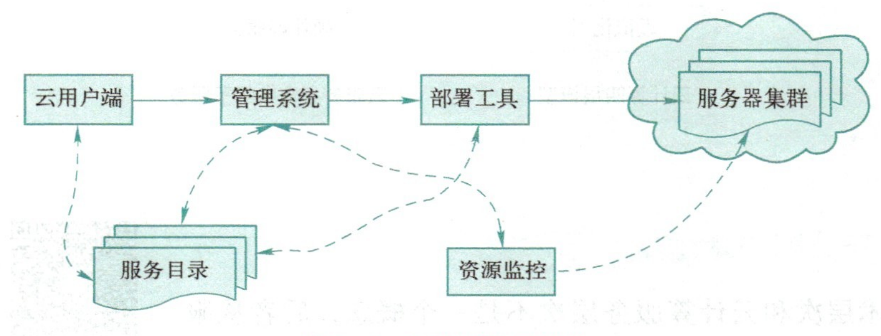

图 4-6　云计算体系结构

- 云用户端：提供云用户请求服务的界面，也是用户使用云的入口。用户通过 Web 浏览器注册、登录及定制服务，配置和管理自己的数据资产。打开应用实例与在本地操作桌面系统一样方便。
- 服务目录：用户在取得相应权限（付费或其他限制）后，可以选择或定制的服务列表。
- 管理系统：提供管理服务。主要对用户授权、认证、登录进行管理，也管理可用计算资源和服务，接收用户请求并转发到相应的程序。
- 部署工具：根据业务需求动态地部署、配置和回收资源。
- 资源监控：监控和计量云系统资源的使用情况，以便及时做出反应，完成节点同步配置、负载均衡配置，确保资源能顺利分配给合适的用户。
- 服务器集群：云计算服务的资源中心和提供计算能力的基础，由各种服务器组成，在管理系统的有效管理、资源监控、部署工具和服务目录的协作下，为用户提供 IaaS、PaaS 和 SaaS 等服务。

4.1.3　云计算服务层次

根据云服务集合所提供的服务类型，整个云计算服务集合被划分成 4 个层次：应用层、平台层、基础设施层和虚拟化层。每一层都对应着一个子服务集合，分别是硬件即服务、基础设施即服务、平台即服务和软件即服务，如图 4-7 所示。

- 应用层对应软件即服务（SaaS），如：云办公、云财务、云政务等。

- 平台层对应平台即服务（PaaS），如：阿里、腾讯、百度、新浪开发平台。
- 基础设施层对应基础设施即服务（IaaS），如阿里、腾讯、华为云主机、云服务器等。
- 虚拟化层对应硬件即服务，结合 Paas 提供硬件服务，包括服务器集群及硬件检测等服务。

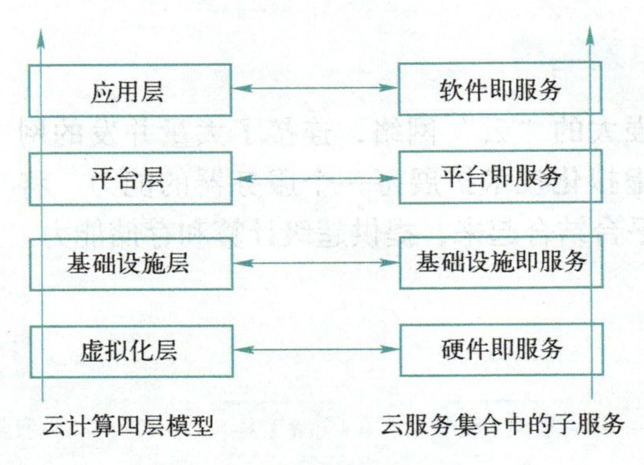

图 4-7　云计算服务层次

4.1.4　云计算技术层次

云计算技术层次

云计算技术层次和云计算服务层次不是一个概念，后者从服务的角度划分云的层次，主要突出了云服务能给用户提供什么，技术层次主要从系统属性和设计思想角度来说明，是对软硬件资源在云计算技术中所充当角色的说明。按云计算技术层次来分，由物理资源、虚拟化资源、服务管理中间件和服务接口 4 部分构成，如图 4-8 所示。

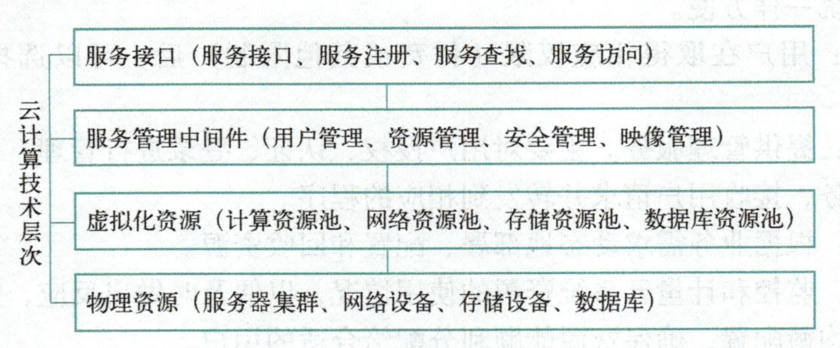

图 4-8　云计算技术层次

物理资源：主要包括提供计算能力的硬件设备及技术，可以是价格低廉的个人计算机，也可以是价格昂贵的服务器及磁盘阵列等设备，通过现有网络技术、并行技术、分布式技术将分散的计算机组成一个能提供超强功能的集群用于云服务。

虚拟化资源：物理资源不能直接通过网络提供给远端用户使用，需要虚拟化技术将其虚拟化处理形成规模庞大的虚拟化资源池。主要包括计算资源池、存储资源池、网络资源池和数据库资源池等。

服务管理中间件：虚拟化资源中的各种资源要在一定规则下提供给云用户，便需要各种管理，这些管理的集合统称为管理中间件，主要由用户管理、资源管理、安全管理、映像管理等组成。用户管理包括用户身份验证、用户许可、用户定制管理；资源管理包括负载均衡、资源监控、故障检测等；安全管理包括身份验证、访问授权、安全审计、综合防护等；映像管理包括映像创建、部署、管理等。

服务接口：用户使用云服务的接口，统一规定了使用云服务的各种规范和标准等，是用户和云服务交互的入口，可以完成用户注册、服务查找、服务访问以及对服务的定制和使用。

4.2 云计算标准化

云计算标准化工作作为推动产业及应用发展以及行业信息化建设的重要基础性工作之一，近年来受到各国政府以及国内外标准化组织和协会的高度重视。本节介绍国际和国内云计算标准化工作，希望对企事业单位实施云计算有所帮助。

4.2.1 国际云计算标准化工作

1. 国际云计算标准化工作概述

近年来，国际标准化组织和协会通过制定与推广一系列技术标准及服务标准，实现了云计算应用的普及和统一管理，在增强云计算的安全性和可靠性，促进技术创新和发展等方面提供了有力支持。

云计算标准化工作主要包括基础、互操作、可移植、管理、安全和测试等领域。在基础方面，主要关注云计算术语、基本参考模型、指南等；在互操作和可移植方面，致力于解决跨云的数据迁移和应用迁移问题；管理上涉及云计算服务的运营、维护和管理等；在安全方面，则关注数据安全、隐私保护等关键问题；测试方面则旨在确保云计算服务的质量和性能。

目前，国际上共有三十多个标准化组织和协会开展云计算标准化工作。这些组织和协会既有知名的标准化组织，如 ISO/IEC JTC1 SC27、DMTF，也有新兴的标准化组织，如 ISO/IEC JTC1 SC38、CSA；既有国际标准化组织，如 ISO/IEC JTC1 SC38、ITU-T SG13，也有区域性标准化组织，如 ENISA；既有基于现有工作开展云标准研制的标准化组织，如 DMTF、SNIA，也有专门开展云计算标准研制的标准化组织，如 CSA、CSCC。按照覆盖范围进行分类，结果如表 4-2 所示。

表 4-2　33 个国外标准化组织和协会分布表

序号	标准化组织和协会	个数	覆盖范围
1	ISO/IEC JTC1 SC7、ITU-T SG13、SC27、SC38、SC39	5	国际标准化组织
2	DMTF、CSA、OGF、SNIA、OCC、OASIS、TOG、ARTS、IEEE、CCIF、OCM、Cloud Use Case、A6、OMG、IETF、TM Forum、ATIS、ODCA、CSCC	19	国际标准化协会
3	ETSI、EuroCloud、ENISA	3	欧洲
4	GICTF、ACCA、CCF、KCSA、CSRT	5	亚洲
5	NIST	1	美洲

国外标准化组织和协会在云计算标准工作方面呈现以下特点。

(1) 从多角度开展云计算标准化工作

ISO、IEC 和 ITU 主要开展两类工作：一类是在原有标准化工作的基础上逐步渗透到云计算领域；另一类是新成立的分技术委员会，如 ISO/IEC JTC1 SC38（分布式应用平台和服务）、ISO/IEC JTC1 SC39（信息技术可持续发展）和 ITU-T SG13（原 ITU-T FGCC，云计算焦点组），开展云计算领域新兴标准的研制。

(2) 积极开展云计算标准研制

DMTF、SNIA、OASIS 等知名标准化组织和协会，在其已有标准化工作的基础上，纷纷开展云计算标准研制，如 DMTF 主要关注虚拟资源管理、SNIA 主要关注云存储、OASIS 主要关注云安全和 PaaS 层标准化工作，其中 DMTF 的 OVF（开放虚拟化格式）规范和 SNIA 的 CDMI（云数据管理接口）规范均已通过 PAS 通道提交给 ISO/IEC JTC1，成为 ISO 国际标准。

(3) 有序推动云计算标准研制

CSA、CSCC、Cloud Use Case 等新兴标准化组织和协会，正有序开展云计算标准化工作。他们常常从某一方面入手，开展云计算标准研制，例如，CSA 主要关注云安全标准研制，CSCC 主要从客户使用云服务的角度开展标准研制。

2. 国际云计算标准化工作主要内容

国际云计算标准化工作主要包括早期的需求获取和分析、云计算词汇和参考架构等通用和基础类标准、IaaS 标准、PaaS 标准、云安全管理等标准的研制，甚至云客户如何采购和使用云服务的标准研发，云计算标准化工作已经取得了丰富的成果。这些标准化工作的分类如表 4-3 所示。

表 4-3 标准化组织和协会关注情况表

标准组织	关注情况	
ISO/IEC JTC1、ITU-T、Cloud Use Case 等	应用场景和案例分析	
ISO/IEC JTC1、ITU-T、ETSI、NIST、ITU-T、TOG 等	通用和基础	
ISO/IEC JTC1、DMTF、SNIA、OGF 等	互操作 & 可移植	虚拟资源管理
SNIA、DMTF 等		数据存储与管理
OASIS、DMTF、CSCC 等		应用移植与部署
ISO/IEC JTC1、DMTF、GICTF 等	服务	
ISO/IEC JTC1、ITU-T、CSA、NIST、OASIS、ENISA 等	安全	

总体上看，国际标准化组织和协会主要成果体现在应用场景和案例分析、通用和基础标准、互操作和可移植标准、服务标准、安全标准 5 个方面，下面分别阐述。

(1) 应用场景和案例分析

ISO/IEC JTC1 SC38、ITU-T FGCC（云计算焦点组，后转换成 SG13）、Cloud Use Case 等多个组织纷纷开展云计算应用场景和案例分析，SC38 将用户案例和场景分析文档作为常设文件，该文件对已有的案例和场景从 IaaS、PaaS 等角度进行了分类和总结。目前，SC38 将基于用户案例和场景分析的方法作为评估新工作项目是否合理的方法之一。

(2) 通用和基础标准

云计算通用和基础标准包括云计算术语、云计算基本参考模型、云计算标准化指南等。ISO/IEC JTC1 SC38 和 ITU-T SG13 成立联合工作组开展云计算术语和云计算参考架构标准的研制。云计算术语在云计算领域明晰概念、规范用语；云计算基本参考架构主要描述云计算的利益相关者、明确基本的云计算活动和组件，描述活动、组件和环境之间的关系，为定义云计算标准提供参考。

（3）互操作和可移植标准

互操作和可移植标准主要针对用户最为关心的几个问题对基础架构层、平台层和应用层的核心技术和产品进行规范，以构建互连互通、高效稳定的云计算环境为目标。它们是资源按需供应、数据和供应商锁定、分布式海量数据存储和管理等。如 DMTF、SNIA 开展了 IaaS 层标准化工作，OASIS 开展了 PaaS 层标准化工作。其中，OVF、CDMI 已经成为国际标准。

（4）服务标准

服务标准涉及云服务生命周期各阶段，涵盖服务质量、服务计量、服务运营、服务管理、服务采购、服务交付等，包括云服务通用要求、云服务级别协议规范、云服务质量评价指南、云运维服务规范、云服务采购规范等。ISO/IEC JTC1 SC38、NIST、CSCC 等组织和协会开展了云服务水平协议（SLA）相关的标准研制，我国云计算服务商也对 SLA 做出了积极贡献。

（5）安全标准

安全标准主要关注数据的存储安全和传输安全、跨云的身份鉴别、访问控制、安全审计等方面。ISO/IEC JTC1 SC27、CSA、ENISA、CSCC 从多个方面开展云安全标准与指南编制工作。

4.2.2　国内云计算标准化工作

1. 国内云计算标准化工作概述

在积极参与国际云计算标准化工作的同时，国内云计算标准化工作也进入了快速发展阶段。全国信息技术标准化技术委员会云计算标准工作组，作为我国专门从事云计算领域标准化工作的技术组织，负责云计算领域的基础、技术与产品、服务、应用、管理、安全国家标准的研修工作，在前期云计算标准研究成果基础之上，开展了一系列标准化研究和落地工作。现已形成了国际国内协同、领域全面覆盖、技术深入发展的标准研究格局，为规范我国云计算产业发展奠定了标准基础。

2. 云计算综合标准化体系

针对云计算发展现状，结合用户需求、国内外云计算应用情况和技术发展，我国云计算综合标准化体系结构如图 4-9 所示。

（1）基础标准

用于统一云计算概念和技术架构等，为制定其他各部分标准提供支撑，主要包括云计算术语和参考架构等方面标准。

（2）技术与产品标准

用于规范云计算相关技术和产品的研发、设计与使用等，主要包括基础类、平台类和应用类技术与产品，以及交互、部署模型等方面的标准。

（3）服务标准

用于规范面向云服务客户提供的各类云服务内容、服务能力等。主要包括基础设施即服务、平台即服务、数据即服务、人工智能即服务、软件即服务、安全即服务等方面的标准。

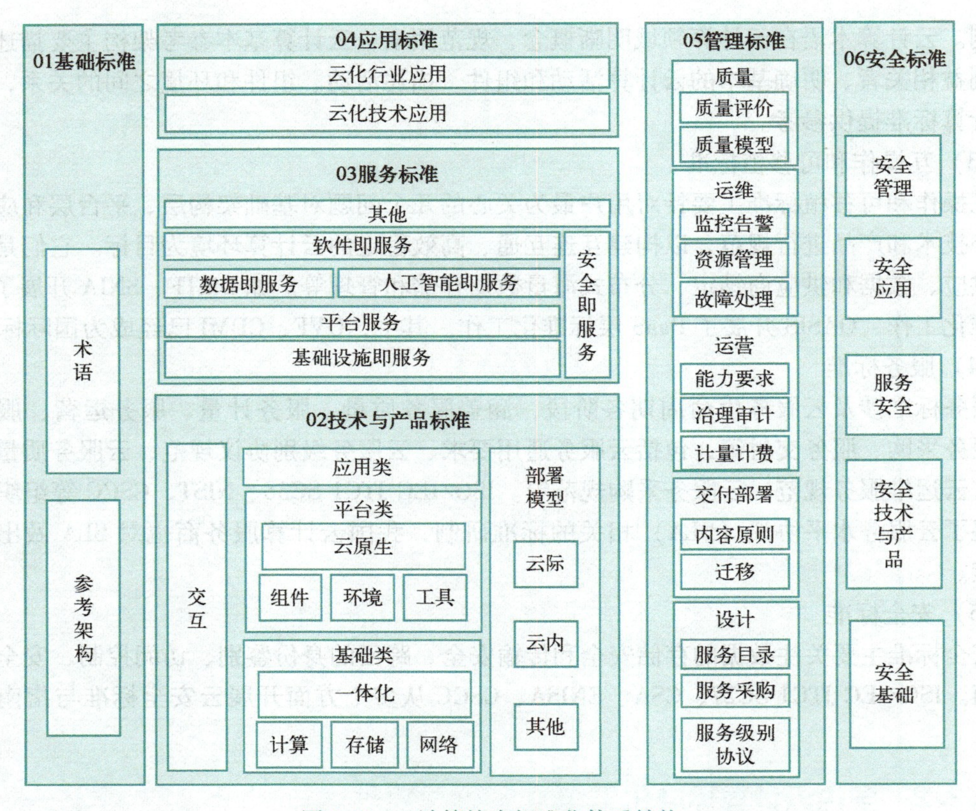

图 4-9　云计算综合标准化体系结构

（4）应用标准

用于促进和指导云计算与各类技术、行业的融合应用，云化转型以及生态建设等。主要包括云化技术应用、云化行业应用等方面的标准。

（5）管理标准

用于规范和指导云计算系统和云服务的全生命周期管理。主要包括设计、交付部署、运营、运维以及质量等方面的标准。

（6）安全标准

用于指导实现云计算环境下的网络安全、数据安全、信息安全、系统安全、服务安全和应用安全等。主要包括安全基础、安全技术与产品、服务安全、安全应用、安全管理等方面的标准。

到 2025 年，云计算标准体系会更加完善，将开展云原生、边缘云、混合云、分布式云等重点技术与产品标准研制，制定一批新型云服务标准，面向制造、软件和信息技术服务、信息通信、金融、政务等重点行业领域开展应用标准建设。到 2027 年，将制定云计算国家标准和行业标准 50 项以上，有效满足我国产业标准化新阶段的需求。

4.3 如何实施云计算

随着信息技术的迅猛发展，云计算成了企业信息化建设的必然趋势，对企业的发展和转型具有重要意义。如何实施云计算是一个复杂的过程，需要全面考虑企业的需求、目标和实际情况，并合理规划和管理各种资源和风险。在全面考虑和合理规划的基础上，企业才能顺利实施云计算，提升业务效率和竞争力。

4.3.1　云计算实施总路线

1. 组建团队

云用户可能是各种不同规模的企业，在决定采用云计算为自己服务时，需建立相应的工作团队，并明确云实施不同阶段各种角色的工作职责和工作目标，如图 4-10 所示。

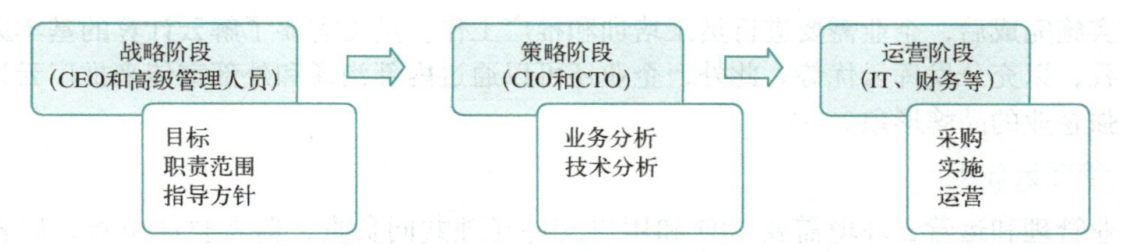

图 4-10　云计算实施不同阶段各角色的工作职责和目标

在战略阶段，CEO 和高级管理人员确定目标、职责范围和指导方针。

在策略阶段，通常在 CIO 或 CTO 的领导下，公司执行业务分析和技术分析。

在运营阶段，不同运营组的主管针对云部署，共同完成持续运营业务的采购、实施和运营。

2. 确定需求与目标

要实施云计算，企业需要明确自身的需求和目标，制定适合自身发展的云战略，主要包括业务的应用领域、解决的问题、提升的效果等。通过明确需求和目标，企业可以更好地选择适合自身的云计算解决方案。

3. 选择合适的云计算模式

根据既定云战略，综合考量企业规模、云服务关键程度、业务迁移成本、弹性、安全和多租户等因素，选择合适的云部署模式。例如，企业对数据安全性要求较高，可以选择私有云；如果对成本控制和灵活性要求较高，则可以选择公有云。

4. 设计云架构

企业需要设计云架构，包括云平台的硬件设备、软件平台、数据中心等。云架构的设计需要考虑到企业的需求、规模和预算等因素，以确保云计算系统的性能和可扩展性。根据云用户的 IT 成熟度和企业规模，结合各类云服务模式的特点，选择适合的架构。

5. 选择供应商和建立合作关系

云计算的实施通常需要与云服务供应商进行合作。企业要选择可靠的供应商，并与其建立合作关系。在选择供应商时，需要考虑到供应商的信誉度、技术实力、安全性等因素。根据云用户的需要和能力，可分成内部开发和部署、云提供商开发和部署、购买现成的云服务和基于云服务的独立开发提供商四种方式，也可以根据具体的云服务需求，同时利用多种方式。

6. 数据迁移和应用部署

在实施的过程中，企业需要将现有的数据和应用迁移到云平台上。数据迁移和应用部署是一个复杂的过程，需要确保数据的完整性和安全性。企业可以选择逐步迁移的方式，以降低风险。

7. 安全保障与监控

数据安全是云计算实施过程中最重要的问题之一。企业需要制定详细的安全策略，包括数据加密、访问控制、安全监控等措施。同时，企业需要建立监控系统，定期检查和评估云平台的安全性。有多种方法可以在云服务和现有服务之间建立无缝连接。

8. 培训与推广

在实施完成后，企业需要进行员工培训和推广工作。员工需要了解云计算的基本原理和操作流程，以充分发挥云优势。此外，企业还可以通过内部沟通和外部宣传来推广云计算技术，增强企业的品牌形象。

9. 管理云环境

企业管理和运营云环境需要 CIO 和用户支持经理共同负责，前者整体负责，后者负责管理日常运营，并建立通畅的沟通渠道。

4.3.2 云计算实施的注意事项

1. 风险评估与管理

云计算实施会带来各种风险，包括数据泄露、系统故障等。企业需要进行全面的风险评估，并制定相应的风险管理策略，以减少风险对业务的影响。

2. 合理规划成本与预算

云计算的实施需要投入一定的成本，企业需要合理规划成本与预算。在选择云计算解决方案和供应商时，需要综合考虑技术性能、价格和服务质量等因素，以确保投资的可持续性和回报率。

3. 合规性和法律风险

在实施云计算的过程中，企业需要遵守相关的法律法规和合规要求。例如，要保护用户隐私、遵守数据保护法规等。企业需要了解法律风险，并与法律专家合作，制定合规的策略和流程。

4. 保证服务质量和性能

云计算实施需要保证服务质量和性能。企业要与供应商签订明确的服务水平协议（SLA），确保云平台的稳定性和性能。同时，企业需要定期监测和评估云平台的运行情况，及时调整和优化。性能一般通过可用性、响应时间、事务处理率和处理速度来衡量，但很多其他因素也可以衡量性能和系统的质量。因此，用户必须确定哪些因素对其云环境最为重要，并确保 SLA 中包含这些因素。

5. 强化内部管理和文化建设

云计算的实施涉及企业的内部管理和文化建设。企业需要建立适应云计算的组织结构和流程，并加强内部沟通和协作。此外，企业还需要培养员工的云计算意识和技能，以更好地适应新的工作方式和流程。

6. 明确服务管理需求

用户在与云计算供应商签订服务水平协议时需要考虑的有关服务管理的重要问题，主要包括审计、监控和汇报、计量、快速调配、资源变更、对现有服务的升级等几个方面。

7. 为服务故障管理做准备

没有哪一个云服务商能保证其服务 100% 可靠，因此用户应有一定的故障管理能力，以确保能够及时解决出现的问题。

8. 了解灾难恢复计划

灾难恢复属于业务连续性的范畴，主要是在发生灾难时，用于恢复应用程序、数据、硬盘、通信（如网络）和其他 IT 基础设施的流程和技术。灾难既包括自然灾害，也包括影响 IT 基础设施或软件系统可用性的人为事件。

企业将基础设施即服务、软件即服务或平台即服务租给用户，需要制定灾难恢复计划时。

4.3.3　云安全实施步骤

云安全实施是一个系统性过程，旨在确保云计算环境中的数据、应用和基础设施的安全。以下是云安全实施的主要步骤，这些步骤可以帮助企事业单位在云环境中建立和维护强大的安全体系。

1. 评估云安全需求

识别资产：列出云环境中的所有关键资产，包括数据、应用程序和基础设施。

风险评估：进行安全风险评估，确定潜在的安全威胁和漏洞。

合规性要求：了解并遵守相关的行业标准和法规要求。

2. 制定云安全策略

策略制定：制定明确的云安全策略，包括访问控制、加密、身份验证和授权等方面的规定。

角色和责任：明确各部门和团队在云安全方面的角色和责任。

应急响应计划：制订应急响应计划，以应对潜在的安全事件。

3. 实施安全控制措施

访问控制：实施严格的访问控制策略，确保只有经过授权的用户才能访问敏感数据。

数据加密：对敏感数据进行加密存储和传输，以防止数据泄露。

身份验证和授权：使用多因素身份验证和细粒度的授权策略，确保用户身份的真实性和权限的合理性。

4. 监控和日志记录

实时监控：部署实时监控工具，检测异常行为和潜在的安全威胁。

日志管理：集中收集和分析云环境中的日志数据，以便及时发现和调查安全事件。

5. 安全测试和审计

渗透测试：定期进行渗透测试，评估云环境的安全性，并发现潜在的漏洞。

安全审计：定期对云安全策略、控制措施和日志记录进行审计，确保符合既定的安全标准和要求。

6. 培训和意识提升

安全培训：为员工提供定期的安全培训，提高他们的安全意识和技能水平。

意识提升：通过宣传和教育活动，提高全体员工对云安全重要性的认识。

7. 持续改进和更新

反馈机制：建立有效的反馈机制，鼓励员工报告潜在的安全问题和漏洞。

更新和维护：定期更新云安全策略、控制措施和监控工具，以适应不断变化的威胁环境和技术发展。

通过以上步骤，企事业单位可以在云环境中建立和维护一个强大且可持续的安全体系，从而确保数据、应用和基础设施的安全性。需要强调的是，这些步骤并非一成不变，企事业单位应根据自身需求和行业特点进行适当调整。

小结

可以从用户、功能、实现和部署四个视角描述云计算架构，简称“架构四视角”。

用户视角是用户眼中的云计算，涉及与用户业务相关的活动、角色、子角色和共同关注点等。

功能视角是云服务要提供的各种功能，通常包括用户层、访问层、服务层、资源层和跨越各层的跨层功能。

实现视角基于功能视图，为了实现各层功能需要的人、财、物和技术的总称，包括基础设施即服务的实现、平台即服务的实现和软件即服务的实现。

云服务部署由云服务部署管理者负责，在部署视角中，要详细定义各种活动的具体内容，包括定义环境与流程、定义度量指标与指标采集方法和定义部署步骤。

云计算是通过网络向用户提供动态、可伸缩、廉价的计算能力，是产生和获取计算能力的方式的总称。其基本原理是：网络能将虚拟化的计算资源进行传输和共享。

云服务有 4 个层次，分别是应用层、平台层、基础设施层和虚拟化层。

云计算技术层次由 4 部分构成：物理资源、虚拟化资源、服务管理中间件和服务接口。

我国云计算标准体系覆盖基础、技术与产品、服务、应用、管理、安全等 6 个部分，随着产业发展我国的云计算标准体系将更加成熟和丰富。

目前，国际上共有三十多个标准化组织和协会开展云计算标准化工作。

思考与练习

一、填空题

1. 可以从________、________、________、________四个视角描述云计算架构，简称“架构四视角”。

2. 用户视角是________，涉及与用户业务相关的________、________、________和________等。

3. 功能视角是________，通常包括________、________、________、________和跨越各层的跨层功能。

4. 实现视角基于________，为了实现各层功能需要的人、财、物和技术的总称，包括________的实现、________的实现和________的实现。

5. 云服务有 4 个层次，分别是________、________、________和________。

6. 云计算技术层次由 4 部分构成，分别是________、________、________和________。

7. 我国云计算标准体系覆盖基础、技术与产品、________、________、________和____6 个部分，随着产业发展将更加成熟和丰富。

二、简答题

1. 云计算的基本原理是什么？
2. 简述云计算技术体系结构，请举例说明？
3. 云计算实施的总路线是怎样的？
4. 简述云计算安全实施步骤。

第5章 云计算主要支撑技术

本章要点

- 高性能计算技术
- 分布式数据存储技术
- 虚拟化技术
- 用户交互技术
- 安全管理技术
- 运营管理技术

通过对云计算技术体系的分析，可见云计算主要支撑技术包括高性能计算技术、分布式数据存储技术、虚拟化技术、用户交互技术、安全管理技术和运营管理技术。

本章分别阐述这6类技术。

5.1 高性能计算技术

高性能计算技术

互联网环境下，用户和计算资源规模海量增长，数据呈爆炸式增长，必然面临前所未有的大规模数据处理、存储和传输问题，高性能计算才能满足这样的需求。云计算要为用户提供计算能力，其核心技术之一便是高性能计算。

5.1.1 高性能计算的概念

高性能计算（High Performance Computing，HPC）是利用超级计算机实现并行计算的理论、方法、技术和应用的一门科学，同日常计算相比，其计算能力更强大。使用多台计算机和存储设备，以极高速度处理大量数据，帮助人们探索科学、工程及商业领域中的各类问题。简单地说，高性能计算的核心在于提升计算效率与资源利用率，以满足复杂科学计算与大规模数据处理的需求。

高性能计算是人类探索未知世界最有力的武器，其本质是支持全面分析、快速决策，即通过收集、分析和处理全面的材料、大量原始资料以及模拟自然现象或产品，以最快的速度得到最终分析结果，揭示客观规律、支持科学决策。对科研工作者来说，这意味着减少科学突破的时间、增加突破的深度；对工程师来说，这意味着缩短新产品上市的时间、增加复杂设计的可信度；对国家来说，这意味着提高综合国力和参与全球竞争的实力。

高性能计算主要从硬件、软件和应用三个层面进行研究。

1）硬件层面，高性能计算追求极致的计算性能，包括研发和优化处理器架构、提升并行计算能力、设计高效的内存系统，以构建能够快速处理庞大数据集的硬件平台加速数据处理，满足各类计算密集型任务（如模拟气候模型、分子动力学计算）需求。

2）软件层面，高性能计算关注开发高效、可扩展的计算软件，主要涉及算法设计、编译器优化、并行编程模型以及库函数开发等。例如，为国产和商用处理器提供高性能计算库，研究新的计算算法和优化方法，以提高程序执行效率并降低资源消耗。同时，构建易于使用且性能优越的并行计算框架，使得科学家和工程师能更高效地进行大规模科学计算。

3）应用层面，高性能计算致力于解决现实世界中的重大科学与工程问题，包括生物信息学、天文学、气候预测、金融建模、物理模拟等领域的应用。

下面分别从对称多处理、大规模并行处理、集群系统三个方面进行介绍。

5.1.2　对称多处理

对称多处理（Symmetrical Multi-Processing，SMP）是相对非对称、多处理而言的，指在一个计算机上汇集了一组处理器，各处理器之间共享内存和总线，是一种应用十分广泛的并行技术。平时所说的双 CPU 系统，就是最常见的一种对称多处理，称之为 2 路对称多处理。

随着业务的增长和用户应用水平的提高，只使用单个处理器很难满足实际需要，于是市场上出现 4 个或 8 个处理器的计算机，少数采用 16 个处理器。然而，SMP 结构的机器可扩展性较差，很难做到 100 个以上多处理器，一般是 8~16 个，这对于多数的用户来说已经够用了，图 5-1 是采用 4 个处理器的对称多处理系统。

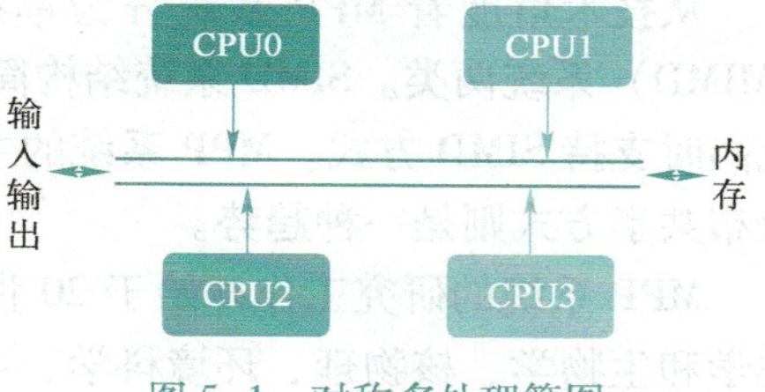

图 5-1　对称多处理简图

采用对称多处理结构的好处是它的使用方式与微机或工作站的区别不大，编程的变化相对较小，用微机或工作站编写的程序要移植到 SMP 机器上使用，改动起来相对容易。SMP 系统中最关键的技术是如何更好地解决多个处理器的相互通信和协调问题。

5.1.3　大规模并行处理

对称多处理器结构中的多个 CPU 对称工作，无主次关系，所有资源（CPU、内存、I/O 等）都是共享的，导致其扩展能力非常有限。大规模并行处理（Massively Parallel Processing，MPP）则是由多台 SMP 服务器通过节点互相连接起来、协同工作、完成相同的任务，每个节点只访问自己的资源，是无共享结构的，扩展能力强，理论可以无限扩展。由于 MPP 是多台 SMP 服务器连接的，每个节点的 CPU 不能访问另一个节点内存，所以也不存在异地访问的问题，通过这种结构可以获得极高的速度，如图 5-2 所示。MPP 架构有如下特征。

- 任务并行执行。
- 数据分布式存储。
- 分布式计算。
- 高并发，单个节点并发能力大于 300 用户。
- 横向扩展，支持集群节点的扩容。
- Shared Nothing（完全无共享）架构。

MPP 架构中每个节点 CPU 不能访问另一个节点的内存，节点之间的交互是通过节点互

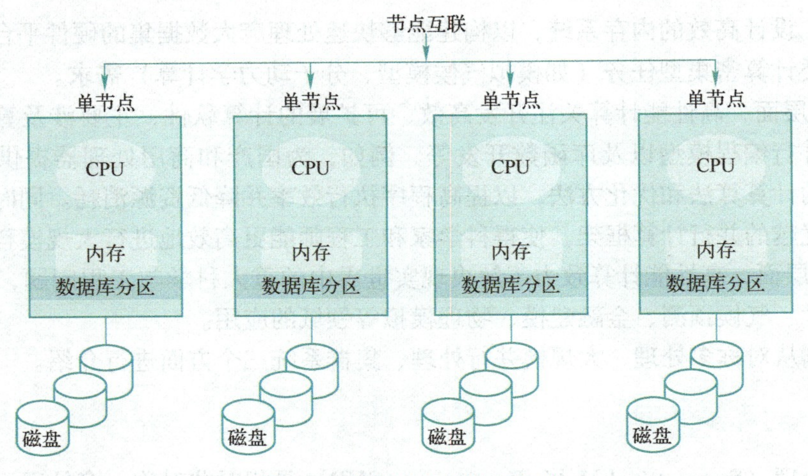

图 5-2 大规模并行处理架构

联网络实现的，这个过程称为数据重分配，还需要一种复杂的机制来调度和平衡各个节点的负载和并行处理过程，有些服务器是通过系统级软件（如数据库）来屏蔽这种复杂性的。

从技术角度看 MPP 系统分为单指令流多数据流（SIMD）系统和多指令流多数据流（MIMD）系统两类。SIMD 系统结构简单，应用面窄，MIMD 系统则是主流，有的 MIMD 系统同时支持 SIMD 方式。MPP 系统的主存储器体系分为集中共享方式和分布共享方式两类，分布共享方式则是一种趋势。

MPP 系统的研究工作开始于 20 世纪 60 年代，主要应用领域是气象、流体动力学、人类学和生物学、核物理、环境科学、半导体和超导体研究、视觉科学、认识学、物理探测等极大运算量的领域。

5.1.4 集群系统

随着计算技术的不断发展，集群技术已经成为云计算、大数据、人工智能等行业的热门应用。

1. 集群的概念

集群是在局域网或互联网中连接多台计算机，通过软件和硬件来实现资源共享和任务分配，共同完成一个任务的高性能计算系统，主要用于大规模数据处理、科学计算、数字媒体处理等领域，可以提供更高的计算效率和更大的数据存储容量。

2. 集群的基本组成

（1）计算节点

计算节点是集群中的计算单元，通常由普通计算机组成，它们通过网络进行连接和通信，并且使用相同的操作系统和应用程序。每个计算节点都有自己的 CPU、内存和硬盘等资源，它们可以相互协作完成计算任务。

（2）调度器

调度器是集群的控制中心，负责管理和协调计算节点上的任务执行和资源分配。调度器根据任务的优先级和资源的可用性，将任务分配给空闲的计算节点，并且监控任务执行的进度和状态。

（3）网络

网络是集群中计算节点之间通信的基础设施。集群需要一个高速、可靠的网络来实现数据传输和命令控制。

（4）存储系统

存储系统是集群中用于存储数据的设备。在大规模数据处理任务中，通常需要使用高容量、高速的存储系统来存储和管理数据。

3. 集群的工作原理

集群的工作原理主要包括任务分配、任务调度和结果合并三个步骤。

（1）任务分配

任务分配是将任务按照一定规则和策略分配给集群中的计算节点进行处理。任务通常以可执行文件的形式提供，调度器根据任务的复杂性、优先级和计算节点的负载情况等因素来分配任务。

（2）任务调度

任务调度是集群中的核心功能，负责管理和协调计算节点上的任务执行和资源分配。调度器需要考虑计算节点的负载、任务的依赖和优先级等因素进行任务调度。

（3）结果合并

结果合并是将计算节点处理的结果进行合并和整理。当所有计算节点完成任务后，调度器将收集各个计算节点的结果，并将它们合并为一个最终的结果。在合并过程中，需要考虑数据的相互关系和整理规则等因素。

4. 集群的优势

（1）高性能

集群利用多台计算机协同运作，可以提供更高的计算性能和更快的数据处理速度，在处理大量数据和运行复杂计算时具有明显的优势。

（2）可靠性

集群通常使用冗余的硬件和软件来保证系统的可靠性，当某个节点出现故障时，集群可以自动地重新分配任务，并且保证业务的连续性。

（3）扩展性

集群可以通过增加计算节点的数量来提高系统的性能和容量，从而灵活地满足不同需求。

5. 集群的应用场景

集群适用于大规模计算、图像处理、科学计算、大数据分析、人工智能等领域。例如，在生物技术领域，集群可以用于基因测序、蛋白质结构预测等任务；在金融业领域，集群可以用于风险管理、动态投资分析等任务；在互联网领域，集群可以用于搜索引擎、广告投放等任务。

6. 集群分类

根据集群的主要功能和应用场景，可以将其分为以下几类。

（1）高可用性集群（High Availability Cluster，HAC）

高可用性集群的主要目标是确保系统24小时不间断运行。当集群中的一个节点发生故障时，集群应迅速做出反应，将该节点的任务分配到集群中其他正在工作的节点上执行，确保服务的连续性。高可用性集群使服务器运行速度和响应速度尽可能快，多台机器上运行的冗余节点和服务相互跟踪，如果某个节点失败，它的替补者将在几秒钟或更短时间内接管它的职责。在用户看来，集群永远不会停机。

（2）负载均衡集群（Load Balance Cluster，LBC）

负载均衡集群通过合理分配任务到不同的节点上，实现整个集群的性能优化。通常由前端负载调度和后端服务两个部分组成，前端负载调度负责将请求分发到后端服务节点，后端服务节点则负责处理这些请求。这种集群类型在Web服务、云计算等领域有广泛应用，能够显著提高系统的吞吐量和响应速度。

（3）高性能集群（High Performance Cluster，HPC）

高性能集群利用各节点的并行处理能力，以完成单个节点无法完成的高性能任务。这种集群通常用于科学计算、大数据分析、深度学习等领域，能够提供强大的计算能力和数据处理能力。例如，在基因测序领域，高性能集群能够在较短的时间内完成海量的数据分析，为科研人员提供有力支持。

（4）虚拟化集群（Virtualization Cluster）

虚拟化集群将硬件资源进行虚拟化，提供给多个用户或应用使用，实现资源共享和按需分配。通过虚拟化技术，集群能够更灵活地管理硬件资源、提高资源利用率、降低运维成本。虚拟化集群在云计算、数据中心等领域有广泛应用，为企业提供了更加灵活、高效的IT资源解决方案。

7. 实际应用和建议

在实际应用中，可以根据业务需求选择合适的集群类型。例如，对于需要保证系统持续运行的关键业务，可以选择高可用性集群；对于需要处理大量并发请求的场景，可以选择负载均衡集群；对于需要进行大规模计算和数据处理的业务，可以选择高性能集群；对于需要实现资源共享和灵活管理的场景，可以选择虚拟化集群。选择集群技术时，还需考虑以下几点。

首先，要确保集群的稳定性、可靠性和可扩展性。

其次，要关注集群的性能表现，包括处理能力、吞吐量、响应时间等指标。

最后，要考虑集群的运维成本和管理难度，选择适合自己的集群解决方案。

5.2 分布式数据存储技术

分布式数据存储技术

分布式数据存储就是将数据分散存储到多个数据存储服务器上，以实现数据的高可靠性、高可扩展性和高性能。在这种数据存储架构中，每个计算机或服务器都可以看作一个存储节点，它们通过网络连接相互通信和协作，以实现数据的分布式存储和管理。

如何在众多的服务器上搭建一个分布式文件系统，实现相关的数据存储业务，涉及的分布式存储技术很多，也很复杂，本节主要介绍分布式文件系统、分布式对象存储系统和分布式数据库系统。

5.2.1 分布式文件系统

计算机通过文件系统管理、存储数据，在数据海量增长的情况下，单纯通过增加硬盘数量扩展存储容量的方式，在容量大小、容量增长速度、数据备份、数据安全等方面已不能满足需要。用什么来解决海量数据的存储和管理难题呢？如何将固定于某个地点的某个文件系统，扩展到任意多个地点（或多个文件系统），将众多的节点组成一个文件系统网络呢，那就是网络环境下的分布式文件系统。

1. 分布式文件系统的概念

分布式文件系统（Distributed File System，DFS）是指文件系统管理的物理存储资源不一定直接连接在本地节点上，而是通过计算机网络与节点（可简单地理解为一台计算机）相连；或是若干不同的逻辑磁盘分区或卷标组合在一起而形成的完整的、有层次的文件系统。DFS 为分布在网络上任意位置的资源提供一个逻辑上的树形文件系统结构，从而使用户访问分布在网络上的共享文件更加简便。

分布式文件系统工作在客户端/服务器模式下，一个或多个文件服务器与客户端文件系统协同操作，完成文件的管理。用户无须关心数据是存储在哪个节点上，就像使用本地文件系统一样管理和存储文件系统中的数据，如图 5-3 所示，客户端可以看到全部空间“/”，以及全部空间下三个文件服务器下的“/a”“/b”和“/c”三个子空间。

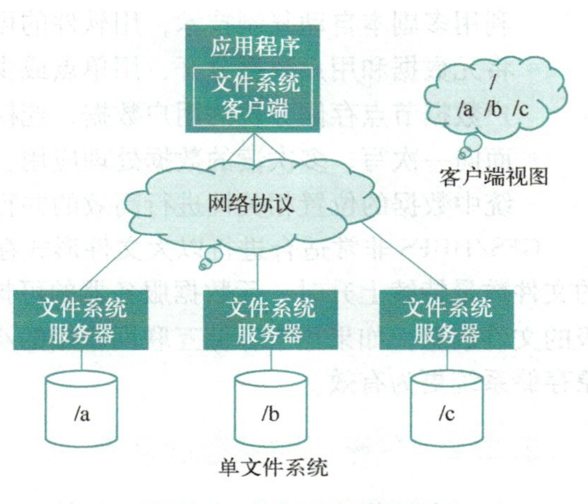

图 5-3　分布式文件系统

分布式文件系统的发展大体上经历了三个阶段：第一阶段是网络文件系统，第二阶段是共享 SAN 文件系统，第三阶段是面向对象的并行文件系统。

2. 分布式文件系统的特点

分布式文件系统的特点主要表现在以下几方面。

- 分布性：系统数据和服务被分布在多个节点上，允许系统横跨不同地理位置和网络，数据和服务的分布更加灵活和广泛。
- 可扩展性：系统能够轻松扩展，以适应不断增长的存储需求和用户访问量。通过增加更多的节点，可以无限制地增加存储和处理能力，从而满足日益增长的数据存储和处理需求。
- 容错性：分布式文件系统具备容错机制，能够处理节点故障或网络问题，确保数据的可靠性和系统的可用性。即使部分节点出现故障，系统仍然可以正常运行，因为数据被分散存储在多个节点上。
- 透明性：对用户而言，分布式文件系统提供透明的访问方式，使用户无须关心文件实际存储在哪个节点上。这种透明性使得用户可以像访问本地文件一样访问分布式文件系统中的文件。
- 安全性：分布式文件系统通过身份验证、授权、访问控制和数据加密等技术确保数据安全。
- 高性能：由于数据被分散存储在各个节点上，对于客户端而言，访问负载并没有变化，只是访问服务器地址不同而已，所以对原有的应用系统没有任何影响，不需要改动。这使得分布式文件系统能够提供高性能的数据访问和服务。

3. 分布式文件系统的典型案例（GFS）

为了存储和管理云计算中的海量数据，Google 提出分布式文件系统 GFS（Google File System）。GFS 成为分布式文件系统的典型案例，Apache Hadoop 项目的 HDFS 实现了 GFS 的开源版本。

Google GFS 是一个大规模分布式文件存储系统，但是和传统分布式文件存储系统不同的是，GFS 在设计之初就考虑到云计算环境的典型特点：节点由廉价不可靠 PC 构建，因而硬件失败是一种常态而非特例；数据规模很大，相应的文件 I/O 单位要重新设计；大部分数据更新操作为数据追加，如何提高数据追加的性能成为性能优化的关键。相应的 GFS 在设计上有以下特点。

- 利用多副本自动复制技术，用软件的可靠性来弥补硬件可靠性的不足。
- 将元数据和用户数据分开，用单点或少量的元数据服务器进行元数据管理，大量的用户数据节点存储分块的用户数据，规模可以达到 PB 级。
- 面向一次写、多次读的数据处理应用，将存储与计算结合在一起，利用分布式文件系统中数据的位置相关性进行高效的并行计算。

GFS/HDFS 非常适合进行以大文件形式存储的海量数据的并行处理，但是，当文件系统的文件数量持续上升时，元数据服务器的可扩展性面临极限。以 HDFS 为例，只能支持千万级的文件数量，如果用于存储互联网应用的小文件则有困难。在这种应用场景下，分布式对象存储系统更为有效。

5.2.2 分布式对象存储系统

分布式存储作为一种新型的存储架构，具有可横向扩展、容错性高、性能好等特点，成了当前流行的存储解决方案。分布式对象存储是分布式存储的又一种重要形式，它采用了一套完全不同于传统文件系统的分布式数据存储策略，使得海量数据的存储和管理变得更加高效和可靠。

1. 对象存储的概念

分布式对象存储（Distributed Object Storage，DOS）将数据（文件、图片、视频等）保存为对象分散存储在多个节点上，通过网络进行访问和传输，每个对象都有一个唯一的标识符（一个全局唯一的 ID），为用户提供更好的容量扩展性、容错性、可用性和存储效率。

2. 分布式对象存储的原理

分布式对象存储将对象作为存储的基本单位，通过对象的唯一标识符来进行访问和管理，其原理架构主要包括数据的分片和复制、元数据管理、命名空间管理、数据访问和传输等方面。

（1）数据的分片和复制

为了提高系统的可靠性和可用性，需要对数据进行分片和复制。将大规模的数据对象按照一定规则划分成多个片段，并将每个片段复制到不同的节点上，以应对节点的故障和数据的访问压力。

（2）元数据管理

每个数据对象都有一系列的元数据，包括对象的唯一标识符、所在节点的地址、数据片段的位置等。元数据管理负责维护和查询这些元数据，并提供对象的查找和定位服务。

（3）命名空间管理

对象的命名空间管理非常重要，能够有效地管理和维护对象，有利于提高系统的可扩展性和管理性，同时也能够提高对象的定位和访问的效率。

（4）数据访问和传输

根据对象的唯一标识定位并获取数据对象，通过网络进行读写应用。系统负责将数据片段从存储节点传输到用户节点，通过数据冗余和并行传输等方式提高数据传输的效率和稳定性。

3. 分布式对象存储的优势

易于扩展、成本较低、数据冗余小与可恢复性强、位置独立性、数据管理与安全性优越是其主要优势。

（1）易于扩展

分布式对象存储系统通常采用无共享的分布式架构，存储资源可以根据需要添加到网络中，允许无缝扩展存储容量，并且便于管理、维护，尤其适合处理大量不断增长的非结构化数据。

（2）成本较低

分布式对象存储由于其分布式特性，可以利用通用硬件进行搭建，与传统的 SAN 或 NAS 解决方案相比，成本明显较低。对象存储系统的设计使其能够跨多个低成本硬件设备存储数据，从而大幅度降低了存储成本。

（3）数据冗余小与可恢复性强

分布式对象存储系统通过在不同物理位置复制和分散数据，提供了天然的冗余和高可用性。在数据冗余方面，对象存储通过副本和纠删码等技术确保数据完整性和持久性。当数据发生变化时，系统可以仅更新那些变化的部分，减少了传输量和存储开销。

在可恢复性方面，即使部分节点或硬件发生故障，对象存储的分布式特性也能保证数据的可访问性。自我修复机制与冗余策略合作，确保数据恢复过程快速、无缝，大幅减少了数据丢失的概率。这对于要求高可靠性的企业级应用尤为重要，它保障了业务连续性。

（4）位置独立性

对象存储的分布式架构设计实现了数据的位置独立性，指的是无论数据存储在何处，都可以利用全球互联网通过特定接口访问。这种灵活性对于构建全球分布式应用和服务至关重要，尤其适合需要大规模地理分布的组织。

位置独立性在灾难恢复和数据迁移中也扮演了重要角色。组织不必担心物理存储的位置和迁移所带来的复杂性。数据可以在没有停机时间的情况下，在数据中心之间或云环境中无缝迁移或复制。

（5）数据管理与安全性优越

数据管理与安全性在对象存储领域中占有显著优势。对象级别的存储意味着每个数据对象都可以有自己的元数据和访问控制列表（ACL），这提供了比传统文件系统更为精细的数据管理和安全性控制。

5.2.3　分布式数据库系统

随着互联网和大数据的迅猛发展，集中式数据库系统已难以满足现代应用程序对数据处理能力、可扩展性和高可用性的要求。分布式数据库系统作为一种新型的数据存储和管理解决方案已广泛应用在各行各业。

1. 分布式数据库系统的概念

分布式数据库系统（Distributed Data Base System，DDBS）在集中式数据库系统基础上发展起来，是计算机技术和网络技术结合的产物。系统中，应用程序对数据库进行透明操作，数据库中的数据存储在不同地域的局部数据库中，由不同的数据库管理系统管理、在不同的操作系统支持下运行在不同的机器上、被不同的通信网络连接在一起。适合部门分散在多地的单位，允许各个部门将常用数据存储在本地，可有效提高响应速度和降低通信成本。分布式数据库系统由分布式数据库（Distributed Data Base）和分布式数据库管理系统（Distributed Data Base Management System）组成。

分布式数据库是分布在不同的地域计算机（物理数据节点）上众多数据库的集合，这些数据库中的数据在逻辑上是一个统一的整体。在用户看来，分布式数据库系统在逻辑上和集中式数据库系统一样，可以在任何一个场地访问其中的数据，就像使用本地单个数据库系统中的数据。

分布式数据库管理系统是一组管理分布式数据库的软件系统，主要包括数据的存取、完整性和一致性管理。因数据分散在各地，必须具有计算机网络通信协议的分布管理特性。

2. 分布式数据库系统的特点

分布式数据库系统在不同场地存储同一数据的多个副本，增加了数据冗余，同集中式数据库系统相比，有更高的可靠性、更好的系统性能和扩展性。

（1）更高的可靠性

因分布式系统在不同场地保存多个相同副本，当某一场地出现故障时，可以对另一场地上的相同副本进行操作，不会因一处故障而造成整个系统的瘫痪，具有更高的可靠性。

（2）更好的系统性能

由于不同地理位置多副本的存在，系统可以根据距离选择离用户最近的数据副本进行操作，减少通信代价，从而提高整个系统的性能。

（3）更好的扩展性

随着用户业务的拓展，数据大量增加，在分布式数据库系统架构下，可在需要的场地增建数据库，扩展方便。

3. 分布式数据库系统的应用

（1）互联网应用

互联网应用面临着海量数据、高并发性和高可用性等挑战，分布式数据库技术可以满足挑战需求。如在电商平台上，通过将商品信息、用户信息和交易信息等数据分散存储在不同的服务器上，可以提高查询和操作的效率和响应时间，保证平台运行的稳定和可靠性。

（2）大数据应用

大数据时代，分布式数据库在数据分析和处理中承担着重要职责。如有效地处理海量数据的分散存储和高并发查询，支持多个用户同时访问和操作数据库，也可以快速地进行数据备份和恢复。

（3）物联网应用

在物联网应用中，分布式数据库可以支持物联网设备和应用之间的数据交换和共享。通过将传感器数据、控制命令和设备信息等数据分散存储在不同的服务器上，可以实现数据的快速处理和响应，同时保证物联网应用的安全和可靠性。

分布式数据存储技术已经成为信息技术领域的一项重要技术，为推动云计算、大数据、区块链、人工智能领域的发展提供应用支撑，也正在为智能社会的发展提供更加完善的技术基础。

5.3 虚拟化技术

虚拟化技术

虚拟化技术是云计算中的核心技术之一，它可以让 IT 基础设施更加灵活，更易于调度，且能更强地隔离不同的应用需求。

5.3.1 虚拟化简介

1. 什么是虚拟化

虚拟化（Virtualization）是将信息系统的各种物理资源，如服务器、网络、内存及数据等资源，进行抽象、转换后呈现出来，打破实体结构间的不可切割的障碍，使用户可以更好地应用这些资源。这些新虚拟出来的资源不受现有资源的架设方式、地域或物理配置所限制。

虚拟化的本质是将原来运行在真实环境上的计算系统或组件运行在虚拟出来的环境中，如图 5-4 所示。

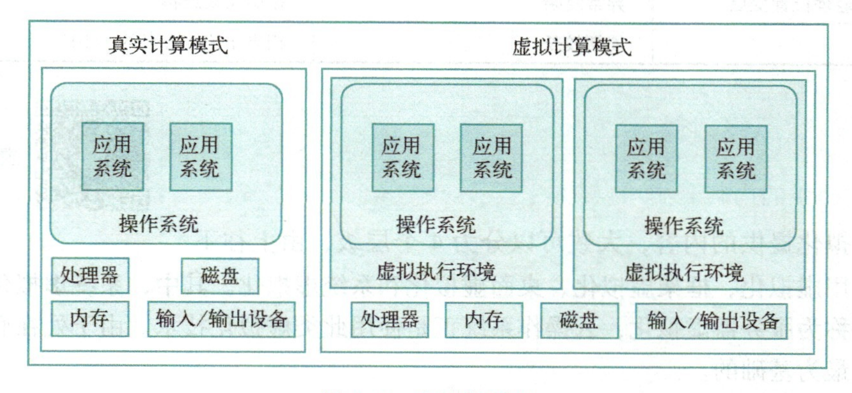

图 5-4　虚拟化原理

虚拟化的主要目的是对 IT 基础设施进行简化，即简化资源以及资源管理的访问。

2. 虚拟化的优势

通过虚拟化可以整合企事业单位服务器，充分利用昂贵的硬件资源，大幅提升系统资源利用率，与传统解决方案相比，虚拟化有如下优势。

1）整合服务器，提高资源利用率。

通过整合服务器将共用的基础架构资源聚合到池中，打破原有的“一台服务器一个应用程序”模式。

2）降低成本，节能减排，构建绿色 IT。

由于服务器及相关 IT 硬件更少，因此减少了占地空间，也减少了电力和散热需求。管理工具更加出色，可帮助提高服务器/管理员比率，因此所需人员数量也将随之减少。

3）资源池化，提升 IT 灵活性。

4）统一管理，提升系统管理效率。

5）完善业务的连续性保障对称多处理、大规模并行处理机、集群系统、消息传递接口、集群系统管理与任务都是高性能计算技术的内容。

传统解决方案同虚拟化解决方案比较，如表 5-1 所示。

表 5-1　虚拟化方案与传统解决方案

常见内容	传统解决方案 100 台 IBM X3850	虚拟化解决方案 25 台 X3850+虚拟化技术（暂定整合比 10∶1，相当于至少 250 台物理服务器）
1. 机房电力成本、制冷成本及承重压力	极高	相当于传统方案的 1/4
2. 每个应用的硬件成本	10 万元	4 万元
3. 统一管理	额外购买、安装代理、多 OS 支持	统一管理平台，对虚拟机实现统一管理
4. 业务连续性保障	无	计划内停机 计划外停机
5. 平均资源利用率	10%	80%
6. 资源动态调度	无法实现	逻辑资源池
7. 灾备方案的复杂度及可靠性	异常复杂且成功率难以保障	可靠、简单、经济的灾备解决方案
8. 数据中心地理位置变更	异常复杂	存储在线迁移
9. 部署时间	周期较长	相当于传统方案的 1/10

5.3.2　虚拟化分类

虚拟化分类

1. 根据提供的内容分类

根据虚拟化提供的内容，大致可以分为 4 个层级，由上往下依次为：应用虚拟化、框架虚拟化、桌面虚拟化和系统虚拟化。其中，系统虚拟化在业界一线更多地被称为服务器虚拟化，云操作系统正是使用此类虚拟化技术。由于处在底层，服务器虚拟化是最为基础的。

2. 根据实现机制分类

虚拟化的实现机制，主要有全虚拟化、半虚拟化和硬件辅助虚拟化三类。

全虚拟化（Full Virtualization）：通过称为虚拟机监视器（VMM）的软件来管理硬件资源，提供虚拟的硬件设备，并截获上层软件发往硬件层的指令，将其重新定向到虚拟硬件。其特点是操作系统不需要做任何修改，能提供较好的用户体验，而且支持多种不同的操作系统。vSphere 所使用的技术属于全虚拟化。

半虚拟化（Part Virtualization）：同样由 VMM 管理硬件资源，并对虚拟机提供服务。不同的是，半虚拟化需要修改操作系统内核，使操作系统在处理特权指令的时候能直接交付给 VMM，免去了截获重定向的过程，因此在性能上有很大的优势，但需要修改操作系统是一大软肋，代表产品是早期的 Xen 虚拟机。

硬件辅助虚拟化（Hardware Assisted Virtualization）：是由硬件厂商提供的功能，主要用来和全虚拟化或半虚拟化配合使用。如 Intel 提供的 VT-x 技术，通过在 CPU 中引入被称为“Root Operation”的 ring 层来处理虚拟化的过程。现在许多全虚拟化产品都离不开硬件辅助虚拟化的支持，如著名的 KVM（Kernel Virtual Mechine）、微软的 Hyper-V 等。

目前，结合了硬件辅助虚拟化的全虚拟化技术属于业界主流。在这种组合下，虚拟机的性能可以非常接近物理机，并且用户体验也非常好，因此可以预见今后仍然会是主流。

3. 根据 VMM 的类型分类

托管型（Hosted）：也称寄居架构或 Type 2，这种虚拟机监视器是一个应用程序，需要依赖于传统的操作系统。在此 VMM 之上再运行虚拟机的硬件层、操作系统和应用程序。托管型 VMM 的缺点很明显，太多的层级使得整个架构过于复杂，而且传统的操作系统往往也很臃肿，会争用非常多的资源。这一类的产品有 Oracle 的 VirtualBox、Microsoft Virtual PC 和 VMware Workstation 等。

Hypervisor：也称原生架构或 Type 1，VMM 直接运行在硬件层上，不需要依赖传统的操作系统，或者说其本身就是一个精简的、专门针对虚拟化进行定制和优化的操作系统。这种架构下，层级更少，而且避免了庞大的通用操作系统占用硬件资源，能使虚拟机获得更好的性能。这类产品也有其缺点，为了保证稳定性和安全性，其代码容量非常小，无法嵌入过多的产品驱动，也不提供安装驱动的接口，因此对硬件的支持非常有限。vSphere 的核心组件 ESXi 就是一个典型的 Hypervisor，在 ESXi 环境下，很多桌面级硬件都无法工作。

显然，托管型 VMM 比较适合个人应用，如开发人员临时搭建特定的环境用于针对目标平台的编译、普通用户体验不同类型的操作系统等。在企业生产环境中，还是需要强大的 Hypervisor 来最大限度地保障虚拟机的稳定性和性能。传统的物理机、托管型 VMM 和 Hypervisor 的区别如图 5-5 所示。

App　App　App
OS
x86硬件
a) 物理机

App　App　App　App　App　App　App　App　App
OS　OS　OS
VM　VM　VM
VMM(Hosted)
OS
x86硬件
b) 托管型VMM

App　App　App　App　App　App　App　App　App
OS　OS　OS
VM　VM　VM
VMM(Hypervisor)
x86硬件
c) Hypervisor

图 5-5　物理机、托管型 VMM 和 Hypervisor 的区别

5.3.3　服务器虚拟化

服务器和网络虚拟化

服务器的虚拟化是将服务器物理资源抽象成逻辑资源，让一台服务器变成几台甚至上百台相互隔离的虚拟服务器，不再受限于物理上的界限，而是让 CPU、内存、磁盘和 I/O 等硬件变成可以动态管理的“资源池”，从而提高资源的利用率，简化系统管理，实现服务器整合，让 IT 对业务的变化更具适应力，如图 5-6 所示。

服务器虚拟化主要分为三种：“一虚多”“多虚一”和“多虚多”。“一虚多”是一台服务器虚拟成多台服务器，即将一台物理服务器分割成多个相互独立、互不干扰的虚拟环境。

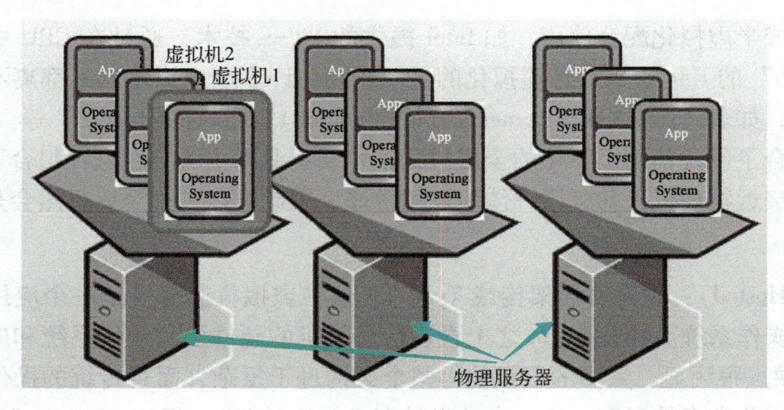

图 5-6 服务器虚拟化

“多虚一”就是多个独立的物理服务器虚拟为一个逻辑服务器，使多台服务器相互协作，处理同一个业务。另外还有“多虚多”的概念，就是将多台物理服务器虚拟成一台逻辑服务器，然后将其划分为多个虚拟环境，即多个业务在多台虚拟服务器上运行。

通过服务器虚拟化把一个实体服务器分割成多个小的虚拟服务器，多个服务器依靠一台实体机生存。最普通的服务器虚拟化方法是使用虚拟机，它可以使一个虚拟服务器如同一台独立的计算机，IT 部门通常使用服务器虚拟化来支持各种工作，例如支持数据库、文件共享、图形虚拟化以及媒体交付。由于将服务器合并成更少的硬件且增加了效率，服务器虚拟化减少了企业成本。但是这种合并在桌面虚拟化中却不常使用，桌面虚拟化范围更广。

5.3.4 网络虚拟化

网络虚拟化就是在一个物理网络上模拟出多个逻辑网络来。局域网的计算机之间是互联互通的，模拟出来的逻辑网络与物理网络在体验上是完全一样的。

目前比较常见的网络虚拟化应用包括虚拟局域网 VLAN、虚拟专用网 VPN 以及虚拟网络设备等。

云计算环境下的网络架构由物理网络和虚拟网络共同构成。物理网络即传统的网络，由计算机、网络硬件、网络协议和传输介质等组成。

虚拟网络是单台物理机上运行的虚拟机之间为了互相发送和接收数据而相互逻辑连接所形成的网络。虚拟网络由虚拟适配器和虚拟交换机组成。虚拟机里的虚拟网卡连接到虚拟交换机里特定的端口组中，由虚拟交换机的上行链路连接到物理适配器，物理适配器再连接到物理交换机。每个虚拟交换机可以有多个上行链路，连接到多个物理网卡，但同一个物理网卡不能连接到不同的虚拟交换机。可将虚拟交换机上行链路看作是物理网络和虚拟网络的边界。

5.3.5 存储虚拟化

存储虚拟化

1. 什么是存储虚拟化

存储虚拟化就是对存储硬件资源进行抽象化表现，是在物理存储系统和服务器之间的一个虚拟层，管理和控制所有存储资源并对服务器提供存储服务，也就是说服务器不直接与存储硬件打交道，由这一虚拟层来负责存储硬件的增减、调换、分拆和合并等，即在软件层截取主机端对逻辑空间的I/O请求，并把它们映射到相应的真实物理位置，这样将展现给用户一个灵活的、逻辑的数据存储空间，如图5-7所示。

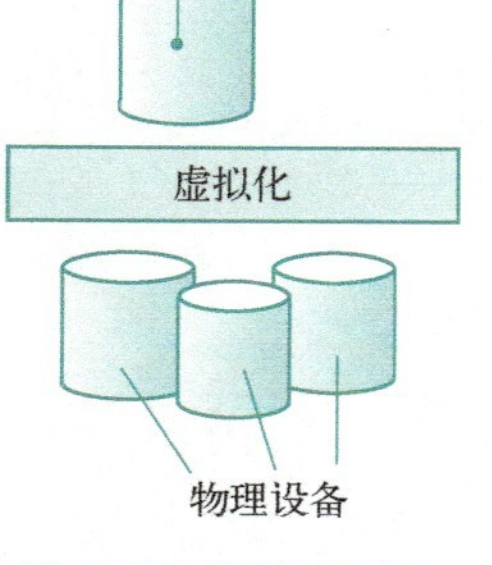

图5-7 存储虚拟化

2. 存储虚拟化的好处

（1）提高整体利用率，同时降低系统管理成本

将存储硬件虚拟成一个“存储池”，把许多零散的存储资源整合起来，从而提高整体利用率，同时降低系统管理成本。

存储虚拟化配套的资源分配功能具有资源分割和分配能力，可以依据“服务水平协议（Service Level Agreement）”的要求对整合起来的存储池进行划分，以最高的效率、最低的成本来满足各类不同应用在性能和容量等方面的需求。特别是虚拟磁带库，对于提升备份、恢复和归档等应用服务水平起到了非常显著的作用，极大地节省了企业的时间和金钱。

（2）提升存储环境的整体性能和可用性水平

除了时间和成本方面的好处，存储虚拟化还可以提升存储环境的整体性能和可用性水平，这主要是得益于“在单一的控制界面动态地管理和分配存储资源”。

（3）缩短数据增长速度与企业数据管理能力之间的差距

在当今的企业运行环境中，数据的增长速度非常之快，而企业管理数据能力的提高速度总是远远落在后面。通过虚拟化，许多既消耗时间又多次重复的工作，例如备份/恢复、数据归档和存储资源分配等，可以通过自动化的方式来进行，大幅减少了人工作业。因此，通过将数据管理工作纳入单一的自动化管理体系，存储虚拟化可以显著缩短数据增长速度与企业数据管理能力之间的差距。

（4）整合存储资源，充分利用

只有网络级的虚拟化，才是真正意义上的存储虚拟化。它能将存储网络上的各种品牌的存储子系统整合成一个或多个可以集中管理的存储池（存储池可跨多个存储子系统），并在存储池中按需要建立一个或多个不同大小的虚卷，并将这些虚卷按一定的读写授权分配给存储网络上的各种应用服务器。这样就达到了充分利用存储容量、集中管理存储和降低存储成本的目的。

3. 存储虚拟化的方法

（1）方法1：基于主机的虚拟存储

基于主机的虚拟存储依赖于代理或管理软件，它们安装在一个或多个主机上，实现存储虚拟化的控制和管理，如图5-8所示。由于控制软件是运行在主机上，这就会占用主机的处理时间。因此，这种方法的可扩充性较差，实际运行的性能不是很好。基于主机的方法也有可能影响到系统的稳定性和安全性，因为有可能导致不经意间越权访问到受保护的数据。这种方法要求在主机上安装适当的控制软件，因此一个主机的故障可能影响整个SAN（Storage Area Network，存储区域网络）系统中数据的完整性。软件控制的存储虚拟化还可能由于不同存储厂商软硬件的差异而带来不必要的互操作性开销，所以这种方法的灵活性也比较差。

但是，因为不需要任何附加硬件，基于主机的虚拟化方法最容易实现，其设备成本最低。使用这种方法的供应商趋向于成为存储管理领域的软件厂商，而且目前已经有成熟的软

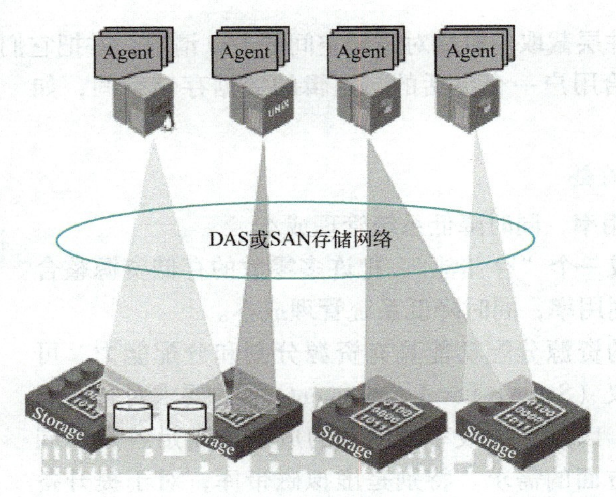

图 5-8 基于主机的虚拟存储

件产品。这些软件可以提供便于使用的图形接口，方便 SAN 的管理和虚拟化，在主机和小型 SAN 结构中有着良好的负载平衡机制。从这个意义上讲，基于主机的存储虚拟化是一种性价比不错的方法。

（2）方法 2：基于存储设备的虚拟化

基于存储设备的存储虚拟化方法依赖于提供相关功能的存储模块，如图 5-9 所示。如果没有第三方的虚拟软件，基于存储的虚拟化经常只能提供一种不完全的存储虚拟化解决方案。对于包含多厂商存储设备的 SAN 存储系统，这种方法的运行效果并不是很好。依赖于存储供应商的功能模块将会在系统中排斥 JBODS（Just a Bunch of Disks，简单的硬盘组）和简单存储设备的使用，因为这些设备并没有提供存储虚拟化的功能。当然，利用这种方法意味着最终将锁定某一家单独的存储供应商。

基于存储的虚拟化方法也有一些优势：在存储系统中这种方法较容易实现，容易和某个特定存储供应商的设备相协调，所以更容易管理，同时它对用户或管理人员都是透明的。但是必须注意到，因为缺乏足够的软件进行支持，这就使得解决方案更加难以客户化和监控。

（3）方法 3：基于网络的虚拟存储

基于网络的虚拟化方法是在网络设备之间实现存储虚拟化功能，如图 5-10 所示。具体有下面几种方式：

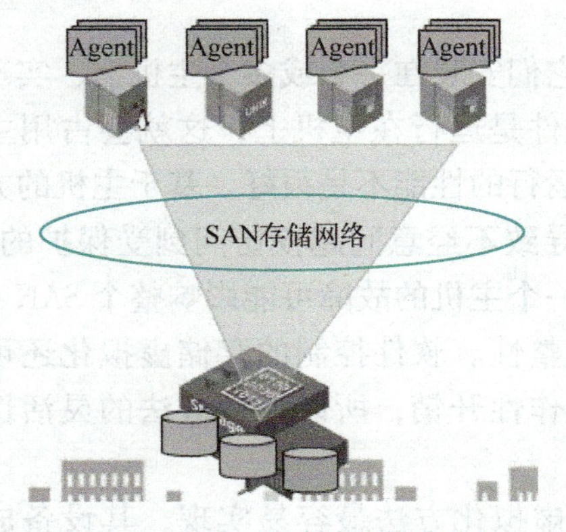

图 5-9 基于存储设备的虚拟化

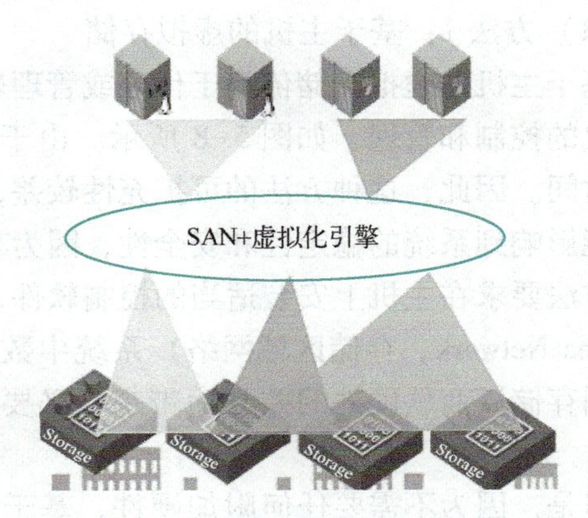

图 5-10 基于网络的虚拟存储

1）基于互联设备的虚拟化。基于互联设备的方法如果是对称的，那么控制信息和数据走在同一条路径上；如果是不对称的，控制信息和数据走在不同的路径上。在对称的方式下，互联设备可能成为瓶颈，但是多重设备管理和负载平衡机制可以减缓瓶颈的矛盾。同时，多重设备管理环境中，当一个设备发生故障时，也比较容易支持服务器实现故障接替。但是，这将产生多个SAN孤岛，因为一个设备仅控制与它所连接的存储系统。非对称式虚拟存储比对称式更具有可扩展性，因为数据和控制信息的路径是分离的。

基于互联设备的虚拟化方法能够在专用服务器上运行，使用标准操作系统，例如Windows、Linux或提供商提供的操作系统。这种方法运行在标准操作系统中，具有基于主机方法的诸多优势——易使用、设备便宜。许多基于设备的虚拟化提供商也提供附加的功能模块来改善系统的整体性能，能够获得比标准操作系统更好的性能和更完善的功能，但需要更高的硬件成本。

但是，基于设备的方法也继承了基于主机虚拟化方法的一些缺陷，因为它仍然需要一个运行在主机上的代理软件或基于主机的适配器，任何主机的故障或不适当的主机配置都可能导致访问到不被保护的数据。同时，在异构操作系统间的互操作性仍然是一个问题。

2）基于路由器的虚拟化。基于路由器的方法是在路由器固件上实现存储虚拟化功能，提供商通常也提供运行在主机上的附加软件来进一步增强存储管理能力。在此方法中，路由器被放置于每个主机到存储网络的数据通道中，用来截取网络中任何一个从主机到存储系统的命令。由于路由器潜在地为每一台主机服务，大多数控制模块存在于路由器的固件中，相对于基于主机和大多数基于互联设备的方法，这种方法的性能更好、效果更佳。由于不依赖于在每个主机上运行的代理服务器，这种方法比基于主机或基于设备的方法具有更好的安全性。当连接主机到存储网络的路由器出现故障时，仍然可能导致主机上的数据不能被访问。但是只有联结于故障路由器的主机才会受到影响，其他主机仍然可以通过其他路由器访问存储系统。路由器的冗余可以支持动态多路径，这也为上述故障问题提供了一个解决方法。由于路由器经常作为协议转换的桥梁，基于路由器的方法也可以在异构操作系统和多供应商存储环境之间提供互操作性。

5.3.6 应用虚拟化

将应用程序与操作系统解耦合，为应用程序提供了一个虚拟的运行环境，其中包括应用程序的可执行文件和它所需要的运行时环境。应用虚拟化服务器可以将用户所需要的程序组件实时推送到客户端的应用虚拟化运行环境。如图5-11所示。

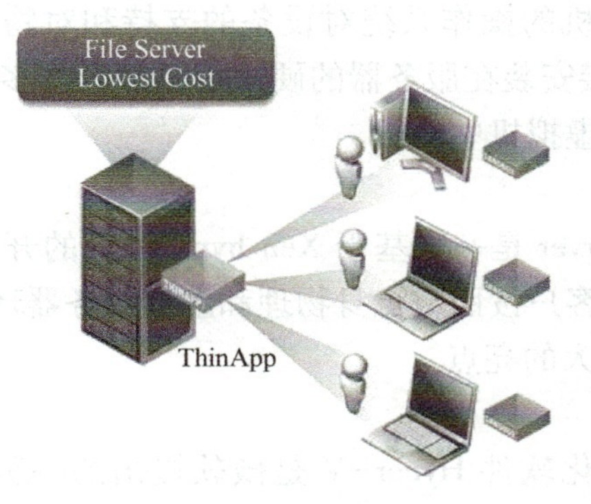

图5-11 应用程序虚拟化

5.3.7 桌面虚拟化及高级语言虚拟化

1. 桌面虚拟化

解决个人计算机的桌面环境（包括应用程序和文件等）与物理机之间的耦合关系。经过虚拟化的桌面环境被保存在远程的服务器上，当用户使用具有足够显示能力的兼容设备（例如PC、智能手机等）在桌面环境上工作时，所有的程序与数据都运行和最终保存在这个远程的服务器上。如图5-12所示。

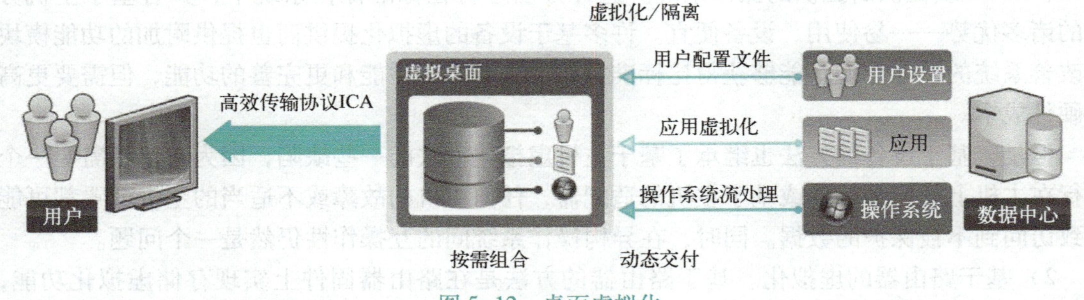

图5-12 桌面虚拟化

2. 高级语言虚拟化

高级语言虚拟化解决的是可执行程序在不同体系结构计算机间迁移的问题。由高级语言编写的程序将被编译为标准的中间指令，这些指令在解释执行或编译环境中被执行，如Java虚拟机JVM。

5.3.8 主流的虚拟化软件

随着云计算及其产业的迅速发展，虚拟化市场竞争非常激烈，各企业纷纷推出了虚拟化产品，本节以服务器虚拟化和桌面虚拟化简要介绍主流的虚拟化软件。

1. 服务器虚拟化

（1）VMware vSphere

VMware的服务器虚拟化软件ESX Server是在通用环境下分区和整合系统的虚拟主机软件，同时也是一个具有高级资源管理功能的高效、灵活的虚拟主机平台。VMware的虚拟化架构分为寄居架构和裸金属架构两种。寄居架构（如VMware workstation）是安装在操作系统上的应用程序，依赖于主机的操作系统对设备的支持和对物理资源的管理。裸金属架构（如VMware vSphere）是直接安装在服务器的硬件上，并允许多个未经修改的操作系统及其应用程序在共享物力资源的虚拟机中运行。

（2）Citrix XenServer

Citrix（思杰）的XenServer是一款基于Xen hypervisor的开源虚拟化产品，它为客户提供了一个开放性架构，允许客户按照与自身物理和虚拟服务器环境相同的方法来进行存储管理，其管理工具CUI是其最大的亮点。

（3）Microsoft Hyper-V

微软公司的服务器虚拟化软件Hyper-V是微软提出的一种系统管理程序虚拟化技术，是微软第一个采用类似Vmware和Citrix开源Xen一样的基于hypervisor的技术。微软Hyper-V

的优势则在于免费的 Hyper-V，因为 Hyper-V 是与 Windows Server 集成的。

（4）华为 FusionSphere

FusionSphere 是华为自主知识产权的云操作系统，集虚拟化平台和云管理特性于一体，让云计算平台建设和使用更加简捷，专门满足企业和运营商客户云计算的需求。FusionShpere 包括 FusionCompute 虚拟化引擎和 FusionManager 云管理等组件，能够为客户大幅提高 IT 基础设施的利用效率，提高运营维护效率，降低 IT 成本。

FusionCompute 是云操作系统基础软件，主要由虚拟化基础平台和云基础服务平台组成，主要负责硬件资源的虚拟化，以及对虚拟资源、业务资源、用户资源的集中管理。它采用虚拟计算、虚拟存储、虚拟网络等技术，完成计算资源、存储资源、网络资源的虚拟化；同时通过统一的接口，对这些虚拟资源进行集中调度和管理，从而降低业务的运行成本，保证系统的安全性和可靠性，协助运营商和企业客户构建安全、绿色、节能的云数据中心。

2. 桌面虚拟化主流厂商

（1）Citrix XenDesktop

思杰 Citrix XenDesktop 已经和 FlexCast 管理架构中的 XenApp 进行了集成。不同于只能安装在一种 hypervisor 上的 View，XenDesktop 可以运行在 Citrix 自家的 XenServer、VMware ESXi 或者微软 Hyper-V 上。Citrix 的 HDX 技术可以优化网络中对于桌面和应用程序的交付，这是 XenDesktop 不同于其他 VDI 软件的重要特性之一。这种技术基于传输控制协议（TCP），但是在某些特性情况下只能使用用户数据报（UDP）协议。HDX 在 WAN 链路中可以发挥更大的作用，并且支持 3D 图形、多媒体及其他多种周边设备。HDX 3D Pro 甚至可以为具有相关需求的应用程序提供图形加速。此外，Citrix XenDesktop 中的 HDX for Mobile 还提供了手势和滑动功能，更加适合于触控设备。

（2）VMware Horizon View

VMware Horizon View 之前被简称为“View”，而现在已经成为 VMware Horizon 产品线中针对桌面、应用和移动设备的一款产品。这款 VDI 软件运行在其自家的 ESXi hypervisor 上，不支持其他 hypervisor。其原生支持基于 UDP 而不是 TCP 协议的 PC over IP（PCoIP）协议。管理员可以使用 vCenter 和 View 管理员组件来管理 Horizon View。

（3）华为 FusionAccess

华为 FusionAccess 桌面管理软件，主要由接入和访问控制层、虚拟应用层、虚拟桌面云管理层和业务运营平台组成。FusionAccess 提供图形化的界面，运营商或企业的管理员通过界面可快速为用户发放、维护、回收虚拟桌面，实现虚拟资源的弹性管理，提高资源利用率，降低运营成本。

（4）中兴 ZXCLOUD iRAI

中兴 ZXCLOUD iRAI 是一种桌面虚拟化解决方案，基于云计算技术随时随地按照需求为用户交付完整的 Windows、Linux 桌面。通过虚拟化技术实现基础设施、桌面和应用等资源的共享，虚拟桌面解决方案包括桌面服务端和瘦终端，桌面服务端在云端托管并统一管理，用户能够获得完整的 PC 使用体验。基于中兴的桌面虚拟化解决方案，用户可以通过任何设备、任何地点、任何时间访问位于云端属于自己的桌面。

5.3.9　虚拟化资源管理

虚拟化资源是云计算中最重要的组成部分之一，对虚拟化资源的管理水平直接影响云计算的可用性、可靠性和安全性。虚拟化资源管理主要包括对虚拟化资源的监控、分配和调度。

云资源池中应用的需求不断改变，在线服务的请求经常不可预测，这种动态的环境要求云计算的数据中心或计算中心能够对各类资源进行灵活、快速、动态的按需调度。云计算中的虚拟化资源与以往的网络资源相比，有以下特征：

1）数量更为巨大；

2）分布更为离散；

3）调度更为频繁；

4）安全性要求更高。

通过对虚拟化资源的特征分析以及目前网络资源管理的现状，确定虚拟化资源的管理应该满足以下准则：

1）所有虚拟化资源都是可监控和可管理的；

2）请求的参数是可监控的，监控结果可以被证实；

3）通过网络标签可以对虚拟化资源进行分配和调度；

4）资源能高效地按需提供服务；

5）资源具有更高的安全性。

在虚拟化资源管理调度接口方面，表述性状态转移（Representational State Transfer，REST）有能力成为虚拟化资源管理强有力的支撑。REST 实际上就是各种规范的集合，包括 HTTP 协议、客户端/服务器模式等。在原有规范的基础上增加新的规范，就会形成新的体系结构。而 REST 正是这样一种体系结构，它结合了一系列的规范形成了一种新的基于 Web 的体系结构，使其更有能力来支撑云计算中虚拟化资源对管理的需求。

5.4 用户交互技术

随着信息化的升级转型，越来越多的应用和服务向云端集中和迁移，云计算已成为现代社会的重要基础设施，是发展新质生产力的重要力量。用户交互技术作为云计算密不可分的关键技术之一，如何给用户带来更加舒适的体验，显得尤为重要。

1. 什么是用户交互

用户交互指用户同计算机交流，即人机交互，是计算机科学的一个分支，旨在将计算机系统交互界面的设计与人的个性、语言、文化、环境等诸多因素结合起来，使人与计算机系统之间的交流变得更加自然、舒适和高效。在云计算环境中，用户交互技术包括对云服务和应用程序的访问与操作、对云端系统性能和资源利用的反馈与查询。

2. 用户交互技术的作用

（1）提供更好的用户体验

帮助用户更好地使用云服务和应用程序，从而为用户提供更好的用户体验。如在云存储的使用中，云应用开发人员可以采用鼠标拖拽、云端文件夹同步等方式解决用户文件存取与备份问题；通过美化文字、云端转存等，为用户提供快捷、便利的存储体验。

（2）增强系统性能和资源利用效率

帮助云系统管理员更好地监测和管理云端资源，从而增强系统性能和资源利用效率。如用图、表等可视化方式，管理员可以更加直观地了解系统的运行情况、发现资源利用瓶颈、优化网络拓扑结构、调整计算资源分配策略等。

3. 用户交互的发展趋势

用户交互技术的发展依赖自然语言处理技术、数据可视化技术、移动化技术的发展，也同人们的个性和审美密切相关，将有如下发展趋势。

（1）自然语言处理技术的进步使用户交互更智能化和自适应

自然语言处理技术可以帮助用户更方便地同云计算系统进行交流，更好地理解用户的意图和需求，从而让用户与云的交流更顺畅和自然，也更智能化和自适应。

（2）数据可视化技术的应用更广泛

随着云计算处理数据量增大，基于数据可视化技术的用户交互技术也将成为主流。对于云计算系统的管理员可更直观地了解系统运行情况、资源利用情况，有利于及时发现并解决问题。

（3）移动化技术更广泛应用于人机交互

在人们的工作生活中，移动化技术已成为不可或缺的一部分，促进了人机交互技术在云计算中的发展。人机交互将更加注重移动化技术的应用，如通过移动设备对云服务进行管理、对云端监控实时分析并提出报警等。

（4）用户交互将更智能化和个性化

用户需求千差万别、个性十足，用户交互将向更智能化和个性化的方向发展。如系统会更好地适应不同用户的使用习惯，提供不同的用户界面，同时智能化技术也会更贴近用户的需求，如坐姿提醒、低头提醒等。

（5）浏览器成是用户交互的大舞台

云计算已渗透到人们的生活、学习和工作，云服务的使用通过浏览器完成，服务器和客户端浏览器相结合，将用户交互效果发挥到极致。如在浏览器中嵌入自学习功能，它就像一个“知心朋友”，结合云服务给用户按需提供最适合的加速效果、更匹配的网络环境、更适配用户环境的字体、特效等。在云平台的驱动下，浏览器将对速度的追求刷新到新境界，“高速智能浏览器”已经来临。

5.5 安全管理技术

云计算涉及的安全问题有很多，有云计算架构安全、部署安全、物理安全、虚拟化安全、数据安全、应用安全、安全管理、安全标准和安全评估等，解决安全问题是一个复杂的系统工程，本节仅对数字资产的核心——数据安全进行介绍。

云环境下的数据安全又称云数据安全，指的是在云计算环境中，采用什么样的机制保护和管理数据的安全，涉及存储在云上的数据、云上运行的应用程序和处理的数据等。

1. 云数据安全考虑要点

（1）数据保密性

防止未经授权的访问和数据泄露，主要通过数据加密和访问控制等技术实现。

（2）数据完整性

确保数据在传输和存储过程中不被篡改，可通过数据加密、数字签名和数据备份等技术实现。

（3）数据可用性

确保数据在需要时可以快速恢复和访问，可以通过备份和恢复技术实现。

（4）数据备份和恢复

定期备份和恢复数据，避免数据丢失和硬件故障等影响。

（5）数据监控和管理

通过实时监控和管理，及时发现和阻止安全威胁和数据泄露等问题。

2. 如何保护数据安全

（1）数据加密

对数据进行加密是保护数据在传输和存储过程中不被窃取或篡改的技术体系，可以使用对称加密或非对称加密等技术实现。

（2）身份认证和访问控制

只有经过认证和授权的用户才能访问云服务，访问控制技术通过角色或权限来实现，以确保用户只能访问其所需的资源和服务，可对数字签名进行认证。

（3）安全监控和日志记录

云服务商需要实时监控云服务的安全状态，便于及时发现并阻止安全威胁，同时还需要记录所有操作和事件的日志，便于后续审计和调查。

（4）漏洞管理和修补

云服务商需要定期对云服务进行漏洞扫描和评估，及时修补已知漏洞，以避免被黑客攻击。

（5）灾备和恢复

云服务商需要制订灾备和恢复计划，应对突发事件和灾难。备份和恢复措施可以保护数据免受自然灾害、硬件故障或人为错误操作等影响。

3. 云数据安全的优势

云服务商有阵容强大的安全管理团队和一系列安全管理方案，对云用户数据安全保护有如下优势。

（1）数据保护能力强

云服务商对身份认证、访问控制、数据加密、安全监控和日志记录等技术研究和应用更加专业，数据保护能力强，安全性和可靠性更高。

（2）灵活性高

云服务商可以根据用户的需求提供不同的安全措施和服务，满足不同用户的安全需求，更加灵活。

（3）可扩展性强

云服务商根据用户的需求和业务增长扩展安全服务，动态地满足业务需求。

（4）成本效益高

企业不需要购买和维护昂贵的安全设备和软件，有效降低企业的安全成本，提高效率。

（5）可靠性高

云服务商有完善的灾备系统，确保用户数据的安全和可靠。

5.6 运营管理技术

云计算环境下，面对规模庞大的资源、成千上万的应用和不计其数的用户，如何有效地进行运营管理，保证整个系统不间断地提供服务是一项艰巨且富有挑战的任务。从运营执行者来看，运营管理有云服务商和云用户两个主体，采用的主要技术有快速部署、负载管理和监控、计量计费、服务水平协议、自动运维等，下面从这五个方面分别阐述。

1. 快速部署

云环境下，资源规模大、用户数量多，需求多、复杂且动态性强，服务商必须快速、高效、可靠部署，才能满足用户业务需求。

（1）快速部署考虑因素

快速部署包括云本身的部署和应用的部署，是一个系统工程，需考虑的因素如下。

1）机房建设、网络优化、硬件选型、软件系统开发和测试、运维等云中心全生命周期的管理与维护。

2）在不同地域的若干数据中心建设冗余灾备系统以保证服务的健壮性。

3）在云的各层（IaaS、PaaS、SaaS）采取措施，使服务具备便利的、近乎无限的扩展能力，以应对业务规模的不断增长。

4）建立安全机制保障用户应用服务及数据安全。

（2）自动化部署技术

应用和服务部署过程中涉及服务器安装、启动、配置等很多烦琐的步骤，当软件规模庞大时，重复的部署工作会变得非常耗时和费力。

自动化部署技术的核心是将部署过程中的各种操作自动化。做法是编写自动化脚本，实现快速、准确、无误地部署。

自动化部署技术最常用的工具是 Ansible、Puppet 等，它们可以自动化部署服务器、安装软件、配置服务器参数等，减少了部署过程中的人工干预，提高了整个部署过程的效率和可靠性。有兴趣的读者可以查阅 Ansible、Puppet 相关的使用说明，本书不在此赘述。

对于云用户来说，方便使用是服务商应提供的基本属性，因此要求云服务商提供的服务应自动完成部署。

另外，需要部署一些辅助的系统，如管理信息系统、数据统计系统、安全系统、监控和计费系统等，辅助云的部署和运营管理达到高度自动化和智能化。

2. 负载管理和监控

云的负载管理和监控是确保云服务持续可靠不断服务的重要手段，主要对云服务器和运行在它上面的应用程序进行监控和负载管理。

（1）负载管理和监控的目的

1）风险控制：实时监控负载可及时发现潜在的问题或故障，以便采取措施，避免业务中断，确保服务的连续性和稳定性。

2）故障排查：在问题发生后，监控数据可以缩短故障排查的时间，减少系统的恢复时间，降低维护成本。

3）性能优化：通过分析监控数据，可以找出性能瓶颈，有针对性地进行优化，提升系统的整体性能。

4）合规性：对于需要遵守特定合规要求的企业，监控数据的缺失可能导致合规性风险增加，确保监控数据的完整性和准确性，有助于满足合规要求。

5）资源管理：通过监控工具，可以实时监测 CPU、内存、磁盘及网络的使用情况，帮助合理分配资源，避免资源浪费和过度使用。

6）安全保障：监控可以帮助及时发现安全威胁，如 DDoS 攻击等，采取相应的防护措施，保护服务器免受攻击。

（2）常见的负载管理工具和监控方法

云服务商监控工具（阿里、腾讯、百度、微软等）通常内建云平台上，用户可以实时了解资源管理、运维监控、安全与合规以及成本管理等情况，如图 5-13 所示，呈现了阿里云监控信息。

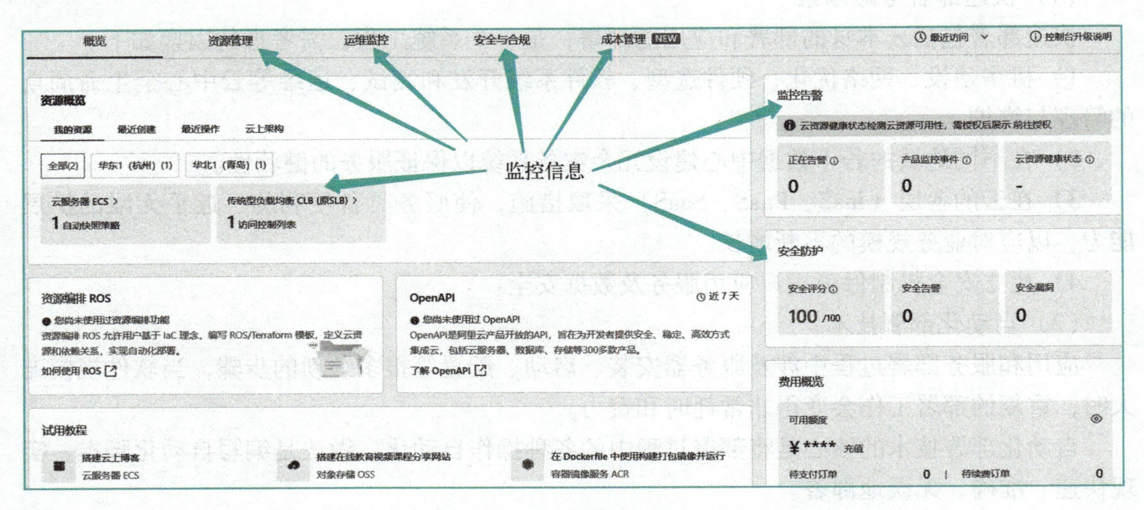

图 5-13 阿里云监控信息

监控管理工具和工具服务商很多，以 Datadog 公司的 Datadog 为例，其主要功能有实时监控、应用程序性能监控、日志管理、事件和警报、可视化和仪表板、容器监控、安全性监控等。

3. 计量计费

云服务商为用户提供的服务采用按量计费的收费方式，如何精确地度量用户“用了多少”，就需要准确、及时地计算用户的每一个应用服务使用了多少资源，即服务计量。

服务计量是一个云的支撑子系统，它独立于具体的应用服务，像监控一样能够在后台自动地统计和计算每一个应用在一定时间点的资源使用情况。

对于资源衡量维度主要是：应用的上行和下行流量、外部请求响应次数、执行请求所花费的 CPU 时间、临时和永久数据存储所占据的存储空间、内部服务 API 调用次数等。也可认为，任何应用所使用或消耗的云资源，只要可以被准确地量化，就可以作为一种维度来计量。实践中，计量通常既可以用单位时间内资源使用的多少来衡量，如每天多少字节流量，也可以用累积的总使用量来衡量，如数据所占用的存储空间字节大小。

在计量的基础上，选取若干合适的维度组合，制定相应的计费策略，就能够进行计费。计费子系统将计量子系统的输出作为输入，并将计费结果写入账号子系统的财务信息相关模块，完成计费。计费子系统还产生可供审计和查询的计费数据。

在用户端计量计费方式常用包年包月、按量计费和抢占式实例，图 5-14 是阿里云的“云服务器 ECS”购买时的付费方式。

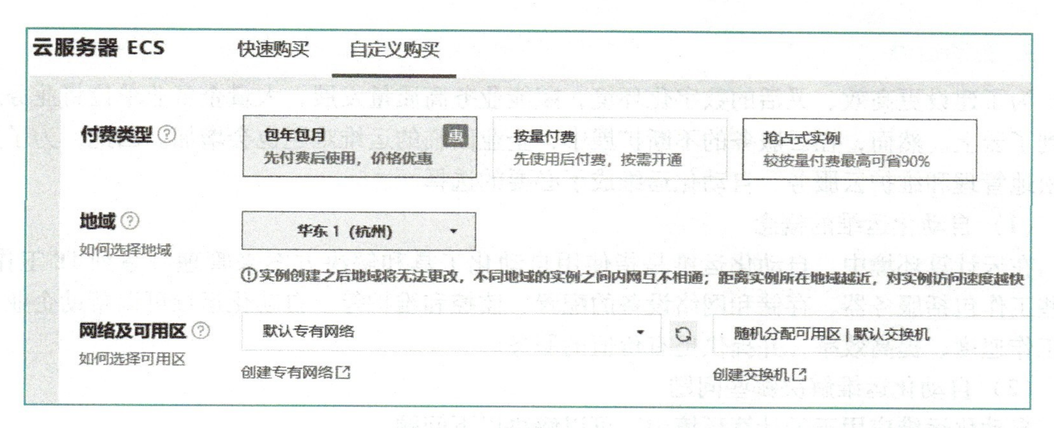

图 5-14　阿里云付费方式

4. 服务水平协议

在云服务中，将云服务者和用户为了明确服务双方的责任和义务、服务质量的评估标准以及服务的性能指标而共同签署的协议，称为服务水平协议（Service Level Agreement，SLA）。

（1）SLA 的作用

在云服务管理中，SLA 的主要作用如下。

1）明确服务标准。通过 SLA，服务提供者和客户可以对服务的性能指标（如响应时间、可用性、可靠性等）进行明确约定，从而确保服务能够达到双方期望的标准。

2）提升服务质量。SLA 为服务提供者设定了明确的服务目标，有利于不断提升服务质量、满足客户需求和期望。同时，客户也可以根据 SLA 对服务提供者进行监督和评估。

3）保障双方权益。SLA 明确了服务提供者和客户之间的责任和义务，当服务出现问题时，双方可以依据 SLA 进行协商和解决，从而保障双方的合法权益。

4）促进持续改进。通过对 SLA 的执行情况进行定期评审和反馈，服务提供者和客户可以共同发现服务中存在的问题和不足，进而采取改进措施，不断提升服务水平。

（2）SLA 的主要内容

一个完整的 SLA 是一个具有法律效力的合同文件，它包括所涉及的当事人、协定条款、违约责任、费用和仲裁机构等。

1）当事人。通常是云服务者与用户。

2）协定条款。协定条款包含对服务质量的定义和承诺。服务质量一般包括性能、稳定性等指标进行约定，如月均稳定性指标、响应时间、故障解决时间等。事实上，SLA 的质量保障是以一系列服务水平目标（Service Level Object，SLO）确定的，SLO 是一个或多个有限定的服务组件（如服务器、存储器、网络、数据库）的测量的组合。SLO 被实现即限定的组件的测量值在限定范围内。

3）违约责任和费用。通过对云服务及应用的监控和计量，可以计算哪些 SLO 被实现或未被实现，如果一个 SLO 未被实现，即 SLA 的承诺未能履行，就可以按照“违约责任”对当事人（一般是云服务者）进行处罚。通常采取的方法是减免用户已缴纳或将缴纳的费用。

4）仲裁机构。当 SLA 出现无法协商解决的情况时，约定仲裁机构仲裁或通过司法途径解决。

5. 自动运维

为了建设更高效、灵活的数字化环境，赋能业务高质量发展，大量企事业单位将业务迁移到了云上。然而，在云服务的不断扩展中，企业面临的运维难题也会增加。因此，为了更轻松地管理和维护云服务，自动化运维成了必要的选择。

（1）自动化运维的概念

在云计算环境中，自动化运维是指使用自动化工具和解决方案来管理一系列 IT 工作。这些工作包括服务器、存储和网络设备的配置、监控和维护等。自动化运维可以帮助企业加快工作速度、提高效率，并提供更有价值的服务。

（2）自动化运维解决哪些问题

自动化运维应用于云计算环境中，可以解决以下问题。

1）自动化环境部署：快速、准确地部署云环境，以满足业务需求。使用自动化工具，可以快速部署新环境，达到快速交付和降低错误率的目的。

2）自动化配置管理：面对数量庞大的服务器和网络设备等，云环境下人工管理变得异常困难。使用自动化工具，可以通过对资源进行编排和自动化操作，自动化完成配置管理。

3）自动化监控：云环境中，应用和服务数量众多，对监控和分析的要求非常高。使用自动化运维，可以通过统一的监控平台和自动化的分析工具，快速发现、诊断和解决问题。

4）自动化保障：自动化运维可以通过自动化运维的控制平台和自动化的流程，帮助企业快速解决运维问题，保障业务的高可用性和可靠性。

（3）自动化运维的技术要点和工具

自动化运维需要使用一系列技术和解决方案，如下。

1）自动化编排：自动化编排是自动化运维的核心，通常使用开源工具 Ansible、Chef 等来自动化管理一系列 IT 操作，如部署新环境、打补丁、更新配置、管理任务等。

2）自动化监控：自动化监控是使用工具和解决方案来监控和分析资源的状态和性能，帮助企业快速发现和解决问题，满足运营和业务需求。市场上常见的监控有 Zabbix、Nagios、Prometheus 等。

3）自动化测试：自动化测试主要使用脚本和自动化工具模拟客户端请求，测试应用和服务的性能和稳定性，帮助企业快速发现和解决问题，提高应用和服务的质量。市场上常见的测试工具包括 JMeter、Selenium 等。

4）自动化日志管理：自动化日志管理是使用解决方案和工具来收集、存储、分析与展示日志信息，帮助企业快速发现和解决问题，协助管理和监控业务。常见的日志工具包括 ElasticSearch、Logstash、Kibana 等。

5）自动化云安全：自动化云安全是使用自动化工具来保障云环境的安全性，如访问控制、漏洞扫描、加密和防火墙等。常见的云安全工具和解决方案包括阿里云云盾、AWS 云安全、腾讯云安全、360 云安全等。

在云计算环境中，自动化运维是非常重要的，能够帮助企业降低成本、提高效率、加快交付速度。

小结

云计算主要支撑技术包括高性能计算技术、分布式数据存储技术、虚拟化技术、用户交互技术、安全管理技术和运营支撑管理技术。

高性能计算（High Performance Computing，HPC）是利用超级计算机实现并行计算的理论、方法、技术和应用的一门科学，计算能力更强大。

对称多处理、大规模并行处理、集群系统都是高性能计算技术。

对称多处理（Symmetrical Multi-Processing，SMP）是相对非对称、多处理而言的，指在一个计算机上汇集了一组处理器，各处理器之间共享内存和总线，是一种应用十分广泛的并行技术。平时所说的双 CPU 系统，就是最常见的一种对称多处理，称之为 2 路对称多处理。

集群是在局域网或互联网中连接多台计算机，通过软件和硬件来实现资源共享和任务分配，共同完成一个任务的高性能计算系统，主要用于大规模数据处理、科学计算、数字媒体处理等领域，可以提供更高的计算效率和更大的数据存储容量。

分布式数据存储是将数据分散存储到多个数据存储服务器上。分布式数据存储技术包含非结构化数据存储和结构化数据存储。其中，非结构化数据存储主要采用文件存储和对象存储技术，而结构化数据存储主要采用分布式数据库技术，特别是 NoSQL 数据库。

虚拟化（Virtualization）是一种资源管理技术，是将计算机的实体资源予以抽象、转换后呈现出来，打破实体结构间不可分割的障碍，使用户可以比原本配置更好的方式来应用这些资源。

虚拟化的主要目的是对 IT 基础设施进行简化。通过虚拟化可以整合企事业单位服务器，充分利用昂贵的硬件资源，大幅提升系统资源利用率。

虚拟化大致可以分为四个层级：应用虚拟化、框架虚拟化、桌面虚拟化、系统化虚拟。虚拟化的实现机制，主要有全虚拟化、半虚拟化和硬件辅助虚拟化三类。

用户交互即人机交互，是计算机科学的一个分支，旨在将计算机系统交互界面的设计与人的个性、语言、文化、环境等诸多因素结合起来，使人与计算机系统之间的交流变得更加自然、舒适和高效。

云计算涉及的安全问题有很多，有云计算架构安全、部署安全、物理安全、虚拟化安全、数据安全、应用安全、安全管理、安全标准和安全评估等，解决安全问题是一个复杂的系统工程。

云计算环境下，面对规模庞大的资源、成千上万的应用和不计其数的用户，如何有效地进行运营管理，保证整个系统不间断地提供服务是一项艰巨且富有挑战的任务。

思考与练习

一、填空题

1. 云计算主要支撑技术包括________、________、________、________、________和________等。

2. 高性能计算技术的内容包括________、________、________等。

3. 分布式数据存储技术包含非结构化数据存储和结构化数据存储。其中，________主要采用文件存储和对象存储技术，而________主要采用分布式数据库技术，特别是 NoSQL 数据库。

4. 虚拟化大致可以分为四个层级，分别是________、________、________、________。虚拟化的实现机制，主要有________、________、________三类。

二、选择题

1. 根据集群的主要功能和应用场景，可以将其分为（　　）类。

A. 高可用性集群（High Availability Cluster，HAC）

B. 负载均衡集群（Load Balance Cluster，LBC）

C. 高性能集群（High Performance Cluster，HPC）

D. 虚拟化集群（Virtualization Cluster）

2. 根据实现机制分类，虚拟化主要有（　　）。

A. 全虚拟化　　B. 半虚拟化　　C. 硬件辅助虚拟化　　D. 系统虚拟化

3. 虚拟化提供的内容，大致可以分为（　　）。

A. 应用虚拟化　　B. 框架虚拟化　　C. 桌面虚拟化　　D. 系统化虚拟

4. 以下选项中，（　　）是云计算安全问题。

A. 云计算架构安全　　B. 部署安全

C. 物理安全　　D. 虚拟化安全

E. 数据安全　　F. 应用安全

G. 安全管理　　H. 安全标准和安全评估

三、简答题

1. 通过分析云计算技术体系，云计算有哪些主要支撑技术？

2. 高性能计算技术在云计算中的功能是什么？

3. 分布式数据存储技术主要解决云计算中的什么问题？

4. 何为虚拟化？简述服务器虚拟化、桌面虚拟化、存储虚拟化的概念。

第 6 章 公有云平台的应用

本章要点

- 云存储的应用
- 云安全的应用
- 云办公的应用
- 云娱乐的应用

随着公有云的迅速发展，其应用不断渗透到企事业单位及广大普通用户中，为企事业单位信息化成本降低和效率提高提供了诸如计算、存储、数据库、资源整合、网络等内容丰富的服务，众多公有云服务商已进入“百家争鸣、群雄逐鹿”的全面竞争时代。竞争的受益者无疑是广大用户，用户如何使用这些丰富的资源提升业务水平和增强竞争力成为一项重要的课题。

本章站在普通用户角度介绍云存储、云安全、云办公、云娱乐的应用。本章不涉及以系统管理员为主要用户的 IaaS 和以开发人员为主要用户的 PaaS。

6.1 云存储的应用

云存储的应用

在 PC 时代，用户的文件存储在本地存储设备（如硬件、软盘或者 U 盘）中，云存储不需要将文件存储在本地存储设备上，而是存储在“云”中。这里的云即“云存储”，它通常是专业的 IT 厂商提供的存储设备和为存储服务的相关技术的集合，即它是指利用集群应用、网格技术或分布式文件系统等功能，将网络中大量各种不同类型的存储设备通过应用软件集合起来协同工作，共同对外提供数据存储和业务访问功能的系统。云存储的核心是将应用软件与存储设备相结合，通过应用软件来实现存储设备向存储服务的转变，是一个以数据存储和管理为核心的云计算系统。

云存储基本可以分为两类，一类是单纯的网络硬盘，一般通过手动上传数据到云端存储；另一类是更实用、真正意义上的云端存储，通过 PC 客户端实时将客户端特定文件夹的内容进行同步，如果设置了几台计算机，则这几台计算机之间都可以实时同步。可以想象，如果几个人共同完成某项创作，则更需要这样的云存储服务。

提供云存储服务的 IT 厂商主要有：百度、微软、IBM、Google、网易、新浪、中国移动 139 邮箱、中国电信、360 等。选择云存储服务主要参考以下几个方面：免费、安全、稳定、速度快、交互界面友好、无广告或者广告看起来不那么烦人，此外还要兼顾国外和国内服务。

本节介绍 360 安全云盘和百度网盘。

6.1.1 360 安全云盘

360 安全云盘是奇虎 360 科技的分享式云存储服务产品，为广大普通网民提供存储容量大、免费、安全、便携、稳定的跨平台文件存储、备份、传递和共享服务。360 安全云盘为每个用户提供 36 GB 的免费初始容量空间，最高上限没有限制。360 安全云盘可以让照片、文档、音乐、视频、软件、应用等各种内容，随时随地触手可及，永不丢失。

360 安全云盘除了拥有网页版、PC 版以外，还有 iPhone 版和安卓版的手机端。iPhone 用户可以在 App Store 下载，安卓用户可以在 360 手机助手下载。下面介绍 360 安全云盘 PC 版的使用。

1. 360 智汇云账号的申请

1）首先，准备一个电子邮箱地址，如笔者用的是网易邮箱“langdenghe1974@163.com”。

2）然后，在浏览器地址栏中输入 zyun.360.cn，进入 360 智汇云主页，如图 6-1 所示。

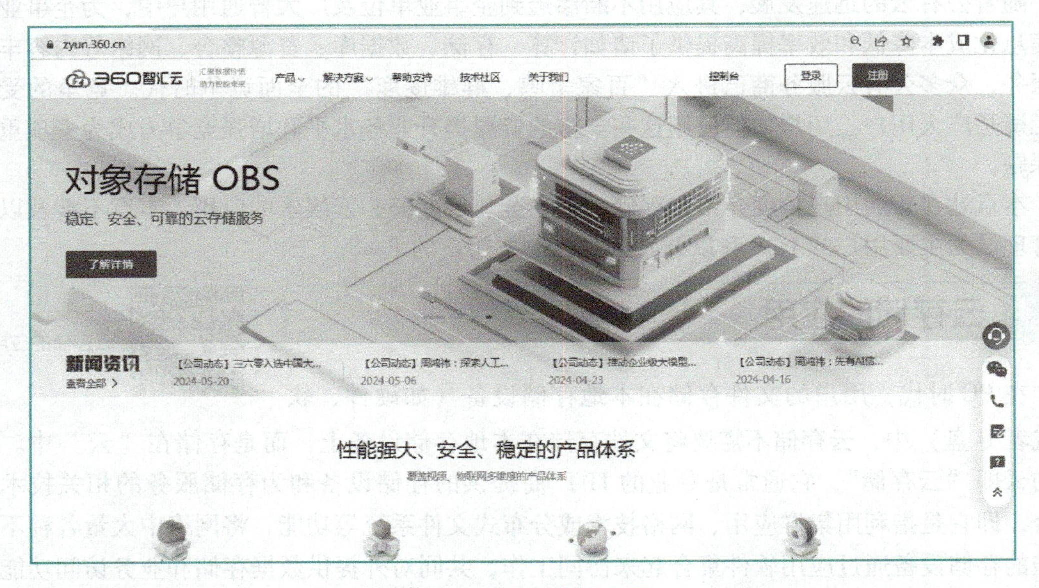

图 6-1　360 智汇云主页

3）单击“登录”按钮，进入登录窗口，如图 6-2 所示。

4）在此可以通过手机号、验证码、短信验证码和密码登录，如果没有申请账号，单击图 6-2 中的“快速注册”，将出现“注册窗口”，如图 6-3 所示。

5）在图 6-3 中，选择“邮箱注册”，输入邮箱和验证码，单击“获取验证码”，若邮箱已注册，出现邮箱已注册消息提示，如图 6-4 所示；否则出现“邮箱未注册”界面，到邮箱中查看验证码并输入到“邮箱验证码”处，输入要设置的密码，阅读并同意《360 用户服务条款》和《360 用户隐私政策》，如图 6-5 所示。

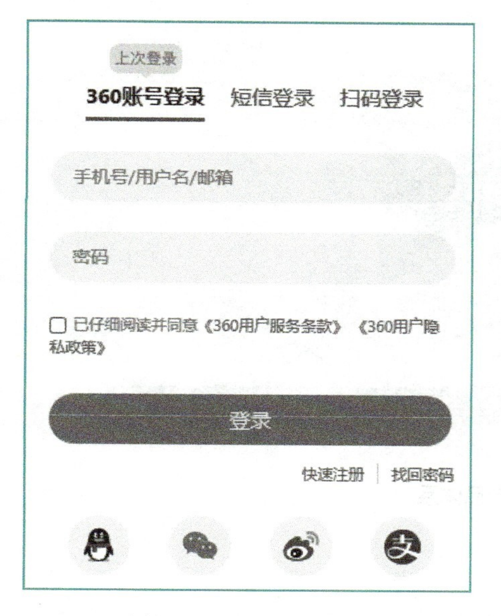

图 6-2　360 登录窗口

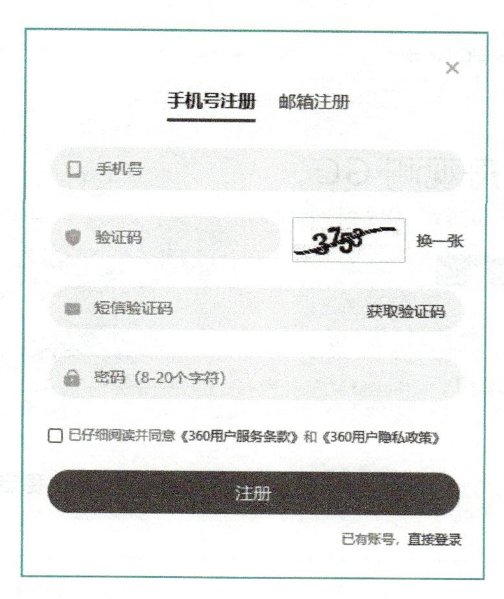

图 6-3　注册窗口

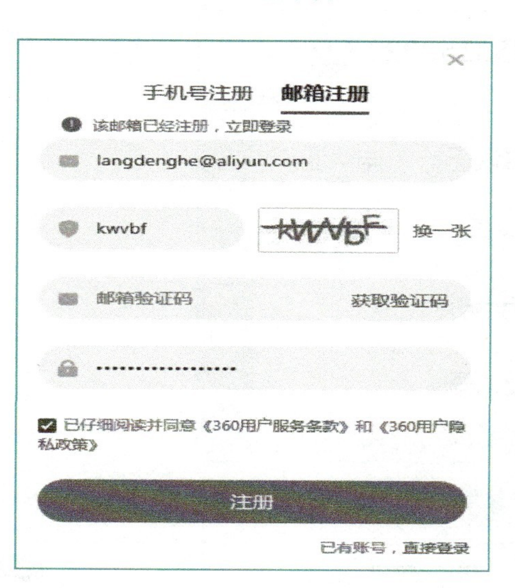

图 6-4　邮箱已注册提示

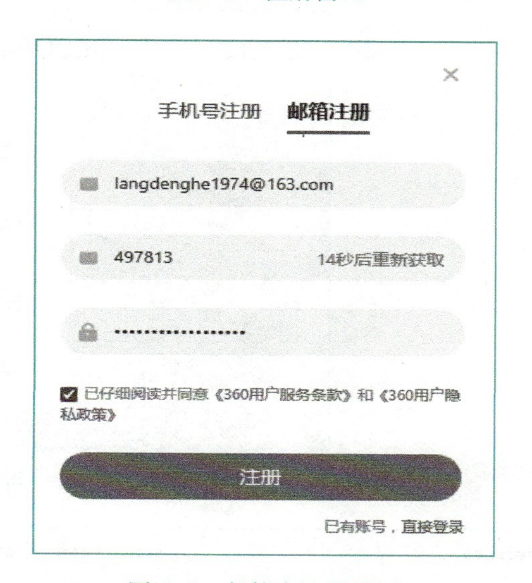

图 6-5　邮箱未注册界面

6）单击图 6-5 中的“注册”按钮，提交注册信息到平台，几秒后进入 360 智汇云主页，如图 6-6 所示。至此，360 智汇云服务账号申请成功，可以利用此账号使用 360 安全云盘等多种服务。

7）鼠标指针移动到图 6-6 所示“控制台”右侧的用户头像上，出现用户“实名认证”“用户中心”“费用中心”和“退出账号”选项，如图 6-7 所示，在此可以完成用户实名认证和用户管理等操作。通过“用户中心”可以完成手机绑定和邮箱绑定，读者可自行操作，不再赘述。

2. 360 安全云盘的使用

1）打开浏览器，输入 360 安全云盘网址 yunpan. 360. cn，进入 360 安全云盘登录/注册页面，如图 6-8 所示。

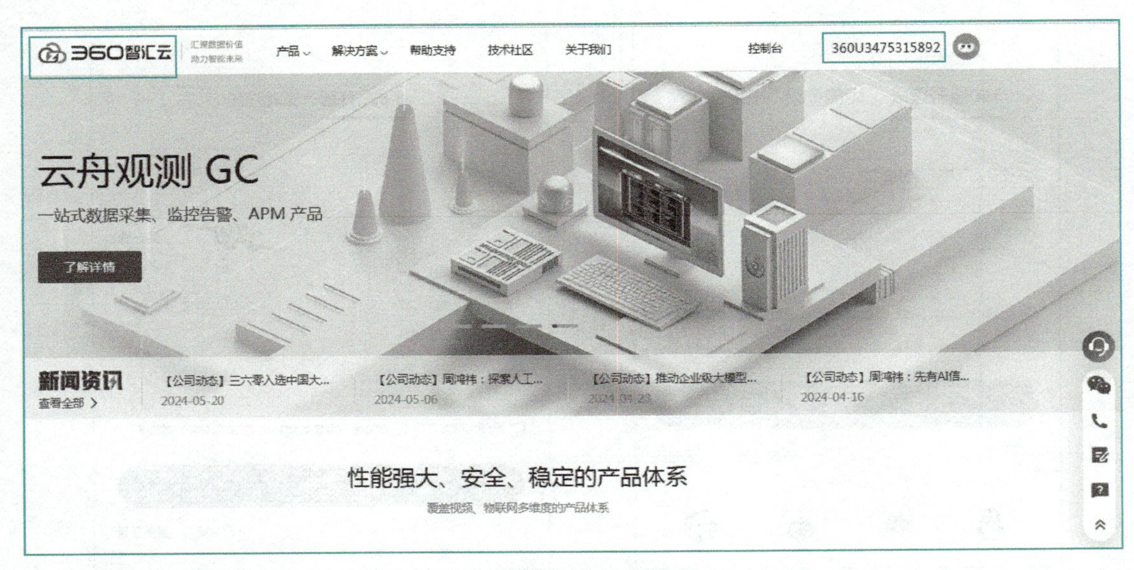

图 6-6　360 智汇云主页

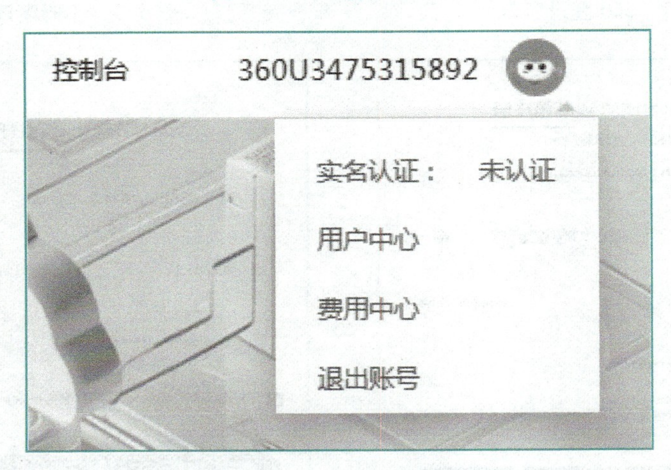

图 6-7　用户管理界面

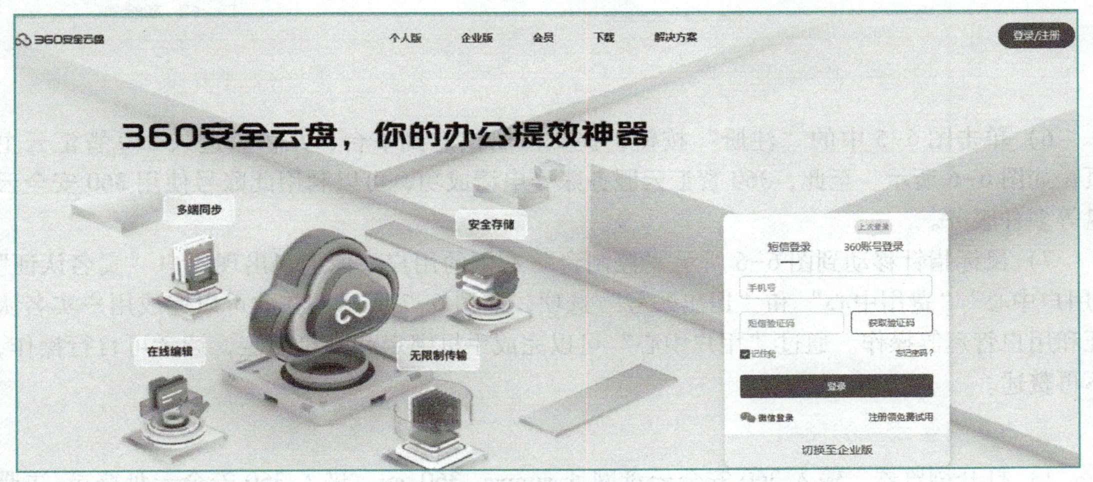

图 6-8　360 安全云盘登录/注册页面

2）单击“登录/注册”按钮，选择“个人用户”，按提示使用“短信登录”或“360 账号登录”，进入 360 安全云盘窗口，如图 6-9 所示。

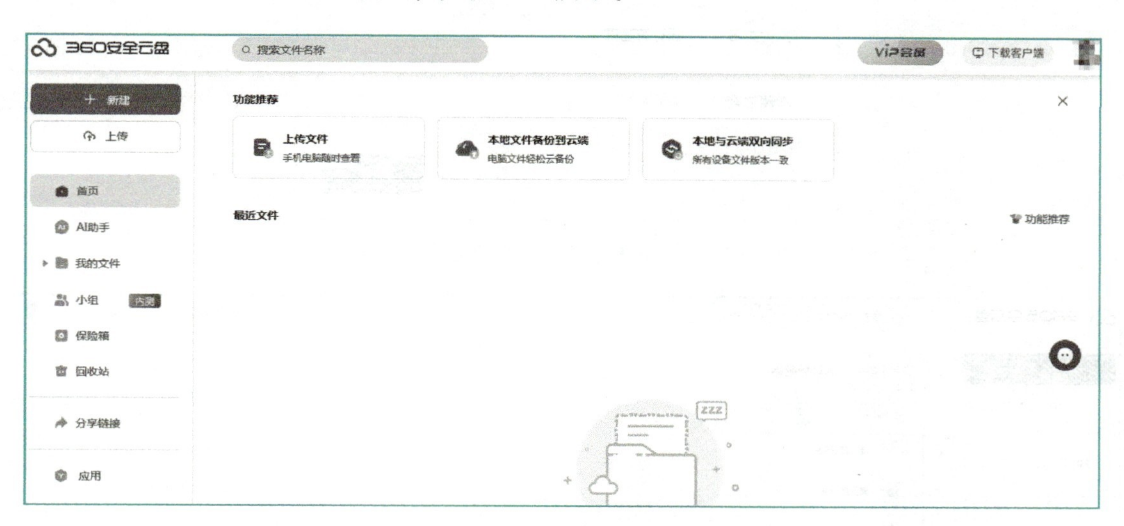

图 6-9　360 安全云盘窗口

在此窗口中，可以使用 360 安全云盘的各种服务，包括上传文件、将本地文件备份到云端、本地与云端双向同步等。

3）文件夹管理。用户可以利用文件夹对日常数据进行分类，文件夹管理包括新建、删除、重命名和移动等。

① 新建文件夹：单击图 6-9 中“新建 | 新建文件夹”，出现“新建文件夹”窗口，如图 6-10 所示。

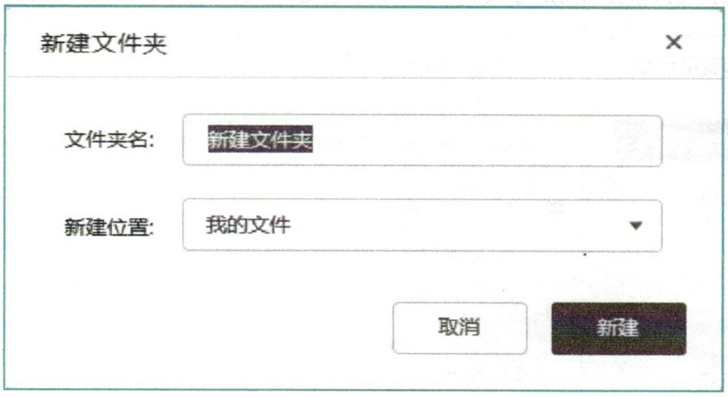

新建文件夹　×

文件夹名：新建文件夹

新建位置：我的文件

取消　新建

图 6-10　“新建文件夹”窗口

确定“新建位置”（根为“我的文件”），在“文件夹名”处输入文件夹名，如“云计算基础”，如图 6-11 所示。

要在已有文件夹下新建文件夹，只需要选中要建立子文件夹的上一级文件夹，单击图 6-9 中的“新建”按钮，输入文件夹名称即可。如图 6-12 所示，在“云计算基础”文件夹下建立的三个子文件夹分别是“第一章　云技术概述”“第二章　云服务”和“第三章　云客户”。

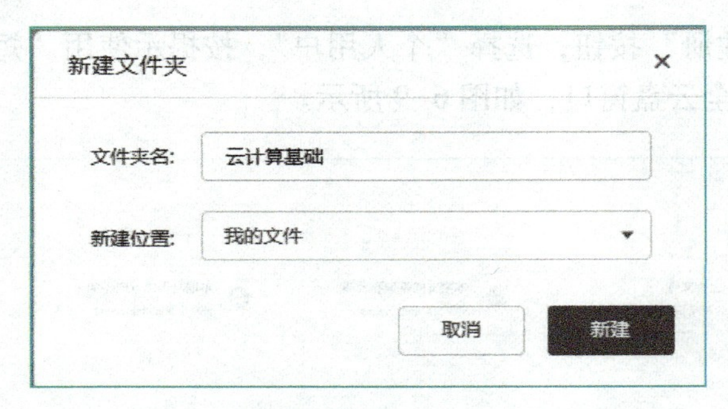

图 6-11　新建文件夹“云计算基础”窗口

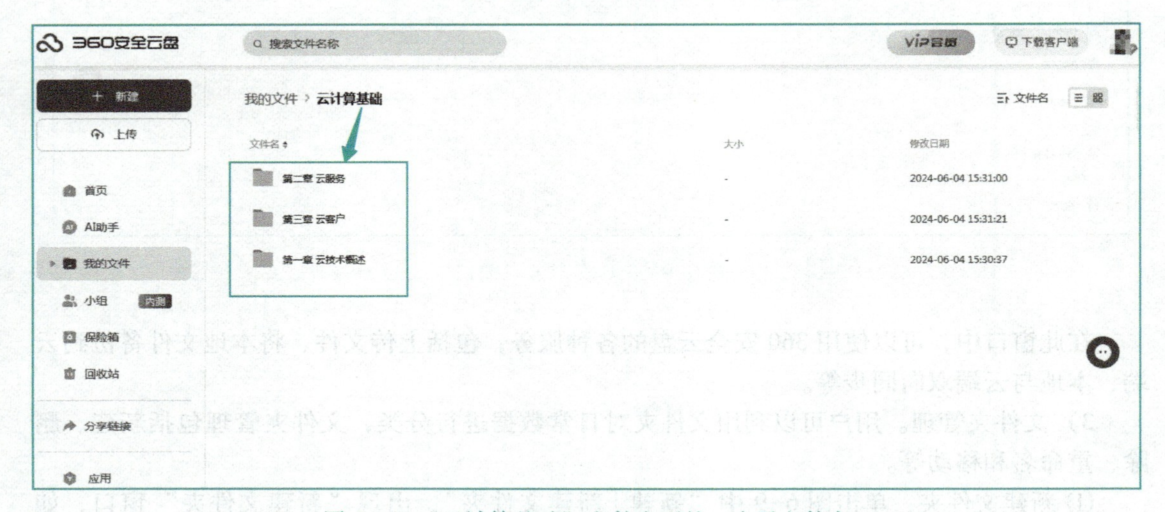

图 6-12　“云计算基础”文件夹下的三个子文件夹

② 文件夹删除：右击要删除的文件夹，出现文件夹操作菜单，如图 6-13 所示。

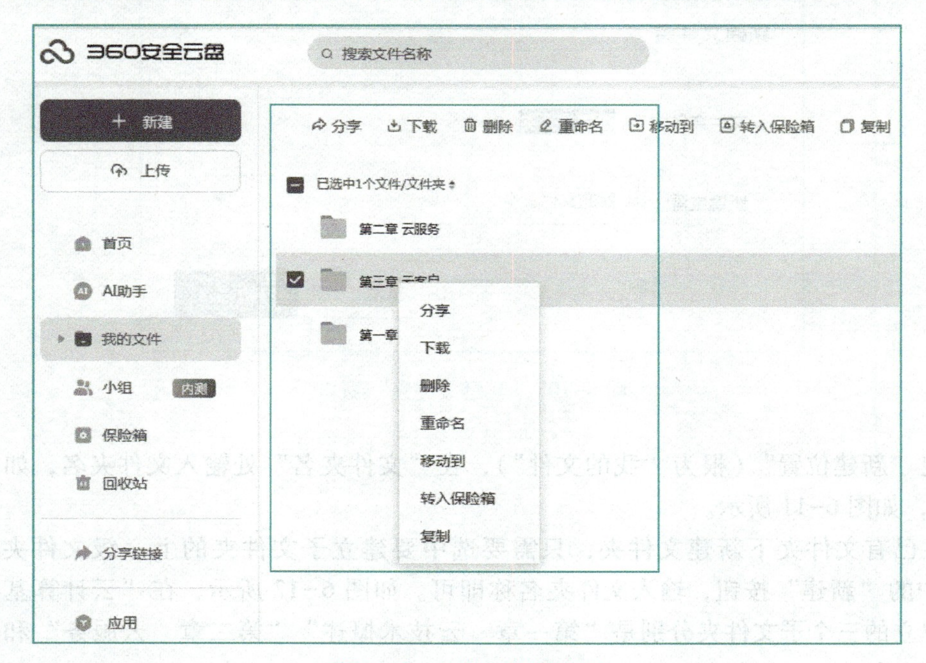

图 6-13　文件夹操作菜单

选择“删除”命令，弹出“删除文件”对话框，如图 6-14 所示，确认则将文件夹放入回收站（注意：这里的回收站是云盘回收站，而不是本地回收站），被删除的文件夹可以恢复到云盘。

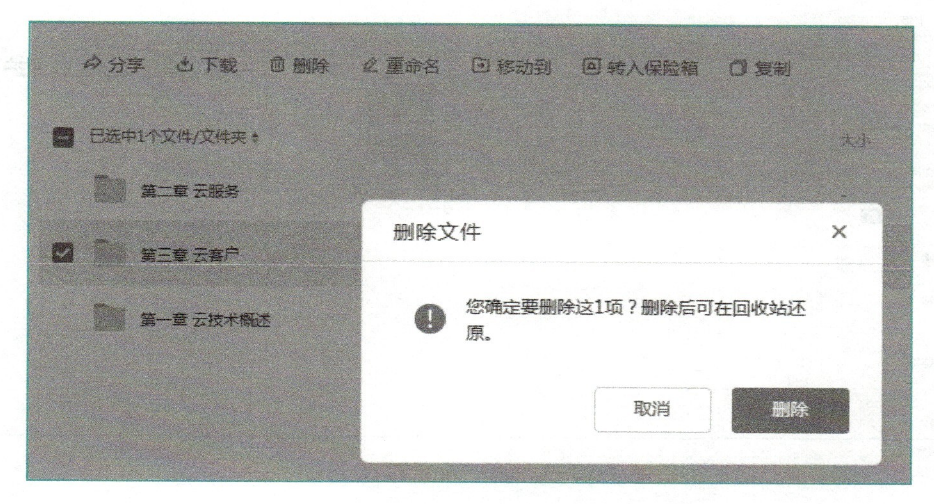

图 6-14　“删除文件”对话框

③ 将文件夹“转入保险箱”：文件夹“重命名”和“移动”操作同本地文件夹操作一样，不再详述。对于用户来说，有些文档有更高的安全性要求，可以将其“转入保险箱”，设置密码进行保护。例如：将“云计算基础”文件夹转入文件保险箱，其操作如下。

第一步：单击“我的文件|云计算基础”，右击“云计算基础”，选择“转入保险箱”命令，弹出“转入保险箱 ”对话框，如图 6-15 所示。

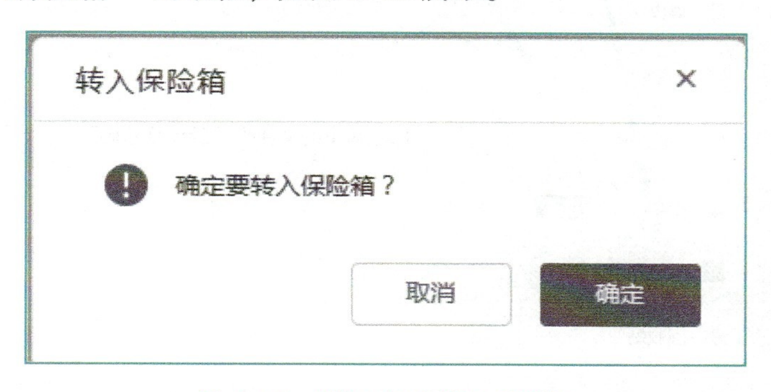

图 6-15　“转入保险箱”对话框

第二步：单击“确定”按钮，文件夹就进入了保险箱（注意：需要保险箱已经启用并设置了密码）。通常情况下，进入云盘后看到的是没有转入保险箱的文件。通过以下方法可以查看保险箱中的文件。

单击“保险箱”，出现进入保险箱消息框，可以输入安全密码（用户可以自行设置和更改）打开保险箱，如图 6-16 所示。

输入安全密码，进入保险箱即可看到转入的文件或者文件夹，如图 6-17 所示，“云计算基础”文件夹就在其中。

图 6-16 进入保险箱消息框

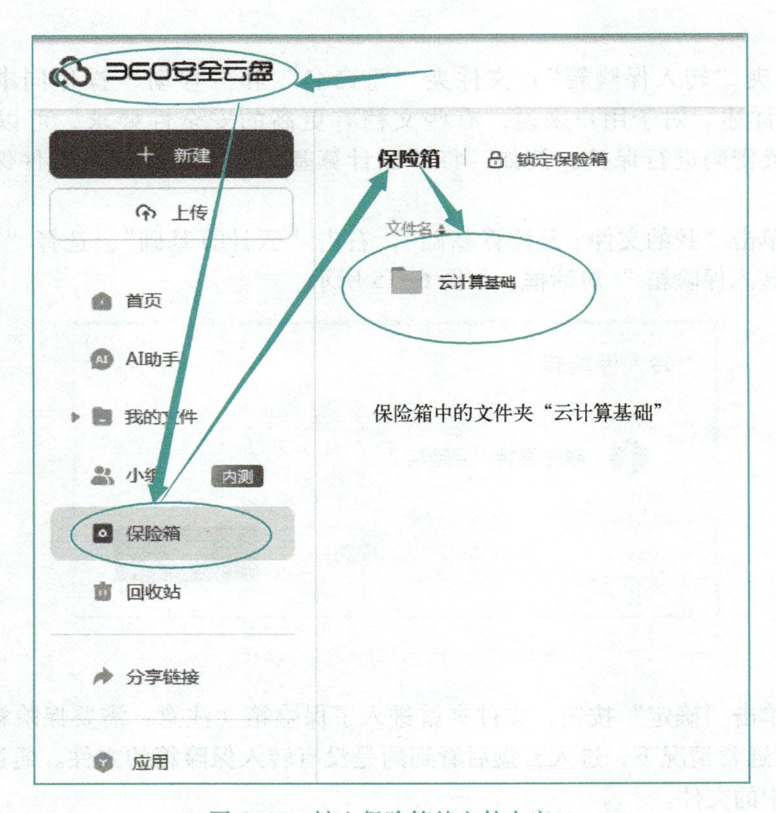

图 6-17 转入保险箱的文件夹窗口

360 安全云盘中的文件管理同文件夹管理基本是一样的，360 安全云盘除了提供最基本的文件上传下载服务外，还提供文件实时同步备份功能。只需将文件放到 360 安全云盘目录下，360 安全云盘程序将自动上传文件至 360 安全云盘云存储服务中心，当用户在其他计算机上登录云盘时，会自动同步下载到新计算机，实现多台计算机的文件同步。本文对此不再赘述。

6.1.2　百度网盘

1. 百度云的网盘功能

百度网盘是百度推出的一项云存储服务，是百度云的一个服务，目前有手机/平板 App、Windows 客户端、macOS 客户端、Linux 客户端、TV 版等，用户可以轻松地把自己的文件上传到网盘上，并可以跨终端随时随地查看和分享。

其主要功能如下。

1）大容量存储：新注册成功，可获得 5 GB 免费存储空间，完成任务后，可获得 15 GB 超大存储空间。

2）数据共享：支持 Web，PC，Android、iPhone、Windows Phone 手机客户端等多个平台，可以进行跨平台、跨终端的文件共享，随时随地访问。用户上传的文件都会保存在云端，在访问文件时，无论登录哪个平台都可以访问到所有平台存储的文件。

3）文件分类浏览：自动对用户文件进行分类，浏览、查找更方便。按照用户存储的文件类型对用户上传的文件进行自动分类，极大方便了用户浏览以及对文件的管理。

4）快速上传：Web 版最大支持 1 GB 单文件上传，PC 客户端最大支持 4 GB 单文件上传，上传不限速。可进行批量操作，轻松便利。网络速度有多快，上传速度就有多快。上传文件时，自动将要上传的文件与云端资源库进行匹配，如果匹配成功，则可以秒传，最大限度节省上传时间。

5）离线下载：只需输入需要下载的文件链接，服务器将自动把文件下载到网盘中，最大限度节省用户将文件存至网盘的时间。

6）数据安全：百度强大的云存储集群，是目前最具优势的存储机制，提供了完善高效的服务，包括高效的云端存储速度，以及稳定可靠的数据安全。完善的文件访问控制机制，提供了必备的数据安全屏障。依托百度大规模可靠存储，一份文件多份备份，防范一切意外。数据传输加密，有效防止数据窃取。

7）轻松好友分享：轻松进行文件及文件夹的分享，支持短信、邮件、链接、秘密分享等分享方式。好友分享时，设有相应的提取码，只有输入相应的提取码才能访问分享的文件，从而有效确保了隐私安全。

8）闪电互传：闪电互传是百度云推出的数据传输功能，使用闪电互传在两台及多台移动设备（主要是手机、平板）上相互传输电影、视频、游戏等，不需要网络或 WiFi，真正实现零流量传输，传输文件的速度比蓝牙快 70 倍，同时支持 Android 和 iOS 系统自由互传。

2. 如何获取百度账号

打开百度网页，单击“登录”按钮，出现“欢迎注册”窗口，如图 6-18 所示，注册一个百度账号。本例以笔者的网易邮箱 langdenghe@ 163. com 注册账号。

3. 百度网盘登录

在浏览器地址栏中输入 yun. baidu. com，单击“去登录”按钮，进入百度网盘登录界面，选择“账号登录”，如图 6-19 所示。输入用户名和密码并勾选“阅读并接受百度用户协议和隐私政策”复选框，登录百度网盘个人主页，如图 6-20 所示。

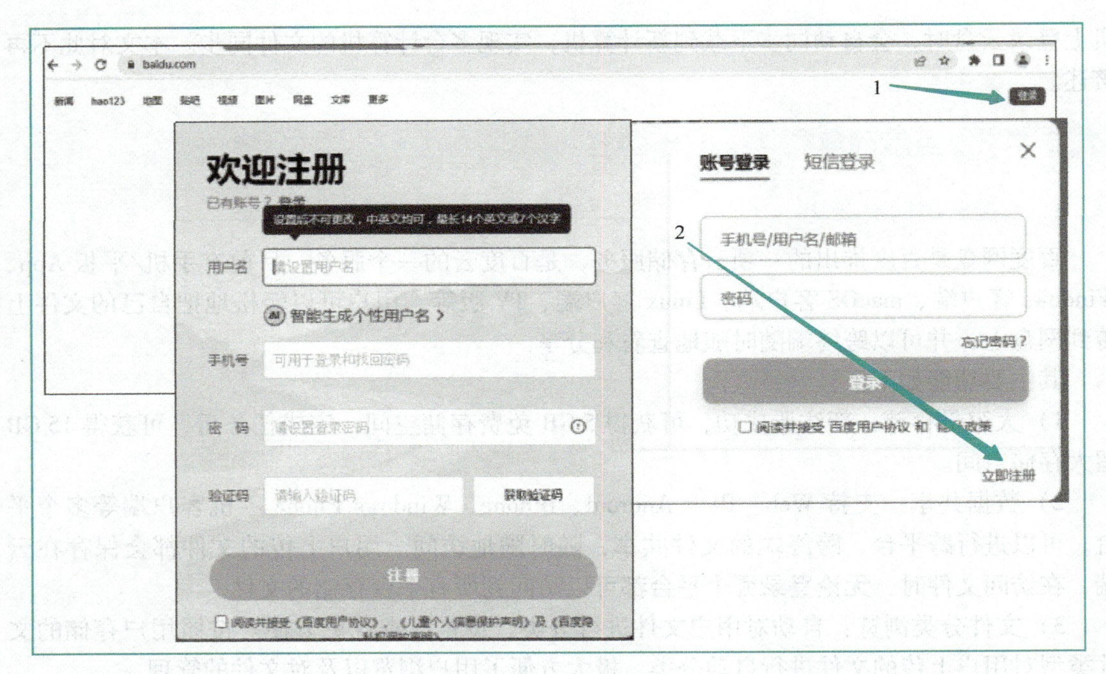

图 6-18　百度账号注册

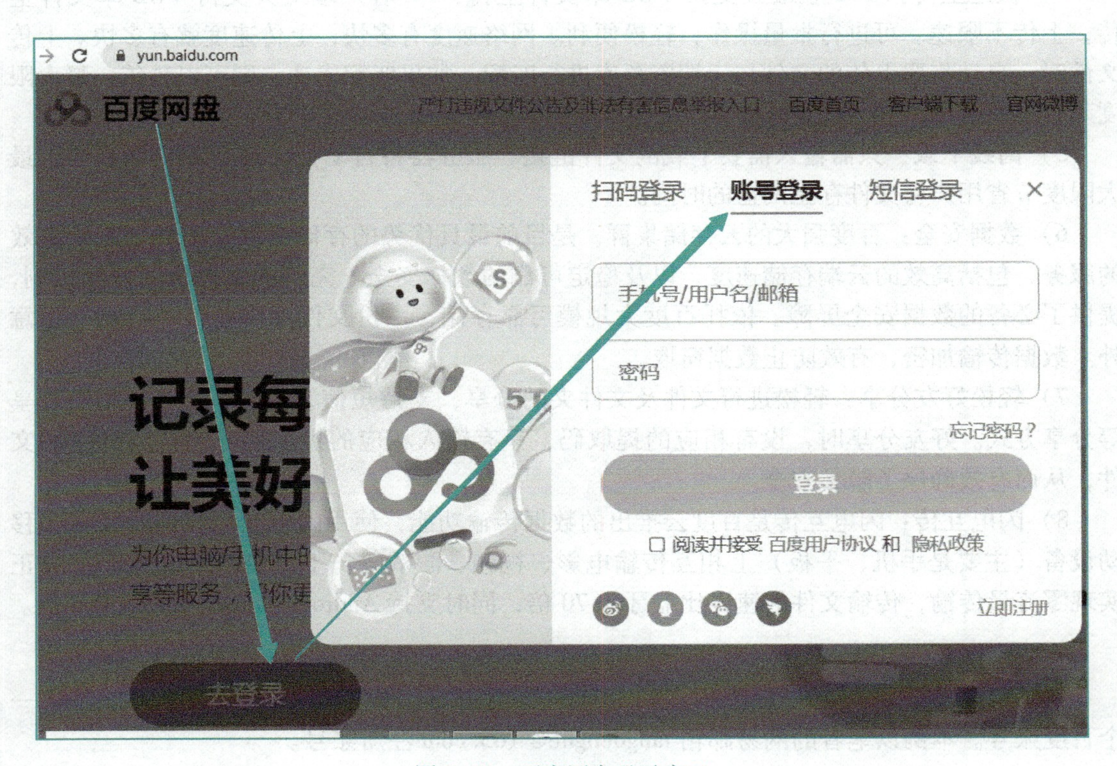

图 6-19　百度网盘登录窗口

百度网盘个人主页展示了众多功能，包括分享、下载、导出文件目录等。

图 6-21 中展示了百度网盘的众多功能，对“我的文件”分类管理，如图片、文档、视

频等。在图 6-22 所示的文件管理页中，可以上传文件、分享和同步文件、下载文件、显示文件详情、创建企业/团队等。

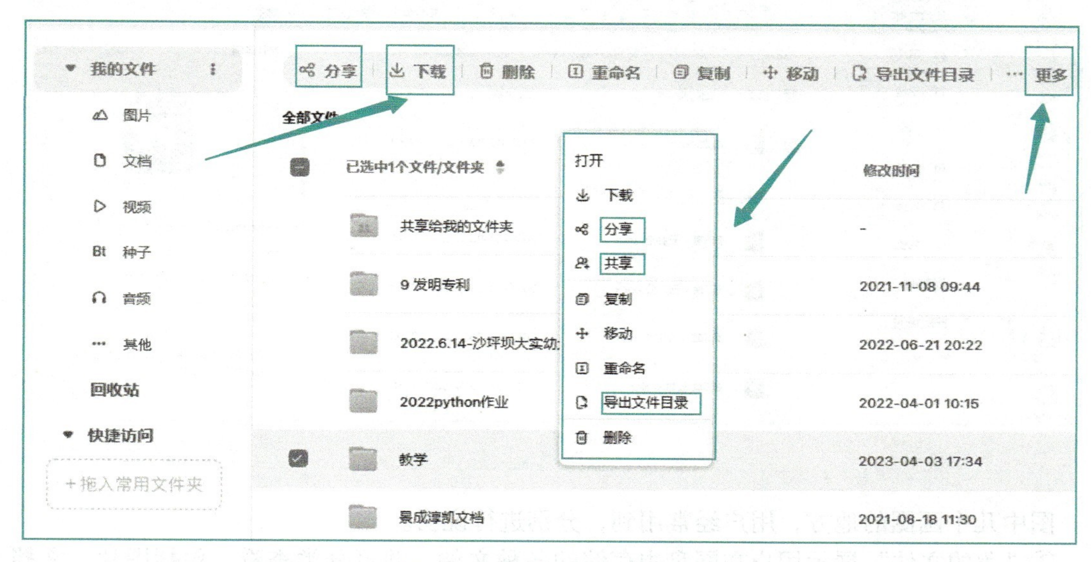

图 6-20　百度网盘个人主页

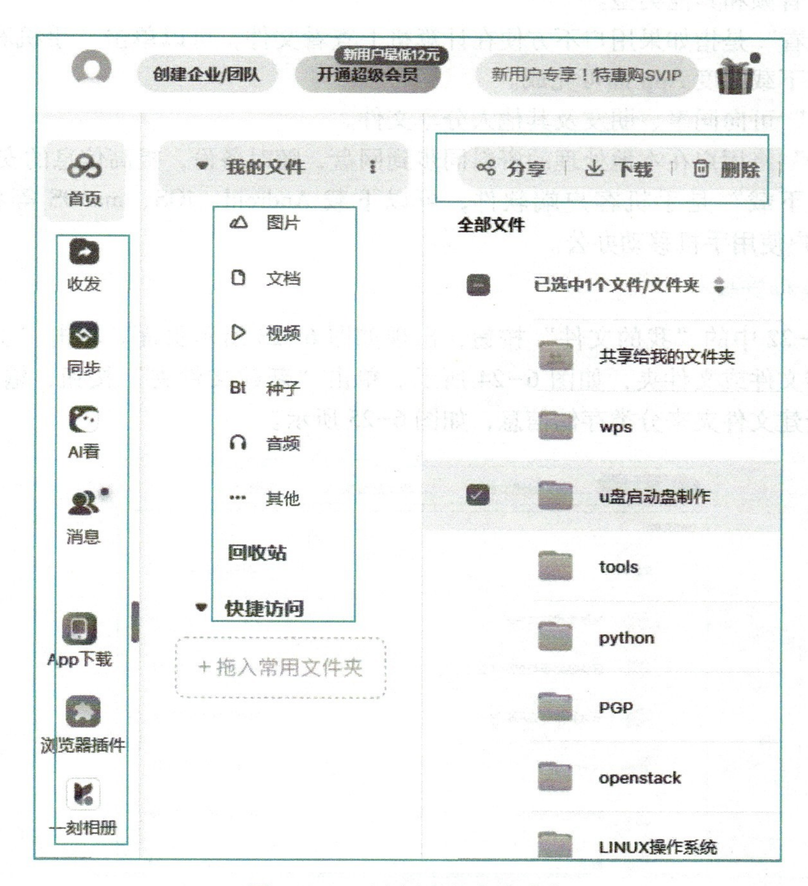

图 6-21　百度网盘的众多功能

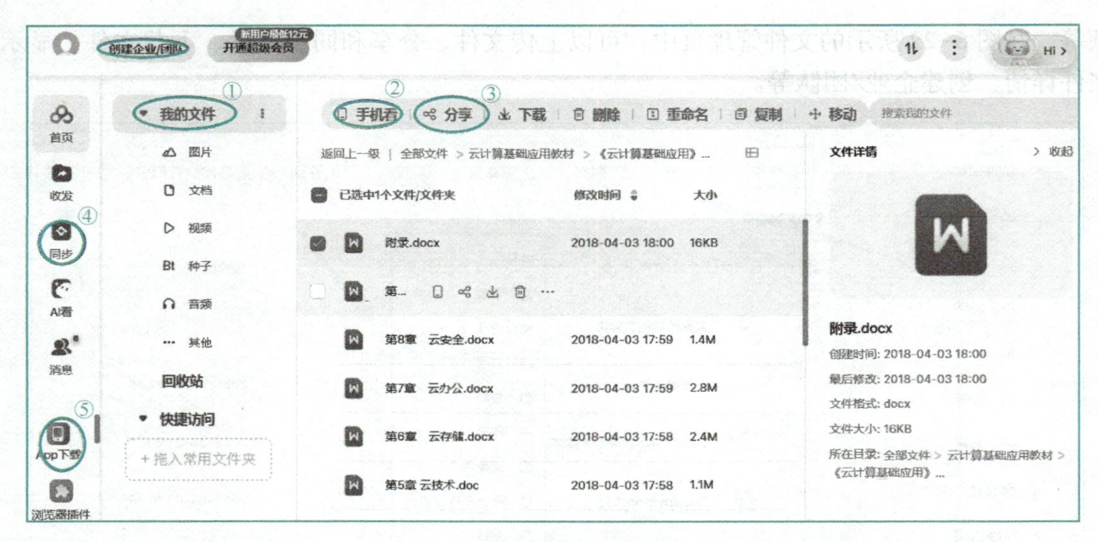

图 6-22 百度网盘文件管理页

图中几个画圈的地方，用户经常用到，分别进行说明。

①“我的文件”展示用户在网盘中存储的各种文件，并可分类查看，包括图片、文档、视频、种子、音频和其他类型。

②“手机看”是指如果用户不方便在计算机上查看文件，可以单击“手机看”，扫描生成的二维码，下载百度 App 即可完成。

③“分享”可向同事、朋友及其他人分享文件。

④“同步”将用户在本地处理的资料同步到网盘，随时备份，提高信息的安全性。

⑤“App 下载”是手机客户端软件，可以下载 Android、iOS、macOS 等各类平台的 App，方便用户使用手机移动办公。

4. 常用文件管理

单击图 6-22 中的“我的文件”按钮，出现如图 6-23 所示页面。单击“上传”按钮，可以选择上传文件或文件夹，如图 6-24 所示。单击“新建文件夹”按钮，输入文件夹名称，确认可新建文件夹来分类存储信息，如图 6-25 所示。

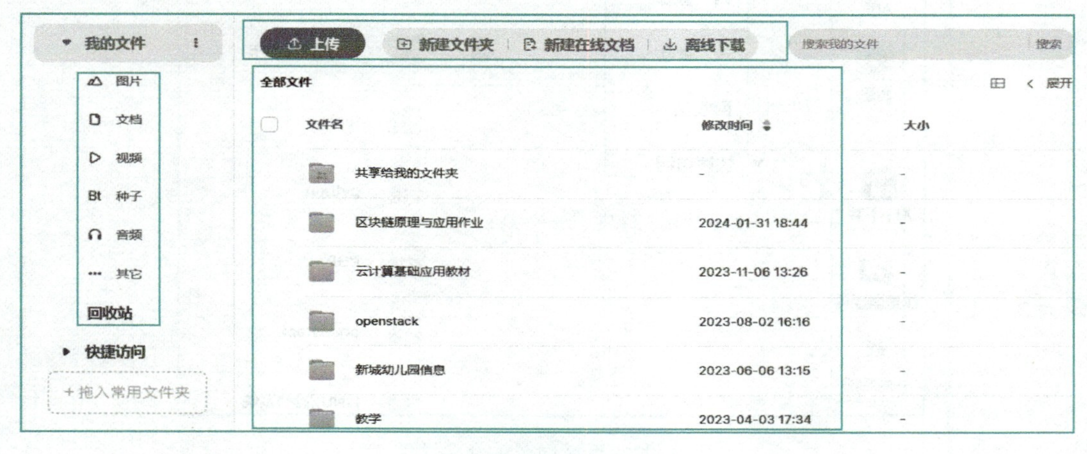

图 6-23 我的文件页面

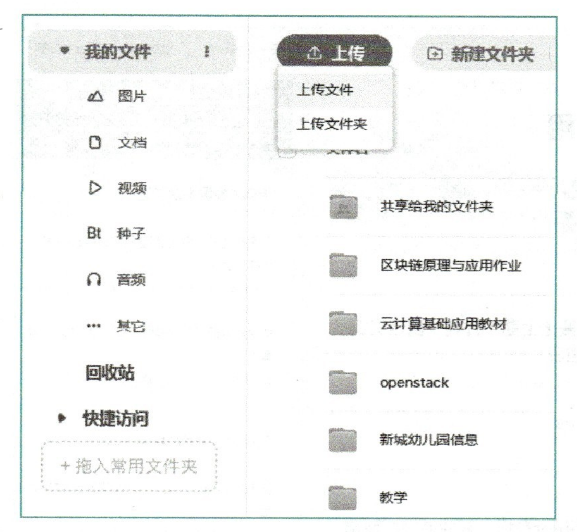

图 6-24　上传文件/文件夹

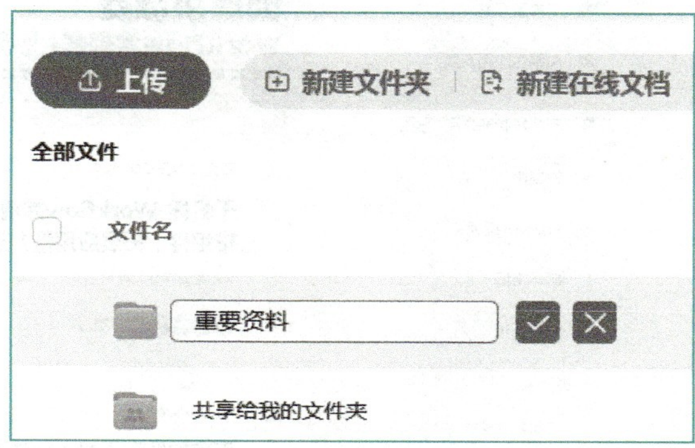

图 6-25　新建文件夹

5. 百度网盘的其他功能

百度网盘还有“创建企业/团队”功能，百度网盘企业版可以提升企业数字化水平，也可以支持 3 人以上团队进行协作，提高工作效率，如图 6-26 所示。

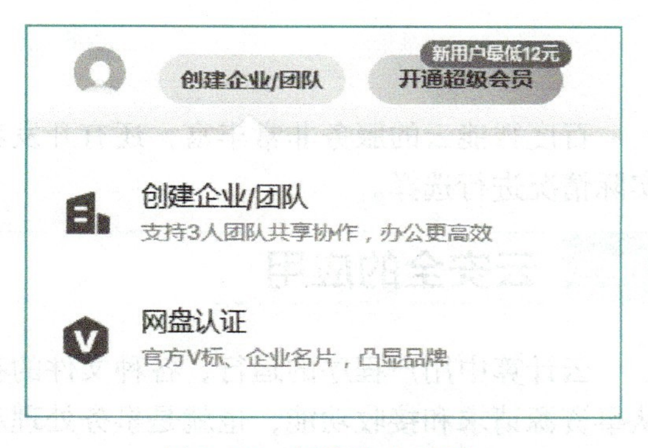

图 6-26　创建企业/团队

6. 百度智能云

在浏览器中输入 cloud. baidu. com，进入百度智能云平台，如图 6-27 所示。开发者可以选择“开发者社区”，与众多行业专家进行交流，获取开发支持，如图 6-28 所示。

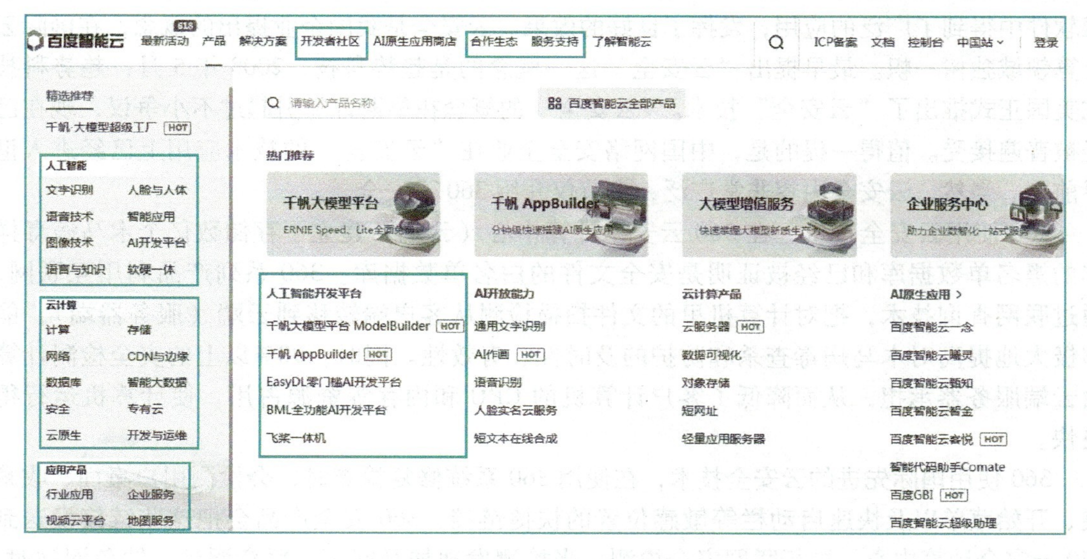

图 6-27　百度智能云平台

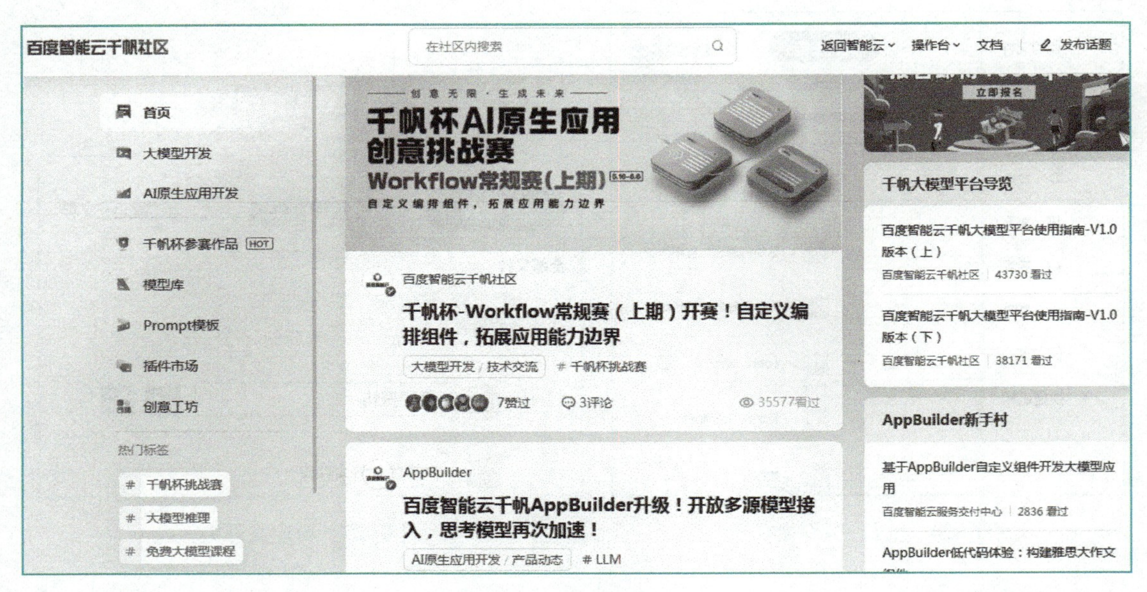

图 6-28 开发者社区

百度智能云的服务非常丰富，还有开发者资源、大模型服务、专家服务等，用户可根据实际情况进行选择。

6.2 云安全的应用

云计算中用户程序的运行、各种文件的存储主要在云服务中心完成，本地计算设备主要从事资源请求和接收功能，也就是事务处理和资源保管由第三方厂商提供服务，用户会考虑是否可靠吗，重要信息是否泄密等等，这就是云安全问题。

“云安全”是在“云计算”“云存储”之后出现的“云”技术的重要应用，已经在反病毒软件中得到了广泛的应用，发挥了良好的效果。云安全是我国企业提出的概念，在国际云计算领域独树一帜。最早提出“云安全”这一概念的是趋势科技，2008 年 5 月，趋势科技在美国正式推出了“云安全”技术。“云安全”的概念在早期曾经引起过不小争议，现在已经被普遍接受。值得一提的是，中国网络安全企业在“云安全”的技术应用上已经进入世界前列。当然，云安全内容非常广泛，本节仅介绍 360 云安全。

360 使用云安全技术，在 360 云安全计算中心（云端）建立了存储数亿个木马病毒样本的黑名单数据库和已经被证明是安全文件的白名单数据库。360 系列产品利用互联网，通过联网查询技术，把对计算机里的文件扫描检测从客户端转移到云端（服务器端），能够极大地提高对木马病毒查杀和防护的及时性、有效性。同时，90%以上的安全检测计算由云端服务器承担，从而降低了客户计算机的 CPU 和内存等资源占用，使计算机运行得更快。

360 使用国际先进的云安全技术，在使用 360 系统修复检查时，会检测用户桌面、收藏夹、开始菜单以及快速启动栏等敏感位置的快捷链接，360 安全产品会把这些链接发送到 360 云安全计算中心，进行联网安全检测。当检测发现挂马网页、恶意网址、钓鱼网站时，会提示用户进行相关的处理。加入 360 云安全计划的步骤如下。

1）打开 360 企业安全云，单击“主菜单”，选择“设置”选项，如图 6-29 所示。

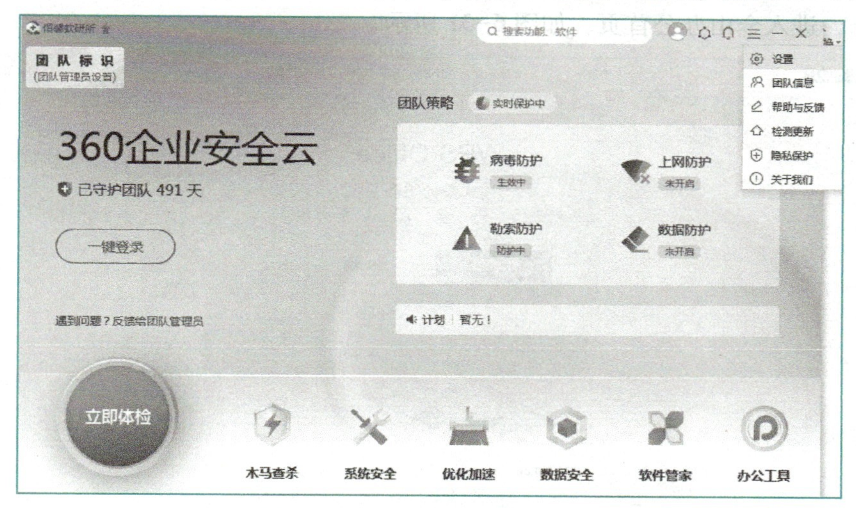

图 6-29　360 企业安全云主菜单

2）在“360 设置中心”对话框中选择“基本设置”下的“云安全计划”和“网址云安全计划”，如图 6-30 所示。

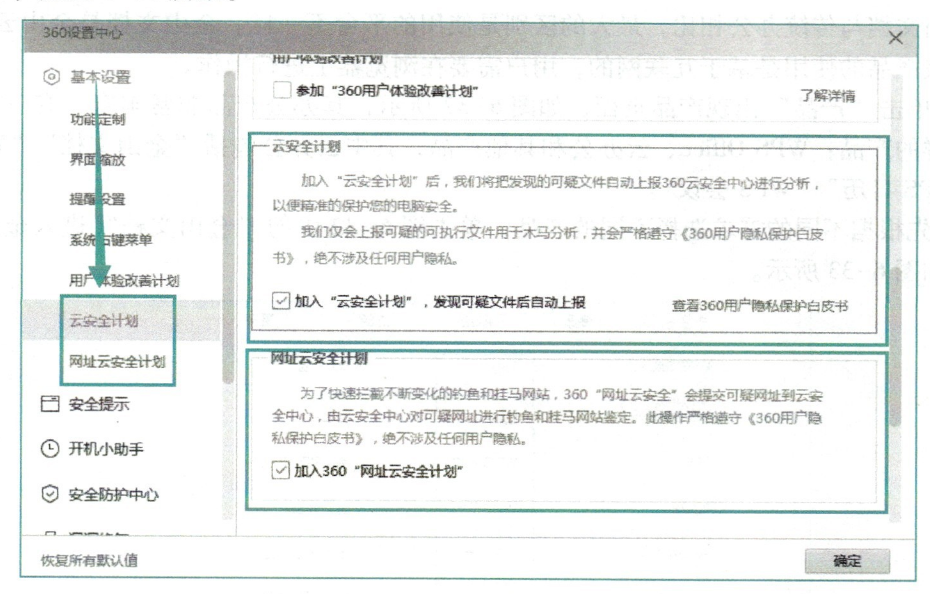

图 6-30　360 设置中心对话框

加入“云安全计划”和 360“网址云安全计划”后，用户将能获得 360 安全支持。其他操作，读者可以自行完成体验。

6.3　云办公的应用

云办公的应用

云办公作为企事业单位不可缺少的工具，正在形成其独特的产业链和生态圈，并有别于传统办公软件市场，通过云办公更有利于降低办公成本和提高办公效率。基于云计算的在线办公软件 Web Office 已经改变了人们的办公方式，比较有代表性的是金山办公和 Microsoft 365，本节介绍金山办公的“金山文档”。在浏览器地址栏输入 www. wps. cn，进入金山办公首页，如图 6-31 所示。

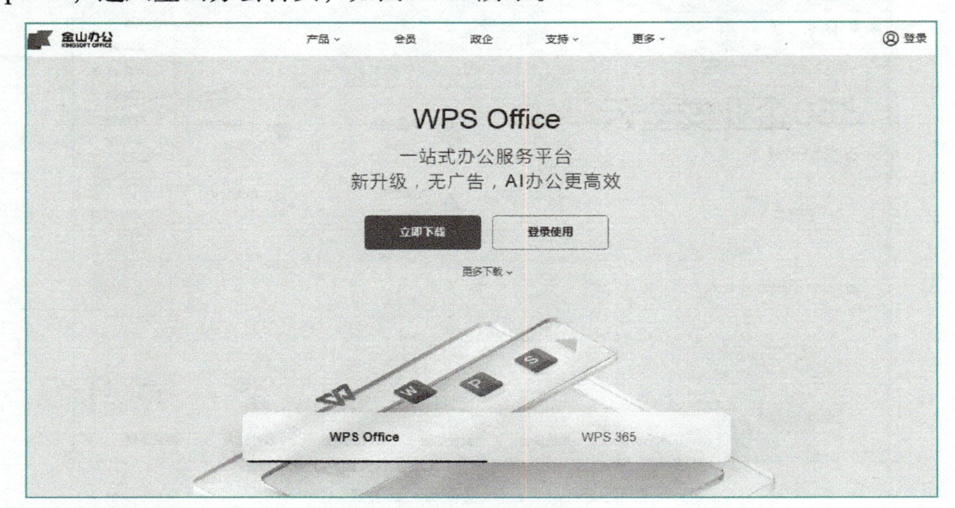

图 6-31　金山办公首页

1. 金山文档的登录

金山文档与传统办公相比，最大的区别是使用的平台不一样。金山文档是金山云 Office 产品，该产品的使用是基于互联网的，用户需要在浏览器上进行操作。

1）单击“产品”出现产品页面，如图 6-32 所示，其办公产品非常丰富，有三类适合不同人群的产品：WPS Office、云办公和其他产品，其中云办公包括“金山文档”“WPS 协作”“WPS 日历”“WPS 会议”。

2）先根据不同的需求选择不同的产品，单击图 6-32 中的“金山文档”进入金山文档首页，如图 6-33 所示。

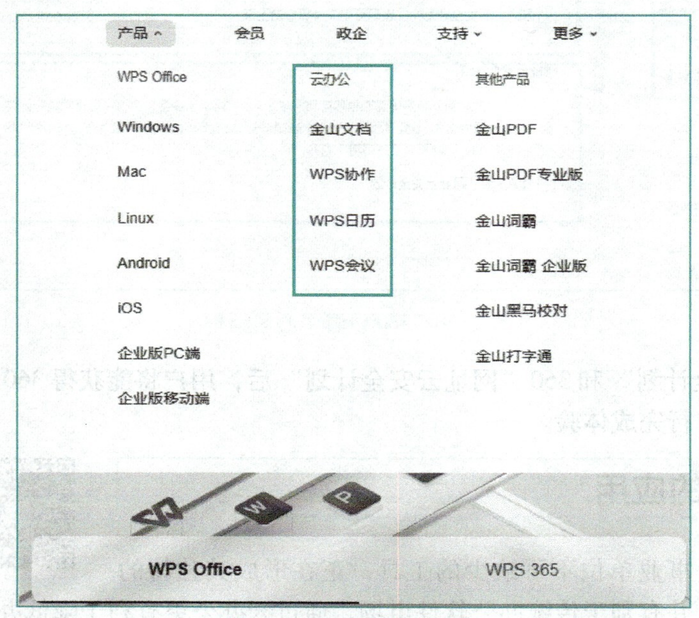

图 6-32　金山办公产品

3）单击“立即下载”按钮，下载金山文档客户端，可快速登录云办公平台。单击“免费使用”按钮，进入登录界面，如图 6-34 所示，该界面提供了微信扫码、QQ 账号、手机、专属账号等丰富的登录方式。

图 6-33　金山文档首页

4）可选择其中任意一种登录方式，如单击“QQ 账号”并接受相关服务协议，会获取当前 QQ 信息快捷登录，如图 6-35 所示。图中“恒馨”即笔者的 QQ 昵称，单击昵称或头像，进入安全验证，获取并输入正确的验证码，进入如图 6-36 所示金山文档文件页。单击图 6-36 中的“新建”按钮可新建“文字”“表格”“演示”Office 文档及“在线智能文档”，如图 6-37 所示。

图 6-34　金山文档登录界面

图 6-35　QQ 账号登录

“文字”“表格”“演示”Office 文档是最经常用的，“智能文档”“智能表格”和“智能表单”在提高办公效率方面可以成为得力的助手。下面来体验一下金山文档和传统 Office 有什么不同。

2. 体验“智能表单”

在日常生活和企业管理活动中，经常会收集员工、学生、客户的各类信息并进行分析和可视化展示，“智能表单”集数据收集、分析和展示为一体，非常好用。

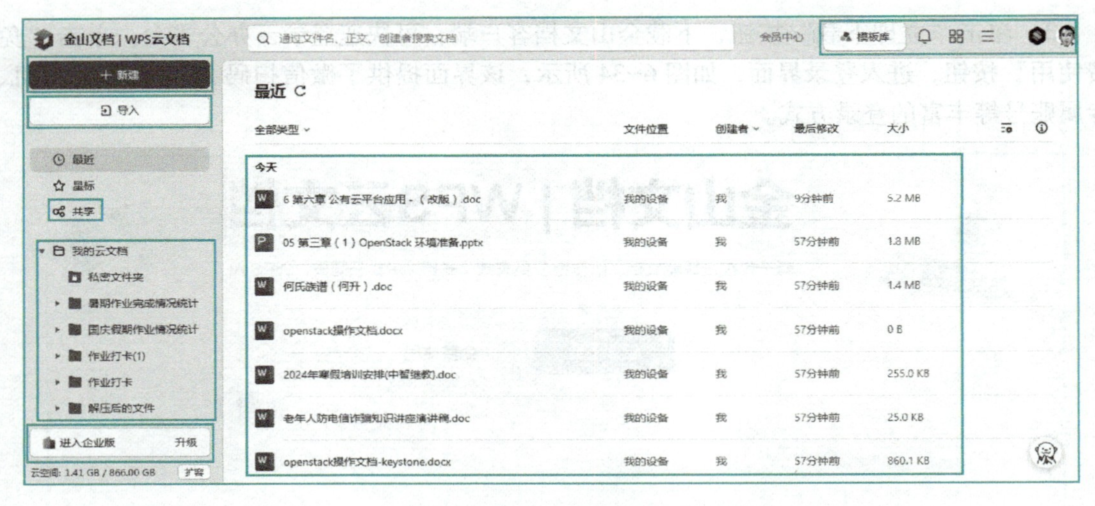

图 6-36　金山文档文件页

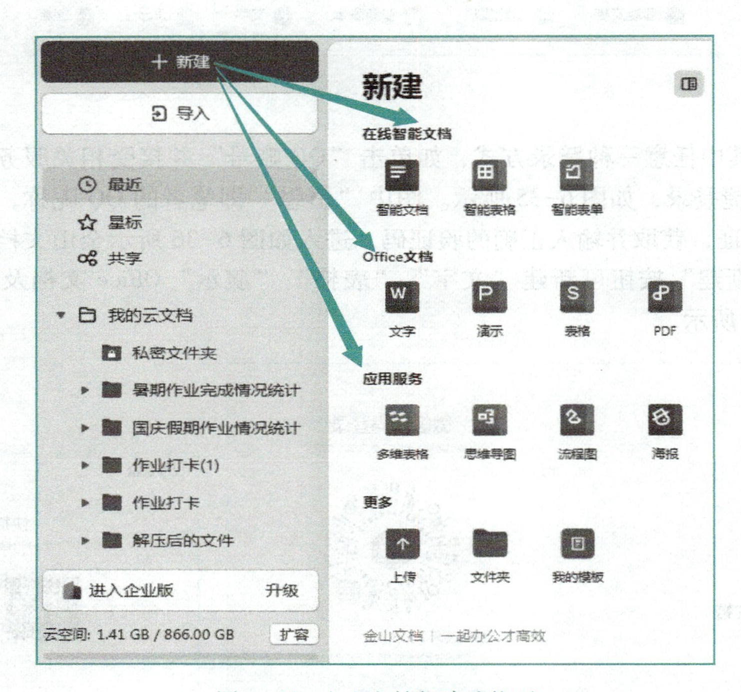

图 6-37　金山文档新建功能页

1）单击图 6-37 中的“智能表单”进入到智能表单界面，如图 6-38 所示，在此可新建空白表单、极速创建、复制表单，并特别提供了各行各业以及各种应用场景的模板，可以快速创建表单。下面以创建“作业收集”表单为例进行介绍。

2）单击图 6-38 中的“作业收集”选项，出现各类作业收集模板，如“青年大学习第 X 季”“每日作业收集”等，如图 6-39 所示，“预览”可查看表单情况，“立即使用”可使用选定的模板表单。

3）鼠标指向“青年大学习第 X 季”，单击“预览”按钮，查看表单情况，如图 6-40 所示。

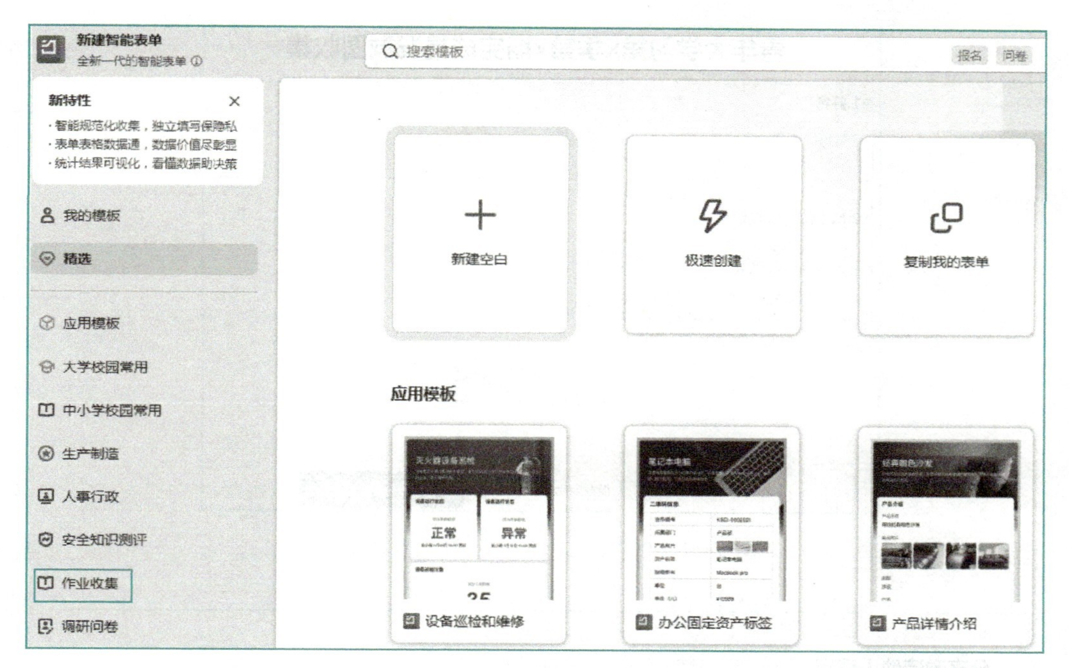

图 6-38 智能表单界面

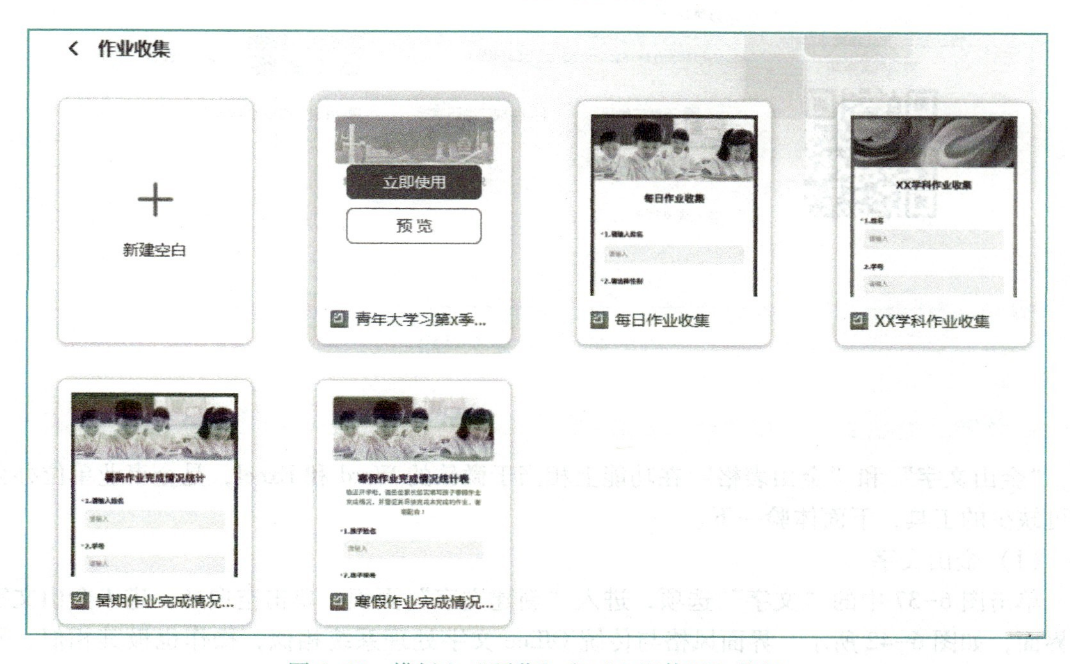

图 6-39 模板上“预览”和“立即使用”按钮

图 6-40 可以看出，“青年大学习”智能表单可收集学习人的“姓名”和学习“完成截图”信息，用户如果觉得可以使用这个表单，可以单击“使用该模板创建”按钮，也可以“分享模板”和“保存到我的模板”。

除了使用平台提供的模板，用户也可以根据需要单击图 6-38 的“新建空白”建立个性化的表单，完成后可以通过社交工具以二维码和链接的方式分享给其他人填写，如图 6-41 所示。

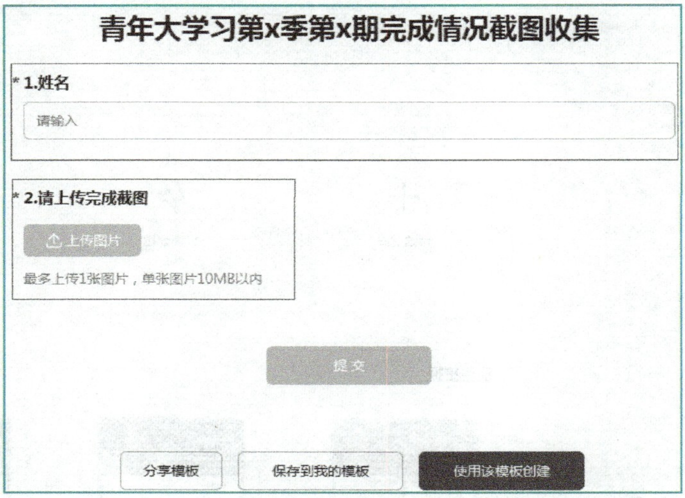

青年大学习第x季第x期完成情况截图收集
* 1.姓名
请输入
* 2.请上传完成截图
上传图片
最多上传1张图片，单张图片10MB以内
提交
分享模板
保存到我的模板
使用该模板创建

图 6-40 “青年大学习第 X 季”表单预览

分享邀请他人填写
青年大学习第x季第x期完成情况截图收集
微信扫码或长按识别，填写内容
分享链接
https://f.kdocs.cn/g/uQbDrERY
复制链接
下载二维码
生成二维码海报
自定义微信分享卡片
任何人都可以填写
有人提交通知我

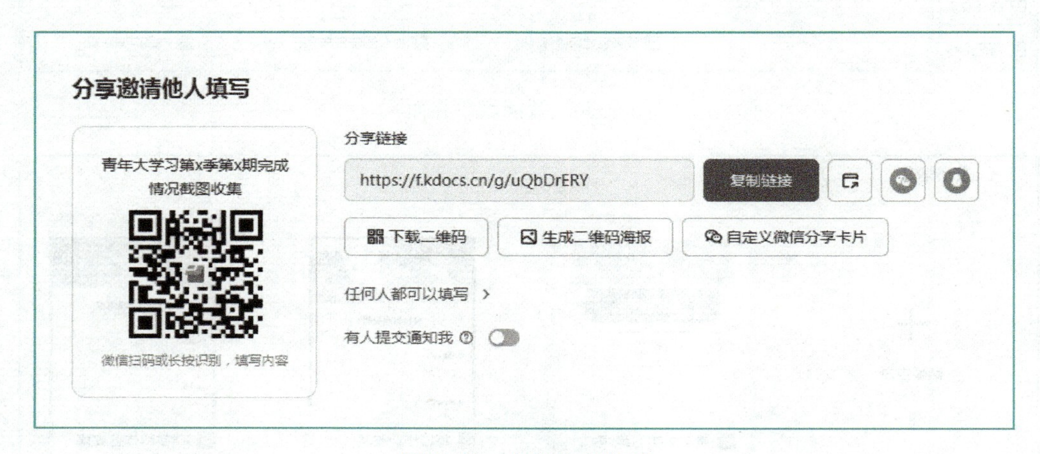

图 6-41 表单分享界面

3. 体验“金山文字”和“金山表格”

“金山文字”和“金山表格”在功能上相当于微软的 Word 和 Excel，是企事业单位办公不可缺少的工具，下面体验一下。

（1）金山文字

单击图 6-37 中的“文字”选项，进入“新建文字”页面。单击空白处，进入金山文字主界面，如图 6-42 所示。界面风格与传统 Office 文字处理系统相似，操作也极其相似，不同之处是所有操作都处于在线状态，文档存储在金山云平台，读者可以自行熟练操作使用，不在此赘述。

（2）金山表格

单击图 6-37 中的“表格”选项，进入“新建表格”页面。单击空白处，进入金山表格主界面，如图 6-43 所示，界面风格与传统 Office 表格处理系统相似，读者有过使用 Excel 的基础即可完成操作，不在此赘述。

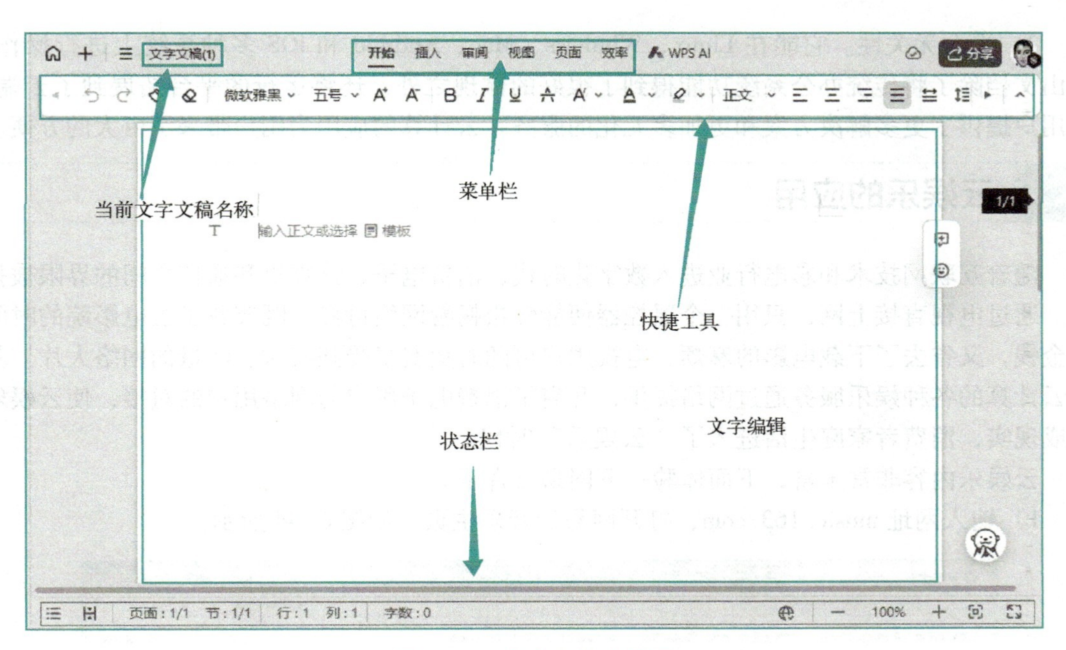

图 6-42　金山文字主界面

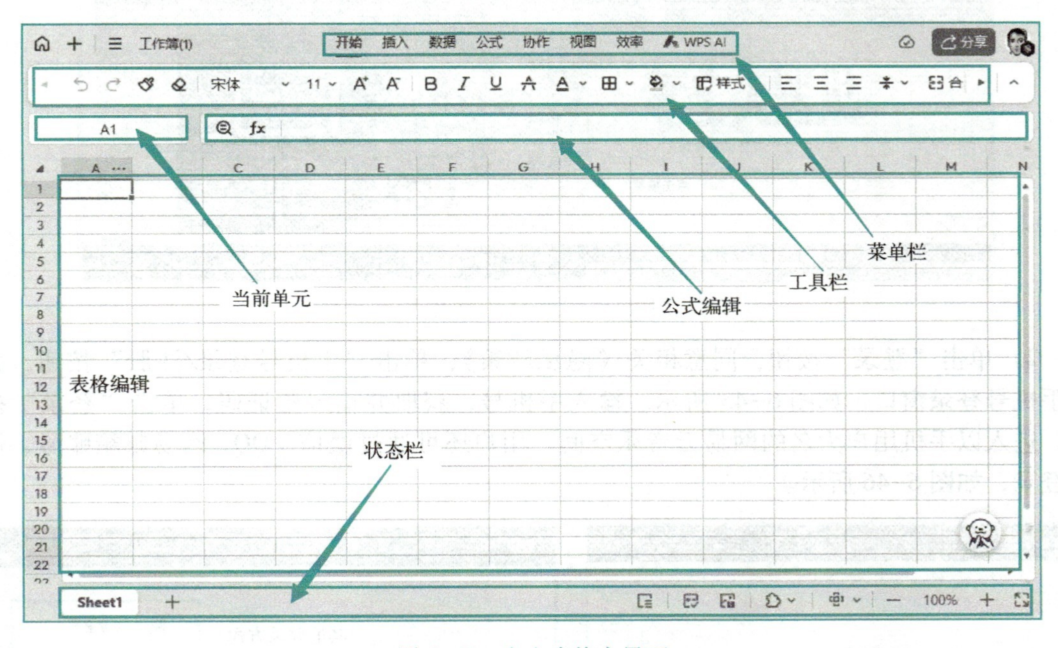

图 6-43　金山表格主界面

4. 金山文档的优势

金山文档相比于传统版本的 Office，有着许多优点。

1）可以实现云端存储和同步。编辑完一个文档之后，只要单击保存，文档就会被存储在云端。对于用户来说是非常方便的，无须考虑携带 U 盘，只要联网就能轻松享受云计算带来的方便、快捷。

2）平台无关性。它能在 Linux、Windows、Mac、Android 和 iOS 多种系统上进行操作，金山文档除了将传统办公系统功能得到了很好的体现之外，还将运行的平台拓展到了云端，为用户提供了更多解决方案和更加多元化的服务。云计算的应用为用户带来了巨大的方便。

6.4 云娱乐的应用

随着互联网技术和彩电行业进入数字化时代，消费电子、计算机和通信之间的界限被打破。通过电视直接上网，只用一个遥控器便能轻松畅游网络世界，既节省了去电影院的时间和金钱，又省去了下载电影的麻烦，电视用户可随时免费享受到实时、海量的网络大片。基于云计算的各种娱乐服务通过网络提供，开启了消费电子用户与网络用户的对接，使云娱乐变成现实，消费者家庭生活进入了“云娱乐”时代。

云娱乐内容非常丰富，下面体验一下网易云音乐。

1）输入网址 music. 163. com，打开网易云音乐主页，如图 6-44 所示。

图 6-44　网易云音乐主页

2）单击“登录”按钮，同意相关《隐私政策》，单击“手机号登录/注册”按钮，弹出手机号登录窗口，如图 6-45 所示。输入手机号，获取并输入验证码，单击“登录”按钮，进入以手机用户为名的网易云音乐空间。用户还可通过微信、QQ、网易邮箱账号、微博登录，如图 6-46 所示。

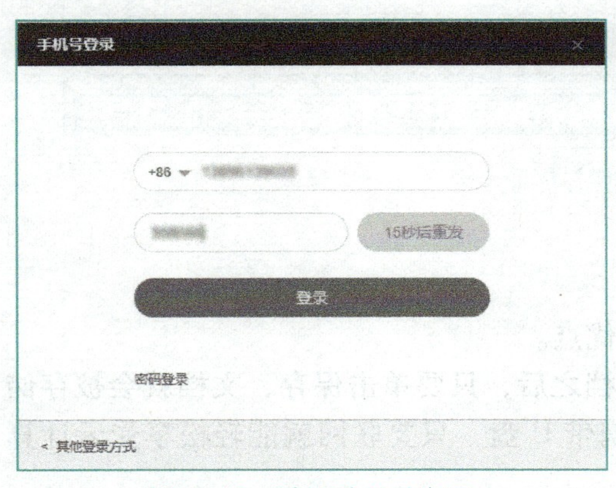

图 6-45　手机号登录窗口

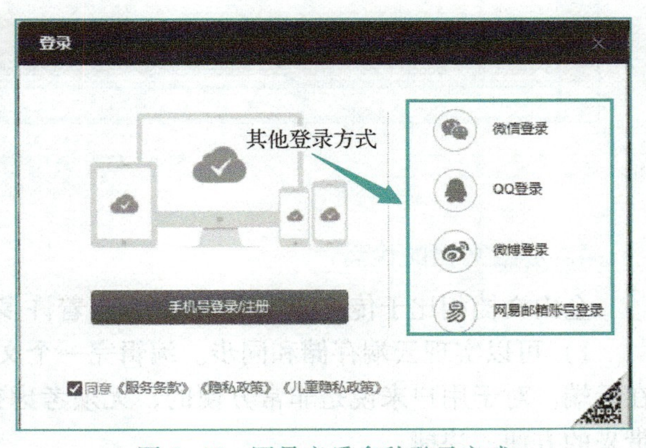

图 6-46　网易音乐多种登录方式

3）单击图 6-44 中的“创作者中心”，进入网易云音乐“创作者中心”页面，如图 6-47 所示。在创作者中心，用户可以用多种身份进行管理，包括网易音乐人、云音乐达人、LOOK 主播、公司/厂牌和音乐视频 MCN。

图 6-47　网易云音乐“创作者中心”页面

在云音乐平台上，用户可以将自己喜欢的音乐上传云端、分享音乐、定制音乐和管理个人音乐库。

不难看出，所谓“云音乐”或者“音乐云计算”，简单地讲就是用户通过音乐软件，可以将存储在云端的音乐内容在手机、PC 和电视等多种设备上进行播放、分享，无须再费时费力地从计算机存储器复制到其他终端设备。

按照传统意义，音乐发烧友在获取、收藏、整理和收听音乐时，首先要在浩瀚的网络空间中寻找、下载歌曲，再整理到移动终端上进行收听。为此，很多用户可能需要在计算机硬盘中存储数十 GB 容量的数字音乐。这时，手机等移动设备可能会受制于容量空间而无法全盘复制。而即使能够复制，也无法将这些音乐以最便捷、有效的方式和朋友共享。

在“音乐云计算”开发中，苹果、谷歌等公司欲解决的就是这些问题，其目标是，只要在上网环境下，音乐爱好者就可以通过“云端”获取内容，而不必再劳师动众去做上述一系列工作，因为云端的服务器已经帮助完成。

云电影、云游戏等，请读者自己体验。

6.5 阿里云的应用

阿里云是中国最大的云计算平台之一，服务范围覆盖全球 200 多个国家和地区，数据中心遍布世界各地，服务领域包括金融、交通、医疗和气象等，其云计算产品包括弹性计算、数据库、存储与 CDN、大规模计算和应用服务等。

本节以阿里云“弹性计算”产品中的“云服务器 ECS”的注册为例引导读者使用阿里云。通过远程桌面登录云服务器就像使用本地服务器一样，可用于企事业单位支付少量费用架构 Web 服务器、办公系统和信息管理系统，也可用于个人实验学习及创业。

阿里云用户注册步骤如下。

1）在浏览器地址栏输入 www. aliyun. com，打开阿里云网站，如图 6-48 所示。

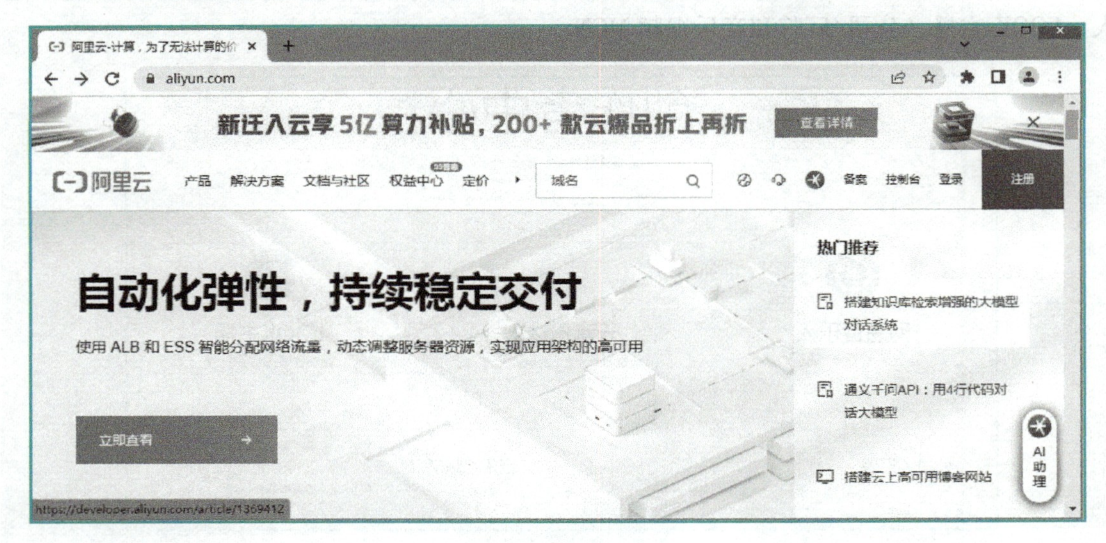

图 6-48　阿里云首页

2）单击图 6-48 中“登录/注册”按钮，出现图 6-49 所示阿里云注册页面。

按照提示填写登录名、密码和手机号等信息并进行验证，笔者注册的登录名为“langdenghe@ aliyun. com”。

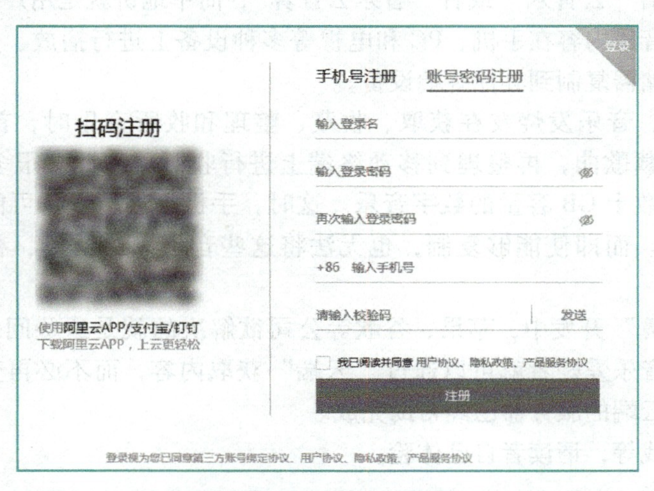

图 6-49　阿里云注册页面

通过阿里云创建一台云服务器 ECS 的操作详见 7. 6 节。

小结

云存储通常是专业的 IT 厂商提供的存储设备和为存储服务的相关技术的集合，其核心是将应用软件与存储设备相结合，通过应用软件来实现存储设备向存储服务的转变，是一个以数据存储和管理为核心的云计算系统。

云存储基本可以分为两类，一类是单纯的网络硬盘，一般通过手动上传实验数据到云端存储；另一类是更实用、真正意义上的云端存储，通过 PC 客户端实时将客户端特定文件夹的内容进行同步，如果设置了几台计算机，则这几台计算机之间都可以实时同步。可以想象，如果几个人共同完成某项创作，则更需要这样的云存储服务。

提供云存储服务的 IT 厂商主要有百度、微软、IBM、Google、网易、新浪、中国移动 139 邮箱、中国电信、360 等。选择云存储服务主要参考以下几个方面：免费、安全、稳定、速度快、交互界面友好、无广告或者广告看起来不那么烦人，此外还要兼顾国外和国内服务。

“云安全”是在“云计算”“云存储”之后出现的“云”技术的重要应用，已经在反病毒软件中得到了广泛的应用，发挥了良好的效果。云安全是我国企业提出的概念，在国际云计算领域独树一帜。

广义上的云办公是指将企事业单位及政府办公完全建立在云计算技术基础上，从而实现 3 个目标：第一，降低办公成本；第二，提高办公效率；第三，低碳减排。狭义上的云办公是指以“办公文档”为中心，为企事业单位及政府提供文档编辑、存储、协作、沟通、移动办公和工作流程等云端软件服务。云办公作为 IT 业的发展方向，正在逐渐形成其独特的产业链与生态圈，并有别于传统办公软件市场。

广义的云娱乐是基于云计算的各种娱乐服务，如云音乐、云电影和云游戏等。狭义的云娱乐是通过电视直接上网，不需要计算机、鼠标和键盘，只用一个遥控器便能轻松畅游网络世界，既节省了去电影院的时间和金钱，又省去了下载电影的麻烦，电视用户可随时免费享受到实时、海量的网络大片，打造了一个更为广阔的 3C 融合新生活方式。

思考与练习

一、填空题

1. 云存储的核心是________与________相结合，通过应用软件来实现存储设备向________的转变，是一个以________和________为核心的云计算系统。

2. 提供云存储服务的 IT 厂商主要有：________、________、IBM、________、网易、新浪、________、中国电信、________等。

3. 广义上的云办公是指将企事业单位及政府办公完全建立在云计算技术基础上，从而实现三个目标：第一，________；第二，________；第三，________。狭义上的云办公指以为中心，为企事业单位及政府提供文档编辑、存储、协作、沟通、移动办公、工作流程等云端软件服务。

二、选择题

1. 云安全可以保护的数字资产有（　　）。

A. PC　　B. web 站点　　C. 云网络　　D. 数据中心

2. 云娱乐提供的娱乐资源有（　　）。

A. 电影　　B. 音乐　　C. 游戏　　D. 教育

3. 云存储优势（　　）。

A. 空间更大　　B. 价格更低　　C. 使用更方便　　D. 性能更高

4. 云办公的服务商主要有（　　）。

A. 金山公司　　B. Microsoft　　C. Google　　D. 阿里巴巴

三、简答题

1. 自己动手申请阿里云账号，学习和体验阿里云服务。
2. 什么是云安全，结合自身实际情况谈谈云安全对于信息化建设的意义。
3. 试比较云办公和普通办公。
4. 理解云娱乐，请申请云电影和云游戏账号并体验。

第7章 云平台搭建基础

本章要点

- 云平台建设简介
- 主流的云操作系统
- Linux 文件管理
- Linux 设备管理
- 软件安装
- 虚拟机基本操作

私有云是部署在企事业单位或相关组织内部的云，限于安全和自身业务需求，它所提供的服务不供他人使用，而是供内部人员或分支机构使用。换种方式理解，私有云即一种计算模型，是为了满足自身组织的使用而将企业的 IT 资源通过整合以及虚拟化等方式，构建成 IT 资源池，以云计算基础架构来满足组织内部服务要求。

通过前面内容的学习，已经了解了私有云的各方面价值所在，IT 厂商纷纷提出了自己的私有云构架方案，目前做得较好的有开源产品 OpenStack、CloudStack、Eucalyptus、OpenNebula，以及商业产品 VMware vSphere、VMware vCloud、Microsoft Hyper-V、Citrix Xenserver。

本章仅针对 Linux 在云计算基础设施搭建方面进行讲解。希望读者在具体操作过程中进一步理解和掌握私有云。

7.1 云平台建设简介

随着互联网的迅速发展和企业信息化的升级，云平台的搭建已不再是一个简单的 IT 技术问题，而是一个战略性的考虑。对于中小企业而言，搭建一个高效可靠的云平台，确保提高业务的灵活性和可扩展性、降低 IT 基础设施的成本、提供更高水平的数据安全和隐私保护、加快应用程序和服务的开发和交付，可以将企业现有业务系统迁移到公有云平台，这是简便且行之有效的云平台搭建方式，一般通过以下步骤进行：

1. 确定业务需求和目标

在开始搭建云平台之前，需要明确自己的业务需求和目标。如业务规模、预算、数据存储需求、安全性要求等。业务需求和目标的确定有助于选择合适的云服务商和决策搭建云平台的方式。

2. 选择云服务商

选择合适的云服务商是搭建云平台的重要决策。可以考虑 Amazon Web Services（AWS）、Microsoft Azure、Google Cloud Platform 等知名的云服务商。比较不同服务商的特点、定价模型、可用性、性能等因素，选择最适合用户需求的供应商。

3. 设计云架构

在选择云服务商后，需要设计云架构，这包括定义网络拓扑、服务器部署模式、数据存储策略等。确保云架构满足业务需求，并具备高可用性、弹性和可伸缩性。

4. 配置和部署云资源

根据设计，配置和部署所需的云资源，如虚拟服务器、存储、数据库等。确保按照最佳实践进行配置和部署，以提高系统性能和安全性。

5. 设置安全措施

确保云平台的安全性是至关重要的。可以设置访问控制、身份认证、加密技术等来保护数据和系统。考虑使用防火墙、入侵检测系统、漏洞扫描等工具来防止潜在的安全威胁。

6. 管理和监控

一旦云平台搭建完成，就需要进行持续的管理和监控。这包括监测系统性能、资源使用情况、安全事件等。使用监控工具和警报系统，确保能够及时发现和解决问题。

7. 持续优化和扩展

云平台的优化是一个不断改进的过程。根据业务需求和反馈，对云架构进行优化和调整，以提高性能、降低成本等。同时，根据业务增长，扩展云平台的容量和功能。

以上是搭建云平台的一般步骤，具体实施过程可能因云服务商和具体业务需求而有所不同。建议在搭建之前仔细研究相关文档和参考资料，或者咨询专业的云架构师或云服务商。

此外，某些大型企业或一些特殊组织，因业务的特殊性需要购置设备搭建私有云平台，这种云平台的搭建方案，主要由基础架构和技术选型两个部分组成，其中基础架构包括满足业务需求的硬件设备和网络架构，技术选型包括选择合适的虚拟技术平台、存储技术、自动化运维技术等。搭建这类云平台的简化步骤，如表 7-1 所示。

表 7-1 云平台搭建简化步骤

步 骤	主要工作内容
搭建基础架构	确定合适的硬件设备
	设计合适的网络架构
	安装合适的虚拟化技术平台
	安装合适的存储技术平台
搭建计算平台	确定合适的容器化技术平台
	安装合适的自动化运维技术平台
	配置云计算平台
	测试云计算平台
	确定合适的容器化技术平台

综上所述，云平台搭建的操作和管理，包括硬件设备和软件系统的设计、选择、安装和应用，其中软件的核心是操作系统。

7.2 主流的云操作系统

操作系统是计算机管理自身的系统软件，是软件系统的核心，是计算机资源的大管家。云操作系统是云计算平台资源的大管家，包括计算机、存储器、网络和软件的管理。云操作系统有很多，本节介绍主流的云操作系统，分别是 VMware vSphere、OpenStack、阿里飞天云操作系统和 Microsoft Azure。

7.2.1 VMware vSphere

vSphere 是 VMware 虚拟化和云计算产品线中的主要角色，之前叫作 VMware Infrastructure，曾推出了三代，从第四代产品开始，为了强调它在云计算中所起的作用，VMware 将其更名为 VMware vSphere，同时官方也称其为 Cloud OS 或者 VDC OS（Virtual Data Centers OS）。vSphere 可将数据中心转换为包括 CPU、存储和网络资源的聚合计算基础架构，作为一个统一的运行环境进行管理，并提供工具来管理加入该环境的数据中心。除了 vSphere 之外，VMware 还有许多和虚拟化及云计算相关的产品，如 Oprations Management、VMware vCloud Suite、VMware Integrated Openstack、VMware vRealize Orchestrator、VMware Horizon、VMware Workstation、VMware Fusion、VMware Capacity Planner 等。

VMware vSphere 主要由 ESXi、vCenter Server 和 vSphere Client 构成，从传统操作系统的角度来看，ESXi 扮演的角色是管理硬件资源的内核，vCenter Server 提供管理功能，vSphere Client 则充当 Shell，是用户和操作系统之间的界面层。但在 vSphere 中，这几个组成部分是完全分开的，依靠网络进行通信，如图 7-1 所示。下面为读者介绍 ESXi 和 vCenter Server。

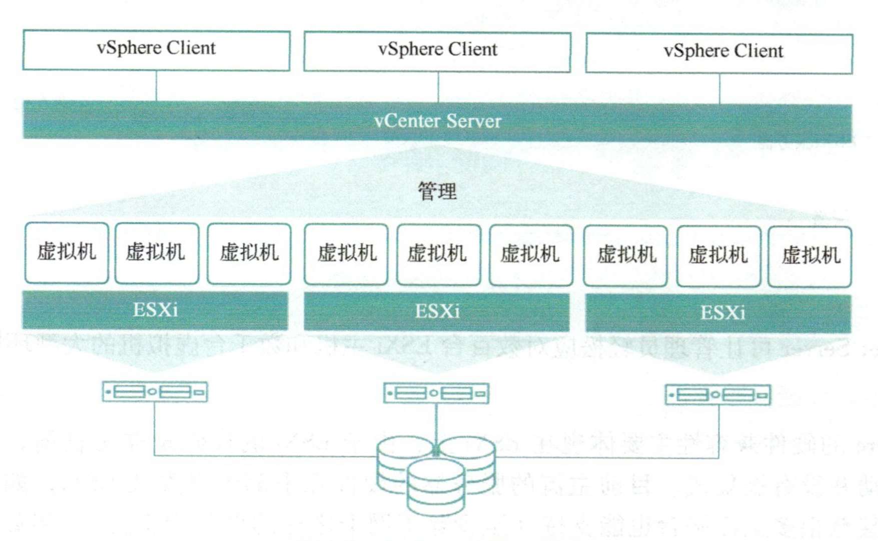

图 7-1　vSphere 的核心组件

1. VMware ESXi

ESXi 是 vSphere 中的 VMM，直接运行在裸机上，属于 Hypervisor，即 Type 1。在版

本 5.0 之前，有 ESXi 和 ESX 两种 Hypervisor，区别在于 ESX 上具有 Services Console，是一个基于 Linux 的本地管理系统；在 ESXi 中则不再集成 Services Console，而是直接在其核心。

VMkernel 中实现了必备的管理功能，这样做的好处是精简了超过 95%的代码量，为虚拟机保留更多硬件资源的同时，也减小了受攻击面，更加安全。从版本 5.0 开始不再提供 ESX。

ESXi 可以在单台物理主机上运行多个虚拟机，支持 x86 架构下绝大多数主流的操作系统。ESXi 特有的 vSMP（Virtual Symmetric Multi-Processing，对称多处理）允许单个虚拟机使用多个物理 CPU。在内存方面，ESXi 使用的透明页面共享技术可以显著提高整合率。

2. VMware vCenter Server

VMware vCenter Server 是 vSphere 的管理层，用于控制和整合 vSphere 环境中所有的 ESXi 主机，为整个 vSphere 架构提供集中式的管理，如图 7-2 所示。

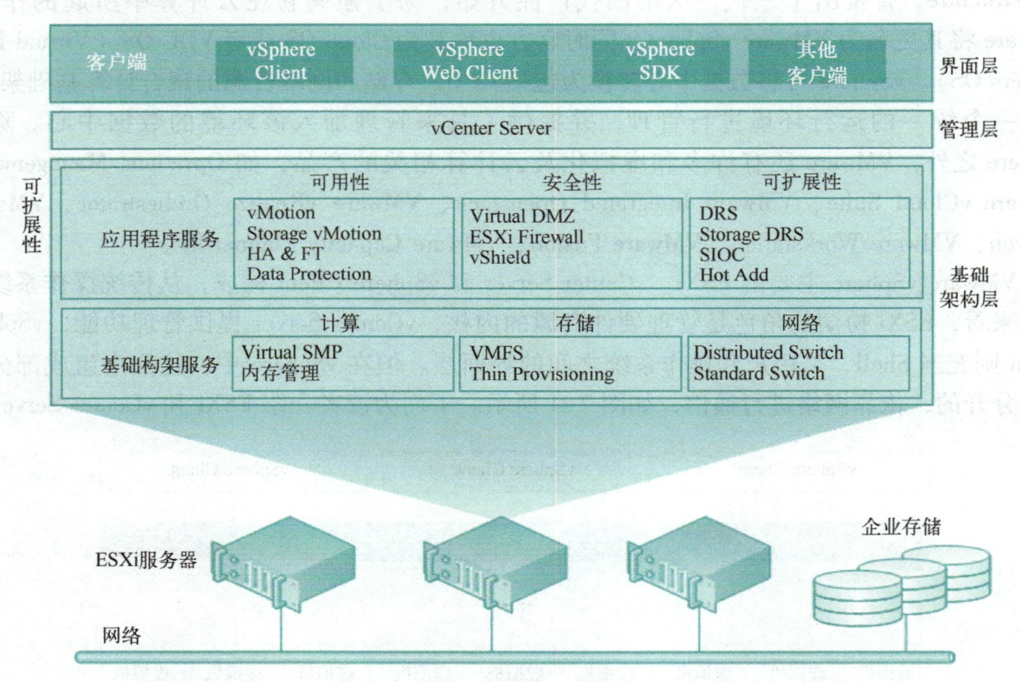

图 7-2 vSphere 架构

vCenter Server 可让管理员轻松应对数百台 ESXi 主机和数千台虚拟机的大型环境。

3. vSphere 硬件兼容性

vSphere 的硬件兼容性主要体现在 ESXi 上，由于 ESXi 的代码量非常精简，因此许多硬件的驱动并没有被集成。目前主流的服务器的硬件几乎都可以安装 ESXi，如果用作试验环境，甚至很多桌面平台也能支持（至少除了网卡之外的设备受支持）。但如果用于生产环境，则一定要确认所配置的硬件是否接受 VMware 官方宣称的支持。企业决策者可以在 VMware 的网站上查看 vSphere 硬件兼容性列表，以确认硬件是否受支持。请参考以下链接：

http://www.vmware.com/cn/guides.html

4. VMware vSphere+

VMware vSphere+是一个多云工作负载平台，可为内部部署工作负载带来 VMware Cloud Services 的优势。vSphere+整合了行业领先的虚拟化技术、企业级 Kubernetes 环境和高价值云服务，可将现有内部部署转换为启用 SaaS 的基础架构。

VMware 为 vSphere+提供了简单灵活的订阅模式。可以利用现有的资本支出（CapEx）投资，并轻松转换为具有按使用增量付费订阅方式的运营支出（OpEx）模式，而无须重构工作负载。

通过 vSphere+，可以灵活地在内部环境中管理和操作 vSphere 基础架构，同时利用多种云功能。

对于 vSphere+，只需要在内部部署环境中安装 vCenter Cloud Gateway 虚拟机。vCenter Cloud Gateway 会在内部部署 vCenter Server 实例和在 VMware Cloud 之间建立通信，从而有助于从 VMware Cloud 控制台监控和管理 vSphere 基础架构。vSphere+架构如图 7-3 所示。

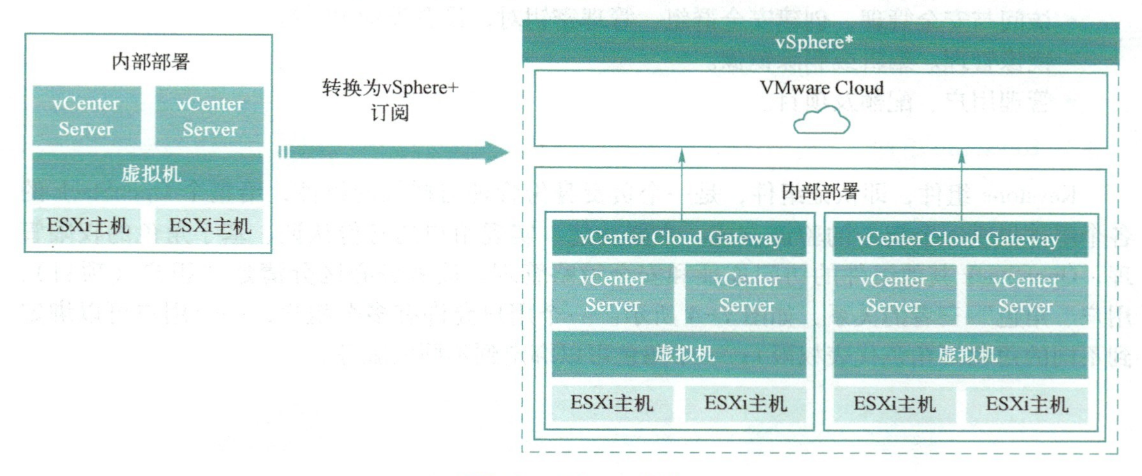

图 7-3　vSphere+架构

vSphere+ 支持所有 vSphere 功能，包括增强型链接模式和 vSphere High Availability（HA）。VMware 提供 vSphere+免费试用版，可以在其中浏览所有 vSphere+功能，但从 VMware Cloud 控制台升级 vCenter Server 除外。

7.2.2　OpenStack

OpenStack 是由 Rackspace 和 NASA 共同开发的世界上部署最广泛的开源云操作系统，控制整个数据中心的大型计算、存储和网络资源池，所有这些资源都通过一个仪表板（dashboard）进行管理，该仪表板为管理员提供控制，同时授权其用户通过 web 界面控制资源。OpenStack 帮助服务商和企业内部实现类似于 Amazon EC2 和 S3 的云基础架构服务，让任何人都可以自行建立和提供云端运算服务。此外，OpenStack 也用作建立防火墙内的“私有云”（Private Cloud），提供机构或企业内各部门共享资源。

OpenStack 作为一个操作系统，管理资源是它的首要任务，主要有三个方面：计算、存储和网络。资源的管理是通过 OpenStack 中的各个项目来实现的，其中计算资源管理相关的项目是 Nova（又称为 OpenStack Compute）；存储相关的主要有块存储服务 Cinder、对象存储服务 Swift、镜像存储服务 Glance 这三种；与网络相关的主要是一个和软件定义网络相关的项目叫作 Neutron；另外，Nova 中间有一个管理网络的模块叫作 Nova Network，作为一个比较稳定的遗留组件仍在 OpenStack 里面和 Neutron 并存，在小规模部署时，为了减少工作量会使用 Nova Network 来对网络资源进行管理。

OpenStack 管理的资源不是单机，而是一个分布的系统，把分布的计算、存储、网络、设备、资源组织起来，形成一个完整的云计算系统；OpenStack 提供一个图形化的 UI：Horizon，也提供命令行的界面，还提供了一套 API 支持用户开发自己的软件。

下面介绍 OpenStack 的十大组件及其相互关系：

1. Horizon 组件

Horizon 是 OpenStack 服务的 Web 控制面板，它可以管理实例、镜像、创建密钥对，对实例添加卷、操作 Swift 容器等。完成如下一些功能：

- 实例管理。创建、终止实例，查看终端日志，VNC 连接，添加卷等。
- 访问与安全管理。创建安全群组，管理密钥对，设置浮动 IP 等。
- 镜像管理。编辑或删除镜像。
- 管理用户、配额及项目。

2. Keystone 组件

Keystone 组件，即认证组件，是一个负责身份管理与授权的组件，给整个 OpenStack 的各个组件提供一个统一的验证方式。主要功能：实现用户的身份认证、基于角色的权限管理、OpenStack 其他组件的访问地址和安全策略管理。读者务必区分清楚“租户（项目）、用户、角色”三者的关系，如图 7-4 所示。一个用户允许有多个租户；一个用户可以绑定到不同的角色（角色代表权限）；一个角色可以绑定到不同的服务。

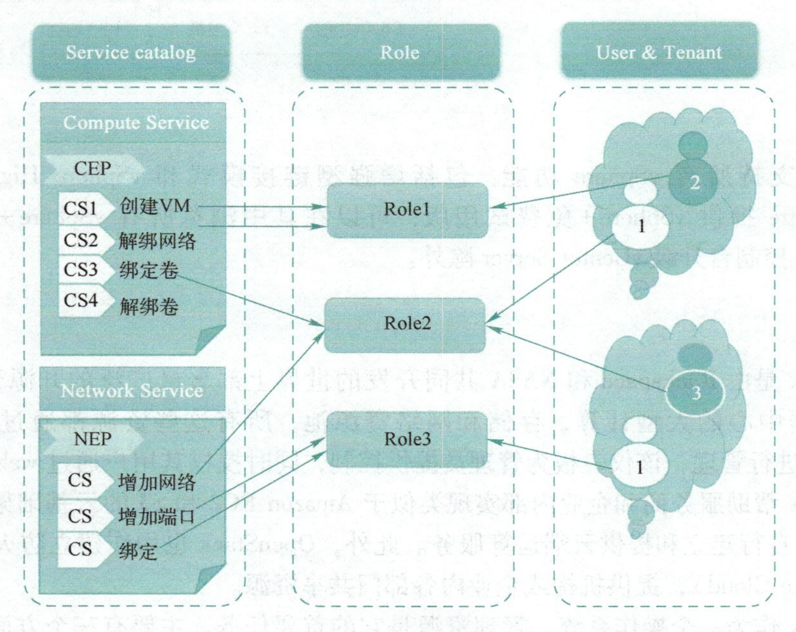

图 7-4 租户（项目，Service）、用户（User）、角色（Role）三者的关系

各组件沟通的主要过程如图 7-5 所示。

第一次：用户（用户名+密码）想访问任何组件都会先经过 Keystone，如果用户有效且密码正确返回 Token1，Token1 对应的含义和权限会进行记录，但是用户必须有相应的租户（项目）才可以访问 OpenStack 的组件。如果用户不知道当前有哪些租户（通常情况下是不知道的），可以拿着 Token1 访问 Keystone 当前的租户列表（Tenant list）有哪些，只有这样才可以进行下一步访问。

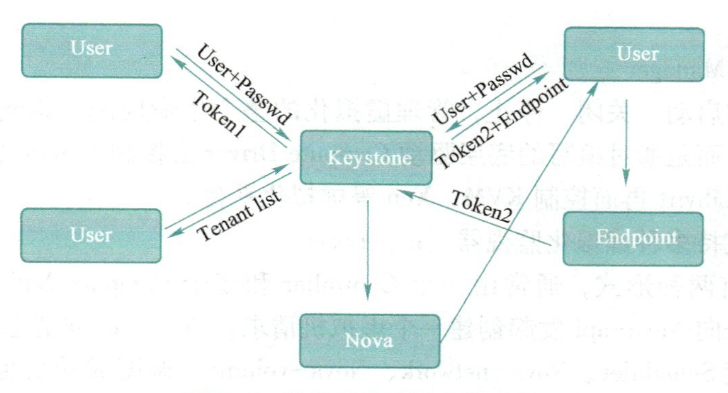

图 7-5　各组件沟通的主要过程

第二次：用户确定想访问 Nova 服务，向 Keystone 提交用户名和密码，Keystone 放回 Token2 和 Endpoint（端点），可以拿着 Token2 访问对应的 Endpoint，Endpoint 并不知道该用户有没有权限，Endpoint 将 Token2 提交给 Keystone，如果 Token2 认证成功，Keystone 直接通知 Nova 已经成功认证 Token2，Nova 处理完成后将结果提交给用户。

3. Nova 组件

Nova 组件，即计算组件，是 IaaS 的核心组件，也是 OpenStack 的核心组件，提供云计算服务、虚拟化服务，Nova 本身不支持虚拟化，而是去管理底层的虚拟化（KVM 或 RedHat）。Nova 是一个分布式的服务，能够与 Keystone 交互实现认证，与 Glance 交互实现镜像管理；能够在标准硬件上进行水平扩展；启动实例时，如果有则需要下载镜像。Nova 主要由 Nova-api、Scheduler、Compute Manager 和 Libvirt 组成，如图 7-6 所示。

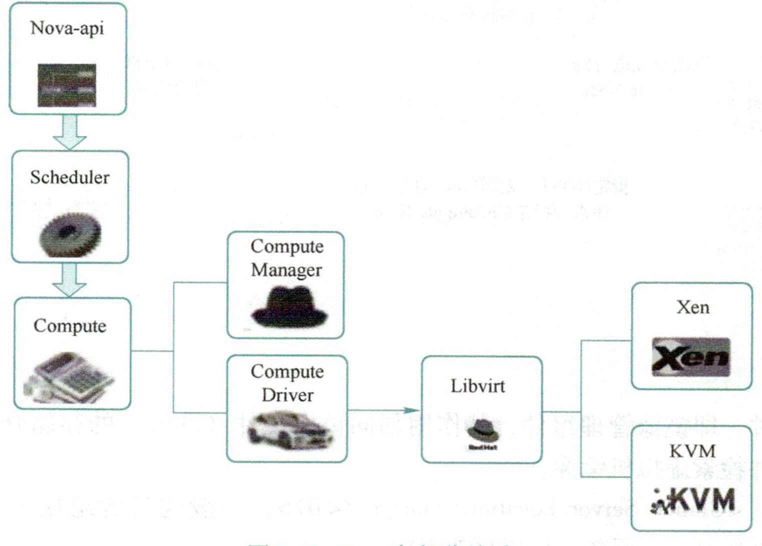

图 7-6　Nova 各部分关系

（1）Nova-api

用于接收请求，请求的发起方可以是用户 user 通过命令、程序编程接口或仪表台的套件。

（2）Scheduler

调度服务，如果接收到的是新建虚拟机请求，Scheduler 需要选择一个 compute 去启动一个虚拟机。

（3）Compute Manager

管理虚拟机的启动、关闭、停止，管理虚拟化的整个生命周期。Compute Manager 并不直接管理虚拟机，而是通过编写的底层驱动 Compute Driver 去控制 Libvirt（RedHat 开发的虚拟机管理平台），Libvirt 再而控制 KVM、Xen 等虚拟化平台。

（4）Libvirt 支持多种虚拟化监视器（hypervisor）

Nova 实质上有两种形式，通常由一个 Controller 和多个 Compute Node（计算节点）组成，用户通过命令向 Nova-api 发起创建一个虚拟机请求，Nova-api 向消息队列（queue）编写数据，随后调度 Scheduler、Nova-network、Nova-volume。调度成功后也向消息队列写数据，最后 Compute Node 接收到消息队列的数据开始响应请求。

虚拟机启动流程如图 7-7 所示。如果创建虚拟机时没有指定节点，需要进行权重计算，计算各个节点的剩余资源，Libvirt 会自动检测（一般是 1 min）资源并保存在数据库中，Nova-Scheduler 可以在数据库拿到节点资源，一旦有新的数据写入 Compute Node，会马上更新资源统计并保存在数据库。

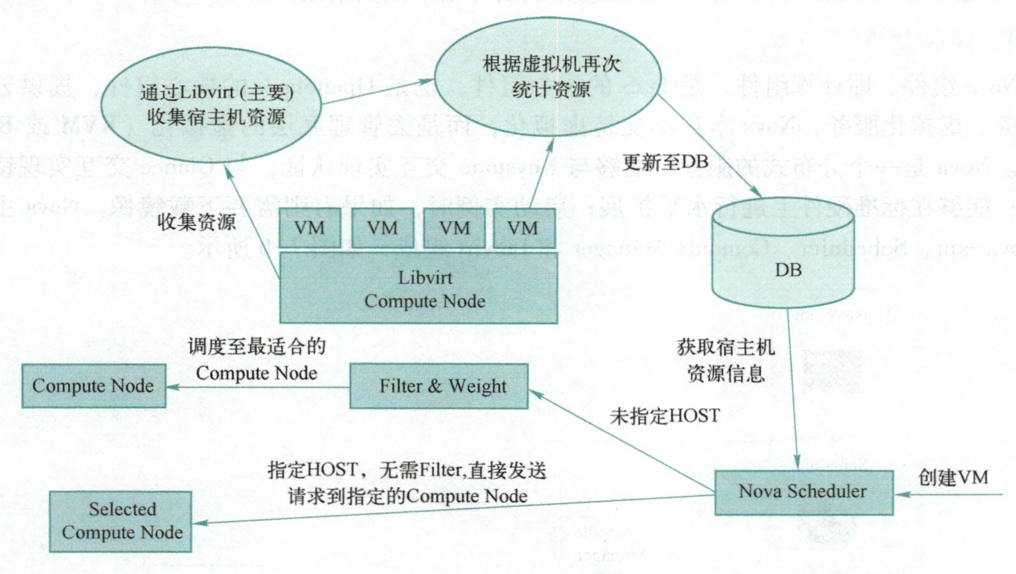

图 7-7 虚拟机启动流程

4. Glance 组件

Glance 组件，即镜像管理组件，其作用如同镜像文件（.img）的存储仓库，使用户能够发现、注册并检索虚拟机镜像。

镜像 URL：<Glance Server Location>/images/<ID>，一般这三者组成一个全局唯一的 URL。如果有两个 glance 服务，可以更改 ID。

镜像的五种状态分别是 Queued（镜像 ID 已被保留，镜像还没有上传）、Saving（镜像正在被上传）、Active（镜像已经可以被使用）、Killed（镜像损坏或不可用）和 Deleted（镜像已被删除）。

组件间工作流程：

Glance-api 有两种访问方式，一种方式是通过编程接口上传 json 格式化存储文件，封装 Glance-registry 和底层，Glance-registry 直接连接数据库，并且 Glance-registry 接口只暴露给 Glance-api，不会直接暴露给用户；另外一种方式是 Glance-api 可以直接操作底层 S3、对象、文件系统和块存储。镜像管理组件的工作流程如图 7-8 所示。

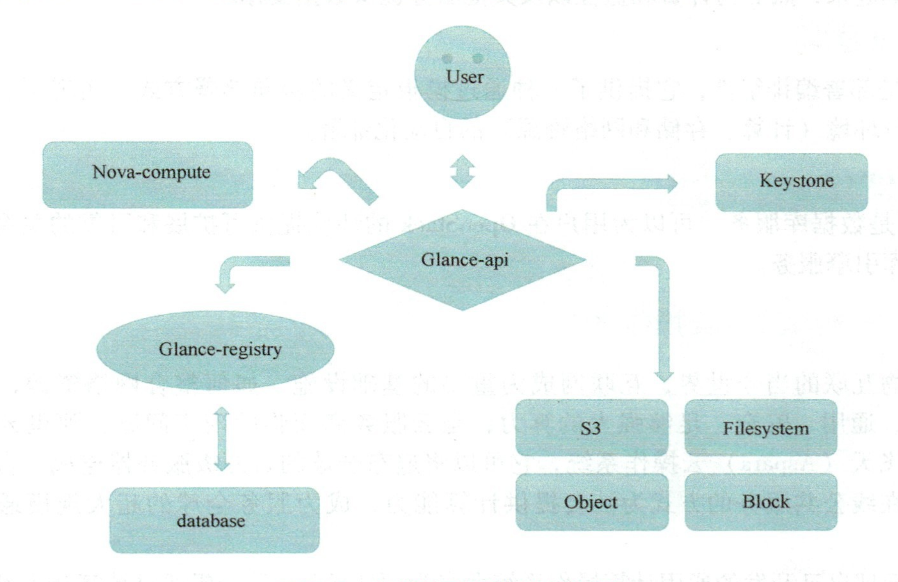

图 7-8　镜像管理组件的工作流程

5. Swift 组件

Swift 是对象存储的组件，类似于网盘，通常存储一些不会修改的数据，如用于存储 VM 镜像、备份、归档以及较小的文件，例如照片和电子邮件消息，更倾向于系统的管理。对于大部分用户来说，Swift 不是必需的，只有存储数量到一定级别才需要。

6. Neutron 组件

Neutron 是网络管理组件，通过此组件定义网络访问，其功能如下：

1）创建网络、子网、路由器、管理浮动 IP 地址。

2）实现虚拟交换、虚拟路由器。

3）在项目中创建 VPN。

7. Cinder 组件

Cinder 是存储卷管理组件，提供虚拟机管理存储卷的服务，如为运行在 Nova 中的实例提供永久的块存储、提供快照进行数据备份等。具体来说，Controller 节点运行 The Block Storage API 服务和 Schedule 服务，The volume service 运行在一个或多个存储节点，存储节点可以是本地磁盘、SAN、NAS 等设备，为云主机提供卷存储。

- Cinder-api，允许 API 请求，并路由它们到 Cinder-volume。

- Cinder-volume，直接与块存储服务通信，支持多种存储类型。
- Cinder-scheduler daemon，类似于 nova-scheduler 组件，用于计算节点资源，选择最优的存储节点创建卷。

同 Swift 相比，Cinder 的作用类似于移动硬盘，可随意格式化，随意存取，而 Swift 类似于网盘。

8. Ceilometer 组件

Ceilometer 是测量组件，它可以像一个漏斗一样，把 OpenStack 内部发生的几乎所有的事件都收集起来，然后为计费和监控以及其他服务提供数据支撑。

9. Heat 组件

Heat 是部署编排组件，它提供了一种通过模板定义的协同部署方式，实现了云基础设施软件运行环境（计算、存储和网络资源）的自动化部署。

10. Trove

Trove 是数据库服务，可以为用户在 OpenStack 的环境提供可扩展和可靠的关系以及非关系数据库引擎服务。

7.2.3 阿里飞天云操作系统

在万物互联的当今世界，互联网成为重要的基础设施，如何整合网络资源，为用户提供普惠、通用、安全、足够强大的算力，是云服务商面临的现实问题，阿里云自主研发成功了飞天（Aspara）云操作系统，它可以将遍布全球的百万级服务器连成一台超级计算机，以在线公共服务的方式为社会提供计算能力，成为服务全球的超大规模通用计算操作系统。

阿里云把自己开发的通用计算操作系统命名为“飞天”，是希望通过计算让人类的想象力与创造力得到最大的释放，“飞天”源于世界神话“飞向太空”这个主题，这是人类对探索的终极想象力的定义：飞向未知的浩瀚苍穹。在中国神话中，轻盈、美好的“飞天”更承载了幸福与快乐的意义。

1. 飞天整体架构

飞天整体架构，如图 7-9 所示，最底层是由通用服务器组成的 Linux 集群；集群之上是最基础的两大系统，即盘古和伏羲，盘古是存储管理服务，伏羲是资源调度服务，飞天内核之上应用的存储和资源的分配都是由盘古和伏羲管理；基础系统上承载着多个云产品 ECS/SLB、OSS、OTS、OSPS、ODPS 等；最上层是各种各样的应用；安全机制在飞天及飞天承载的云产品中起着至关重要的作用。

飞天是阿里云产品和服务的技术基础，以服务的方式提供功能，图 7-9 中蓝色的框（各类云计算服务）都是对外提供服务的窗口，但并不代表所有阿里云提供的服务，飞天核心服务有：计算、存储、数据库、网络，当然还有许多其他的服务。

飞天管理着互联网规模的基础设施，包括遍布全球的几十个数据中心和数百个 PoP 节点，物理基础设施还在不断增加。飞天内核运行在每个数据中心里面，负责统一管理数据中心内的通用服务器集群，调度集群的计算、存储资源，支撑分布式应用的部署和执行，并自动进行故障恢复和数据冗余。

安全管理根植在飞天内核最底层。飞天内核提供的授权机制，能够有效实现“最小权限原则（Principle of least privilege）”。同时，飞天还建立了自主可控的全栈安全体系。

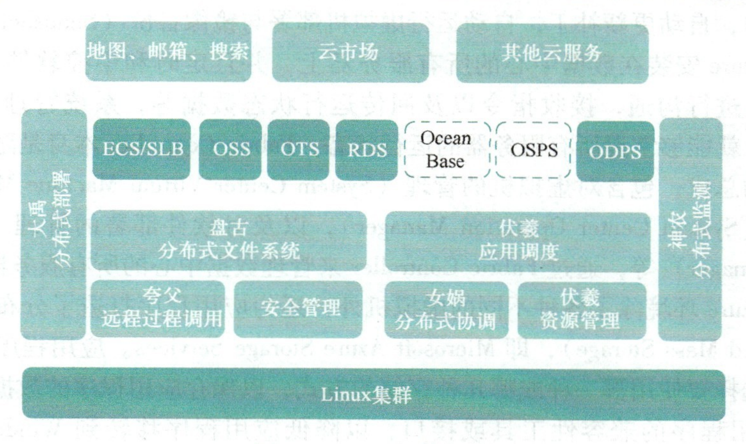

图 7-9　飞天整体架构

2. 飞天系统特点

- 出色的安全性能。它包含了许多安全机制，如内核安全加固、虚拟化安全隔离、应用安全加密等，保障了企业的数据安全。
- 高度的可扩展性。飞天系统可以根据企业的需求进行扩展，支持多租户、高可用、负载均衡等特性，使得企业可以更加灵活地管理其云计算资源。
- 支持多种计算模式。包括容器化、虚拟化和操作系统虚拟化。这使得企业可以根据自身需求选择合适的计算模式，提高其 IT 基础设施的效率和可靠性。

7.2.4　Microsoft Azure

Microsoft Azure 是微软基于云计算的操作系统，原名“Windows Azure”，和 Azure Services Platform 一样，是微软“软件和服务”技术的名称。Microsoft Azure 的主要目标是为开发者提供一个平台，帮助开发可运行在云服务器、数据中心、Web 和 PC 上的应用程序。云计算的开发者能使用微软全球数据中心的储存、计算能力和网络基础服务。

Azure 服务平台包括了以下主要组件：Microsoft Azure、Microsoft SQL 数据库服务和 Microsoft. NET 服务，用于分享、储存和同步文件的 Live 服务，针对商业的 Microsoft SharePoint 和 Microsoft Dynamics CRM 服务。Azure 是一种灵活和支持互操作的平台，可以用来创建云中应用或者通过基于云的特性来加强现有应用。它开放式的架构给开发者提供了 Web 应用、互联设备的应用、个人计算机、服务器，或者提供最优在线复杂解决方案。

Microsoft Azure 以云技术为核心，提供了“软件+服务”的计算方法，是 Azure 服务平台的基础。Azure 能够将处于云端的开发者个人能力，同微软全球数据中心网络托管的服务（存储、计算和网络基础设施服务）紧密结合起来。Azure 服务平台的开放性和互操作性在提升用户体验的同时，也给用户更多选择（将应用程序部署在以云计算为基础的互联网服务上，还是将其部署在客户端，或者根据实际需要将二者结合起来）。

1. Microsoft Azure 架构

Microsoft Azure 是专为在微软数据中心管理所有服务器、网络以及存储资源开发的一种特殊版本 Windows Server 操作系统，有针对数据中心架构的自我管理（autonomous）机能，可以自动监控划分在数据中心的多个分区中（微软将这些分区称为 Fault Domain）的所有服务器与存储资源，自动更新补丁，自动运行虚拟机部署与镜像备份（Snapshot Backup）等。

Windows Azure 安装在数据中心的所有服务器上，并且定时和中控软件 Microsoft Azure Fabric Controller 进行沟通，接收指令以及回传运行状态数据等，系统管理人员只要通过 Fabric Controller 就能够掌握所有服务器的运行状态，Fabric Controller 本身是融合了很多微软系统管理技术的总成，包含对虚拟机的管理（System Center Virtual Machine Manager）、对作业环境的管理（System Center Operation Manager），以及对软件部署的管理（System Center Configuration Manager）等，通过 Fabric Controller 来管理数据中心的所有服务器。

Microsoft Azure 环境除了各种不同的虚拟机外，还为应用程序打造了分布式的巨量存储环境（Distributed Mass Storage），即 Microsoft Azure Storage Services。应用程序可以根据不同的存储需求来选择要使用哪一种或哪几种存储的方式，以保存应用程序的数据，而微软也尽可能地提供应用程序的兼容性工具或接口，以降低应用程序移转到 Windows Azure 上的负担。

Microsoft Azure 不单是开发给外部的云应用程序使用，也是微软许多云服务的基础平台，如 Microsoft Azure SQL Database、Dynamic CRM Online 之类的在线服务。

微软云操作系统以 Windows Server 和 Windows Azure 为核心，其中 Windows Server 负责交付私有云、Windows Azure 主要交付公有云，二者相互结合即可在用户数据库、服务商数据中心以及公有云上提供统一的平台，其管理和自动化功能，可有效减轻企业在 IT 信息环节中的管理负担和成本。

2. Microsoft Azure 核心体系结构组件

Microsoft Azure 的核心体系结构组件如下。

（1）Azure 数据中心（Data Centers）

Azure 数据中心是独特的物理建筑，它遍布全球，容纳了一组联网的计算机服务器。用户在 Azure 中购买某一项服务，无论是虚拟机、数据库，还是其他的任何 Azure 服务，所有服务都可以运行在物理基础设施下面的某种服务器上。托管这些物理服务器的地方就是数据中心，数据中心有各种各样的服务器、系统、软件、人员和管理，保障用户业务持续有效进行，如图 7-10 所示。Azure 有自研数据中心和同第三方合作的数据中心。

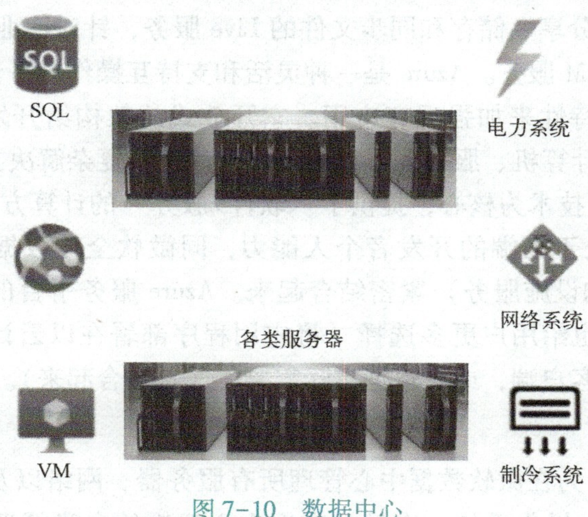

图 7-10 数据中心

（2）Azure 区域（Regions）

区域是一组数据中心，部署在延迟定义的范围内，并通过专用的区域低延迟网络连接。微软在全球有许多不同规模的区域，它们可以小到单个数据中心，也可以包含多个数据中心，这些数据中心遍布全球。在区域中，需要注意以下几点：

- 所有的区域只是一个物理区域，它可以包含一个或者多个数据中心。
- 所有的数据中心之间延迟应低于 2 ms。
- 某些 Azure 服务只有在特定的区域才有。
- 有些服务是全局服务，因此没有分配到特定的区域。
- Azure 在全球范围内有 50 多个区域。

（3）Azure 可用区（Availability Zones）

Azure 可用性区域是 Azure 区域内唯一的物理位置，提供高可用性以保护用户应用程序和数据免受数据中心故障的影响。每个区域由一个或多个配备独立电源、冷却和网络基础设施的数据中心组成。

区域内可用性区域的物理分离可保护应用程序和数据免受设施级问题的影响。区域冗余服务跨 Azure 可用区复制用户的应用程序和数据，以防止出现单点故障。

作为用户，是无法控制产品或者程序部署在 Azure 的哪个数据中心的，这也就是创建可用区的一个原因。可用区一般都是用序号来区分，如可用区 1、可用区 2、可用区 3 等，每个可用区都有独立的设施。简单来说，可用区的主要目的就是防止数据中心发生故障，因为每个可用区都有自己的电源、冷却和网络基础设施，如果其中的某一个可用区出现故障，比如地震、火灾，或者其他原因，造成某一个可用区不能使用了，那么其他另外两个可用区还可以继续工作，如图 7-11 所示。

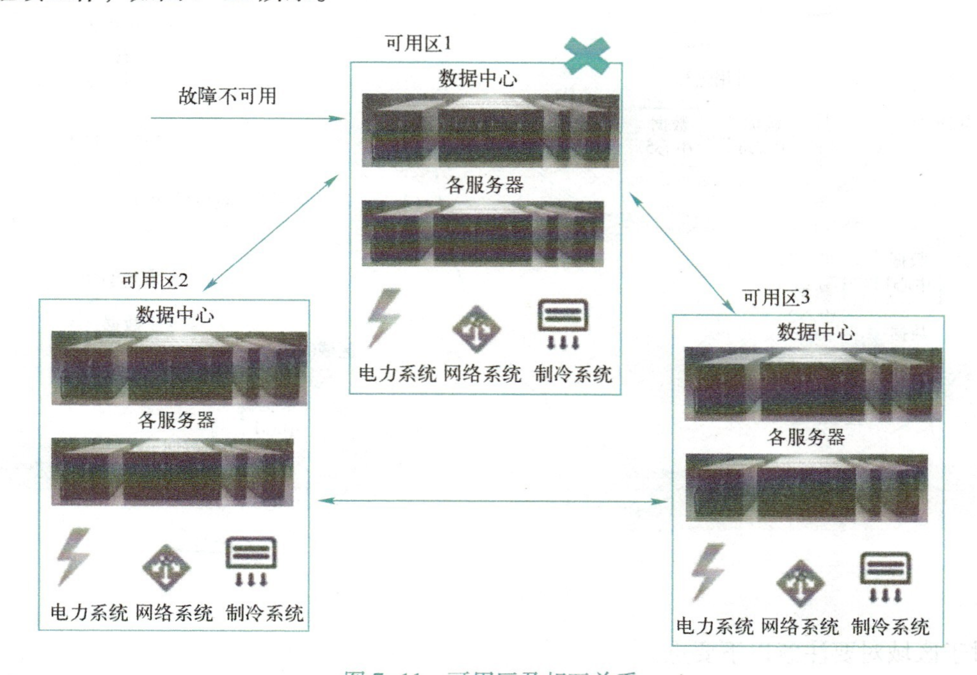

图 7-11　可用区及相互关系

可用性区域主要用于虚拟机、硬盘、负载均衡器和 SQL 数据库。支持可用性区域的

Azure 服务分为三类。

- 区域性服务：将资源（例如虚拟机、托管磁盘和 IP 地址）固定到特定的区域。
- 区域冗余服务（Zone-redundant services）：平台自动跨区域复制（如区域冗余存储和 SQL 数据库）。
- 非地理区域服务：服务始终从 Azure 地理位置提供，可以灵活应对局部区域和地理区域范围的服务中断。

（4）Azure 区域对（Region Pairs）

在同一地域内，大多数 Azure 区域都会与至少距其 500 km 左右外的另一区域配对。此方法适用于跨地域复制资源，有助于减少因自然灾害、人为因素、电力中断或物理网络中断等事件（影响整个区域）造成服务中断的可能性。例如，一个区域对中的某个区域受到自然灾害，则服务会自动故障转移到其区域对中的其他区域。

强调一点：并不是所有 Azure 服务都会自动复制数据，或自动从故障区域回退以跨区域复制到另一个已启用区域，因为这种情况下，恢复和复制必须由用户配置。区域对如图 7-12 所示。

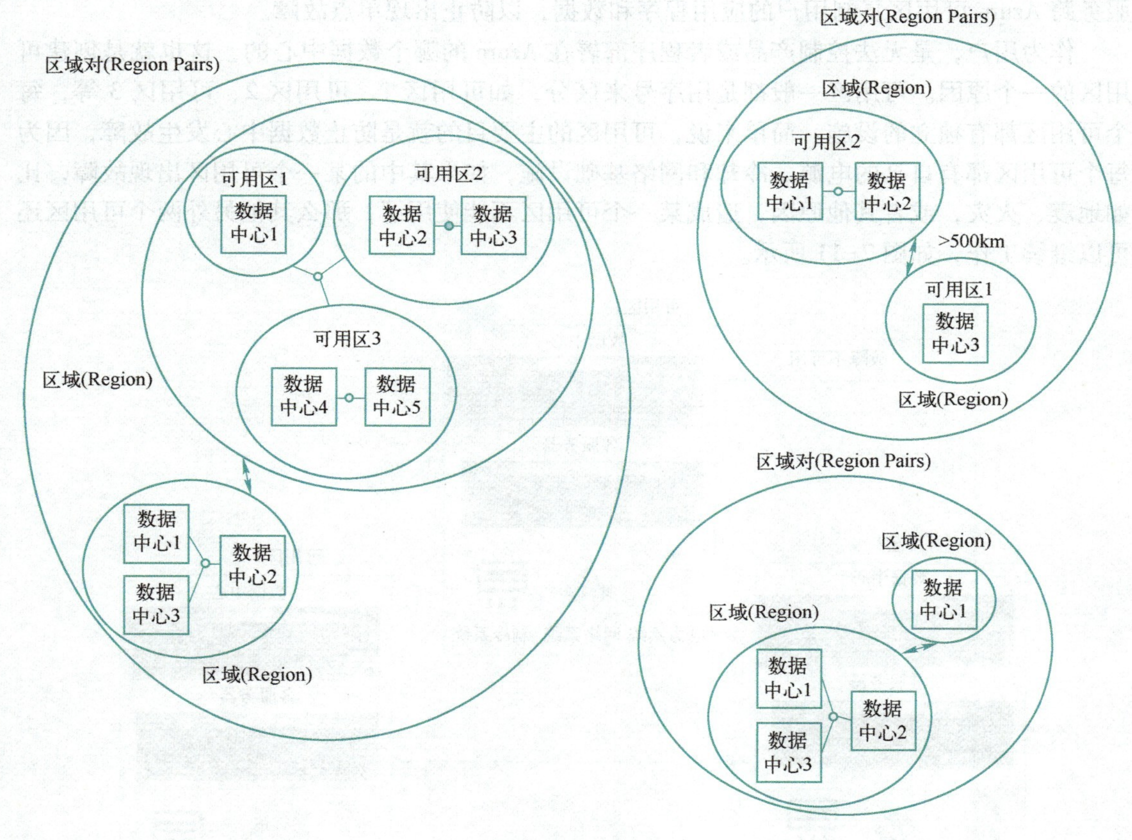

图 7-12　区域对

对于区域对要注意以下要点。

- 每个 Azure 区域总是与同一地理区域中的另一个区域配对。如美国西部和美国东部配对，东南亚和东亚配对。
- 区域对配对距离至少 500 km。

- 区域对允许复制资源，例如虚拟机存储、一些服务使用区域对提供自动的地理冗余存储。
- 区域对可以减少两个地区中断的可能性，如自然灾害、战乱、电力中断或物理网络中断，区域对其中一个 Region 失效时，业务会自动切换到对应的区域对中的另一个 Region。
- 出于税收和执法管辖权的目的，一个数据区域与其配对数据区域应位于相同的地理位置（除了巴西南部）。
- 如果有大规模的 Azure 中断，每一个区域对中将会有一个区域被优先排序，以确保至少有一个区域能够尽快恢复。
- 如果 Azure 有计划的更新，更新的方式是先从一次一个的 Region 进行，再到配对的 Region，以最大限度地减少宕机时间和应用程序宕机的风险。

（5） Azure 地理区域（Geographies）

Azure 地理区域是一个离散市场，通常包含至少一个或多个区域，可保留数据驻留和合规边界。地理区域允许具有特定数据驻留和合规性需求的客户保持其数据和应用程序关闭。地理区域具有容错能力，可以通过连接到 Azure 的专用高容量网络基础设施来承受整个区域故障。数据中心、区域、区域对和地理区域的关系如图 7-13 所示。

从图 7-13 可以看出：每个区域属于一个地理区域。地理区域由政治边界或国家边界界定，具有适用于它的特定服务的可用性、合规性和数据独立规则，连接到专用的网络基础设施上，具有容错性（即应用程序能够自我检测和纠正其环境中的所有类型的问题），区域数据保存规则要符合当地法律法规。全环地理区域有：美洲、欧洲、亚太地区、中东和非洲。

7.2.5　Linux 与云操作系统

Linux 是数据中心和云中使用最广泛的操作系统，它是一款开源操作系统，长期以来一直是云数据中心的首选。

在云数据中心使用 Linux 的主要好处如下：

1. 灵活的运营模式

Linux 的适应性使 IT 公司能够最好地利用其他云基础设施的开源解决方案，以最大化其基础设施。Linux 是一种多功能且适应性强的选择，因为它可以轻松调整以适应云数据中心的独特要求。

2. 可靠的操作系统

Linux 以其可靠和稳定而闻名，这使得它成为需要高可用性的云数据中心的很好选择。其可靠的功能模型具有节省时间、可靠且适应性强的特点。除了少数例外，无论用户使用的 Linux 版本或发行版如何，命令行、进程管理和基本网络管理几乎都是相同的，并且软件可以在发行版之间轻松传输。

3. 开源开发模式

凭借跨行业的广泛接受和尖端技术，Linux 被认为是基于云的系统的最佳操作系统之一。自 2005 年以来，Linux 内核已获得来自 1400 多个组织的 15600 名工程师的令人难以置信的贡献。由于其开源创新，社区和网络已受益并得到优化。

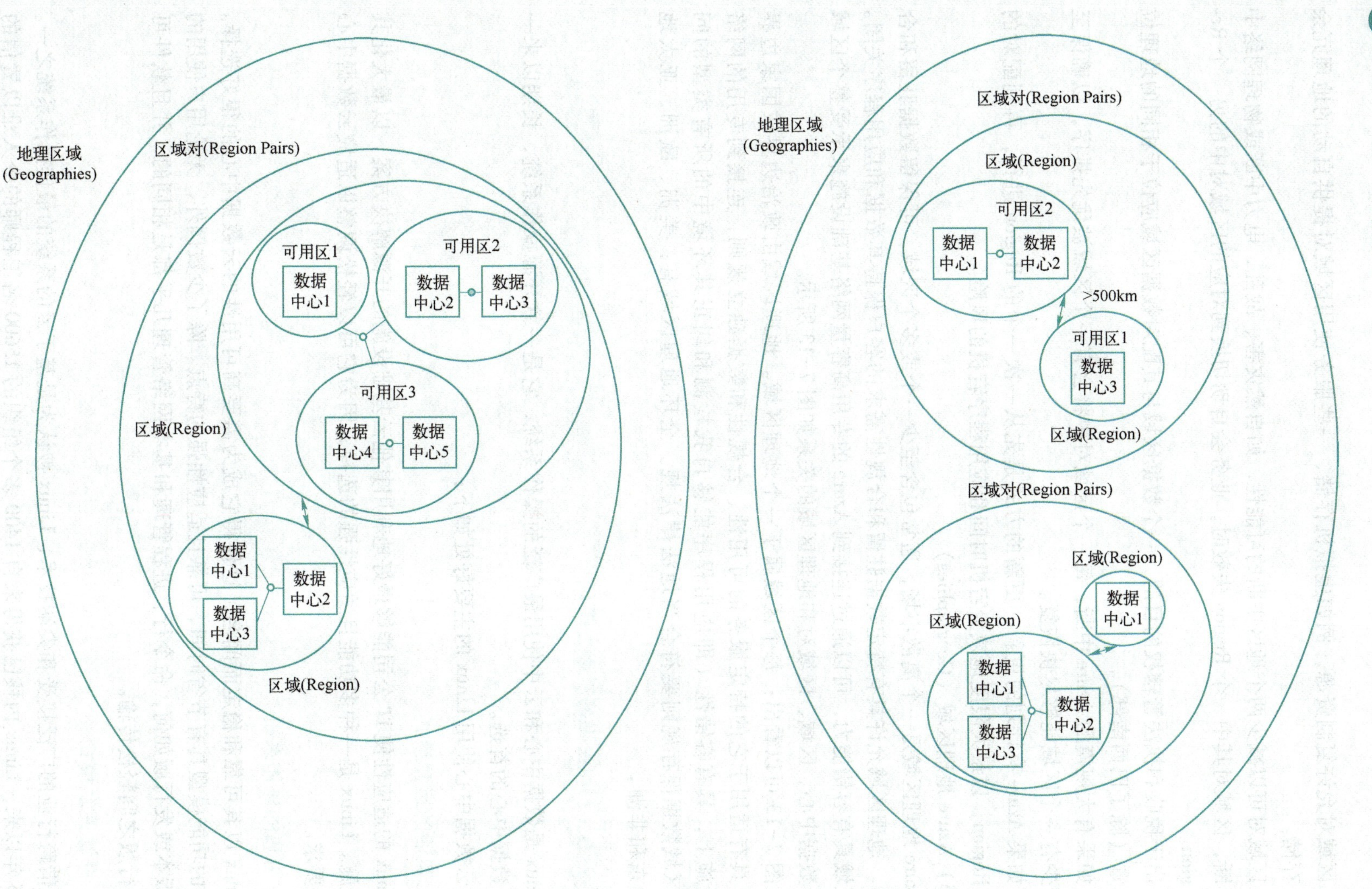

图 7-13 数据中心、区域、区域对和地理区域的关系

4. 安全性和全功能网络

Linux 因其安全性而闻名，这对于处理敏感数据的云数据中心至关重要。它提供了一组强大的网络功能，包括用于管理和提供路由、桥接、DNS、DHCP、网络故障排除、虚拟网络和网络监控的网络工具。

因此，Linux 操作系统是搭建云平台必须掌握的基本技能，下面开始学习 Linux。因 Linux 版本众多，本章以值得信赖的 Linux 发行版本 CentOS（社区企业操作系统）为背景进行介绍。

7.3 Linux 文件管理

在 Linux 的设计哲学中，有一条核心原则：一切皆文件，意味着在 Linux 中，几乎所有的资源和设备都以文件的形式进行表示和访问，换句话说，管好文件，就能管理所有资源和设备。实现“一切皆文件”思想的两个关键要素是：设备文件和虚拟文件系统（VFS）。

在 Linux 中，硬件设备被表示为设备文件，通过在文件系统中创建设备节点，使得用户和应用程序可以通过标准的文件 I/O 接口来访问这些设备。例如，硬盘驱动器可以表示为 /dev/sda，串口可以表示为/dev/ttyS0。这样，用户可以像读写普通文件一样来操作硬件设备，简化了硬件设备的管理和使用；应用程序不需要关心硬件的具体细节，只需要通过文件 I/O 接口来与硬件交互，使得程序更加简洁和易于维护。

Linux 内核实现了虚拟文件系统层，它是 Linux 系统实现“一切皆文件”思想的重要组成部分。虚拟文件系统将不同的文件系统（如 ext4、NTFS、procfs 等）抽象为统一的接口，使得用户和应用程序可以使用相同的文件 I/O 系统调用来访问不同的文件系统。例如：/proc 文件系统提供了对进程信息的访问，而/sys 文件系统允许对设备和内核参数进行动态配置和查看。无论是操作硬盘文件、读取进程信息，还是访问内核参数，用户都可以使用相同的标准文件 I/O 系统调用。

7.3.1 文件系统结构

管理 Linux 系统中的文件和目录，是学习 Linux 至关重要的一步。为了方便管理文件和目录，Linux 系统将它们组织成一个以根目录“/”开始的倒置的树状结构如图 7-14 所示，和 Windows 系统中的文件夹类似，不同之处在于，Linux 系统中的目录也被当作文件看待。

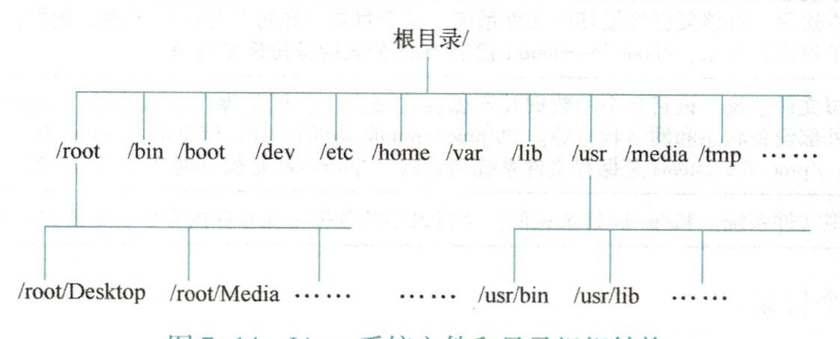

图 7-14　Linux 系统文件和目录组织结构

“/”，即 Linux 系统的根目录，是最为重要目录，其原因有以下两点：一是所有目录都是由根目录衍生出来的；另外，根目录与系统的开机、修复、还原密切相关。

根目录下是一级目录，一级目录及其作用，如表 7-2 所示。除了表 7-2 包括的一级目录外，Linux 系统根目录下通常还包含表 7-3 中的几个一级目录。

表 7-2 Linux 一级目录及其作用

一级目录	功能（作用）
/bin	存放系统命令，普通用户和 root 都可以执行。放在/bin 下的命令在单用户模式下也可以执行
/boot	系统启动目录，保存与系统启动相关的文件，如内核文件和启动引导程序（grub）文件等
/dev	设备文件保存位置
/etc	配置文件保存位置。系统内所有采用默认安装方式（rpm 安装）的服务配置文件全部保存在此目录中，如用户信息、服务的启动脚本、常用服务的配置文件等
/home	普通用户的主目录（也称为家目录）。在创建用户时，每个用户要有一个默认登录和保存自己数据的位置，就是用户的主目录，所有普通用户的主目录是在/home 下建立一个和用户名相同的目录。如用户 liming 的主目录就是/home/liming
/lib	系统调用的函数库保存位置
/media	挂载目录。系统建议用来挂载媒体设备，如软盘和光盘
/mnt	挂载目录。早期 Linux 中只有这一个挂载目录，并没有细分。系统建议用这个目录来挂载额外的设备，如 U 盘、移动硬盘和其他操作系统的分区
/misc	挂载目录。系统建议用来挂载 NFS 服务的共享目录。虽然系统准备了三个默认挂载目录/media、/mnt、/misc，但是到底在哪个目录中挂载什么设备可以由管理员自己决定。例如，笔者在接触 Linux 的时候，默认挂载目录只有/mnt，所以养成了在/mnt 下建立不同目录挂载不同设备的习惯，如/mnt/cdrom 挂载光盘、/mnt/usb 挂载 U 盘，都是可以的
/opt	第三方安装的软件保存位置。这个目录是放置和安装其他软件的位置，手工安装的源码包软件都可以安装到这个目录中。/usr/local/目录也可以用来安装软件
/root	root 的主目录。普通用户主目录在/home/下，root 主目录直接在“/”下
/sbin	保存与系统环境设置相关的命令，只有 root 可以使用这些命令进行系统环境设置，但也有些命令可以允许普通用户查看
/srv	服务数据目录。一些系统服务启动之后，可以在这个目录中保存所需要的数据
/tmp	临时目录。系统存放临时文件的目录，在该目录下，所有用户都可以访问和写入。建议不要在此目录中保存重要数据，最好每次开机都把该目录清空

表 7-3 其他一级目录及功能

一级目录	功能（作用）
/lost+found	当系统意外崩溃或意外关机时，产生的一些文件碎片会存放在这里。在系统启动的过程中，fsck 工具会检查这里，并修复已经损坏的文件系统。这个目录只在每个分区中出现，例如，/lost+found 就是根分区的备份恢复目录，/boot/lost+found 就是/boot 分区的备份恢复目录
/proc	虚拟文件系统。该目录中的数据并不保存在硬盘上，而是保存在内存中。主要保存系统的内核、进程、外部设备状态和网络状态等。如/proc/cpuinfo 是保存 CPU 信息的，/proc/devices 是保存设备驱动列表的，/proc/filesystems 是保存文件系统列表的，/proc/net 是保存网络协议信息的……
/sys	虚拟文件系统。和/proc/目录相似，该目录中的数据都保存在内存中，主要保存与内核相关的信息

下面强调几个目录：

1. /usr 目录

usr（注意不是 user），全称为 Unix Software Resource，此目录用于存储系统软件资源。建议所有开发者把软件产品的数据合理地放置在/usr 目录下的各子目录中，而不是为他们的产品创建单独的目录。

Linux 系统中，所有系统默认的软件都存储在/usr 目录下，/usr 目录类似 Windows 系统中 C:\Windows\与 C:\Program files\两个目录的综合体。/usr 目录应具备如表 7-4 所示的子目录。

表 7-4　/usr 子目录及其功能

子目录	功能（作用）
/usr/bin	存放系统命令，普通用户和超级用户都可以执行。这些命令和系统启动无关，在单用户模式下不能执行
/usr/sbin	存放根文件系统不必要的系统管理命令，如多数服务程序，只有 root 可以使用
/usr/lib	应用程序调用的函数库保存位置
/usr/XllR6	图形界面系统保存位置
/usr/local	手工安装的软件保存位置。一般建议源码包软件安装在这个位置
/usr/share	应用程序的资源文件保存位置，如帮助文档、说明文档和字体目录
/usr/src	源码包保存位置。手工下载的源码包和内核源码包都可以保存到这里。也可以把手工下载的源码包保存到/usr/local/src 目录中，把内核源码保存到/usr/src/linux 目录中
/usr/include	C/C++等编程语言头文件的放置目录

2. /var 目录

/var 目录用于存储动态数据，例如缓存、日志文件、软件运行过程中产生的文件等。通常，此目录下建议包含如表 7-5 所示的子目录。

表 7-5　/var 子目录及其功能

子目录	功能（作用）
/var/lib	程序运行中需要调用或改变的数据保存位置。如 MySQL 的数据库保存在/var/lib/mysql 目录中
/var/log	登录文件放置的目录，其中所包含比较重要的文件如/var/log/messages 和/var/log/wtmp 等
/var/run	一些服务和程序运行后，它们的 PID（进程 ID）保存位置
/var/spool	里面主要都是一些临时存放，随时会被用户所调用的数据，例如/var/spool/mail 存放新收到的邮件，/var/spool/cron 存放系统定时任务
/var/www	RPM 包安装的 Apache 的网页主目录
/var/nis 和 /var/yp	NIS 服务机制所使用的目录，nis 主要记录所有网络中每一个 client 的连接信息；yp 是 linux 的 nis 服务的日志文件存放的目录
/var/tmp	一些应用程序在安装或执行时，需要在重启后使用的某些文件，此目录能将该类文件暂时存放起来，完成后再进行删除

根据以上各表列举的各目录及作用，如果要做一些实验和练习，需要创建一些临时文件，应该保存在哪里？答案是用户的主目录或/tmp 临时目录。但是要小心有些目录中不能直接修改和保存数据，比如/proc/fn/sys 目录，因为它们是保存在内存中的，如果在这里写入数据，那么你的内存会越来越小，直至死机；/boot 目录也不能保存额外数据，因为/boot 目录会单独分区作为启动分区，如果没有空闲空间，则会导致系统不能正常启动。总之，Linux 要在合理的目录下进行操作和修改。

3. 绝对路径和相对路径

简单地理解一个文件的路径，指的就是该文件存放的位置，如/home/cat 表示的是 cat 文件所存放的位置。只要告诉系统中某个文件存放的准确位置，就可以找到这个文件。

指明一个文件存放的位置有两种方法，分别是使用绝对路径和相对路径。Linux 系统中所有的文件（目录）都被组织成以根目录“/”开始的倒置的树状结构。绝对路径一定是由根目录“/”开始写起，如使用绝对路径指明 bin 文件所在的位置，该路径应写为/usr/bin，测试代码如下。

```
[root@ localhost ~]# bin
bash: bin: command not found        #没有找到
[root@ localhost ~]# /usr/bin
bash: /usr/bin: is a directory      #是一个文件
```

可以发现，如果仅传递给 Linux 系统一个文件名，它无法找到指定文件；但将 bin 文件的绝对路径传递给 Linux 系统时，它就可以成功找到。

和绝对路径不同，相对路径不是从根目录“/”开始写起，而是从当前所在的工作目录开始。使用相对路径表明某文件的存储位置时，经常会用到两个特殊目录，即当前目录（用“.”表示）和父目录（用“..”表示）。

例如，当使用 root 身份登录 Linux 系统时，当前工作目录默认为/root，如果此时需要将当前工作目录调整到 root 的子目录 Desktop 中，可以使用绝对路径，示例代码如下。

```
[root@ localhost ~]# pwd            #显示当前所在的工作路径
/root
[root@ localhost ~]# cd /root/Desktop
[root@ localhost Desktop]# pwd
/root/Desktop
```

注意，这里所使用的 pwd 和 cd 命令将会在 7.3.2 节中介绍，目前只需知道它们的功能即可。

可以看到，通过使用绝对路径，成功地改变了当前工作路径。但除此之外，使用相对路径的方式会更简单。因为目前处于/root 的位置，而 Desktop 就位于当前目录下，所以：

```
[root@ localhost ~]# pwd            #显示当前所在的工作路径
/root
[root@ localhost ~]# cd ./Desktop
[root@ localhost Desktop]# pwd
/root/Desktop
```

此代码中，./Desktop 表示的就是 Desktop 文件相对于/root 所在的路径。

再例如，如果以 root 身份登录 Linux 系统，并实现将当前工作目录由/root 转换为/usr 目录，有以下两种方式：

（1）使用绝对路径

```
[root@ localhost ~]# pwd            #显示当前所在的工作路径
/root
[root@ localhost ~]# cd /usr
[root@ localhost ~]# pwd
/usr
```

（2）使用相对路径

```
[root@ localhost ~]# pwd              #显示当前所在的工作路径
/root
[root@ localhost ~]# cd ../usr        #相对 root，usr 位于其父目录/，因此这里要用到..
[root@ localhost ~]# pwd
/usr
```

总之，绝对路径是相对于根路径“/”的，只要文件不移动位置，那么它的绝对路径是恒定不变的；而相对路径是相对于当前所在目录而言的，随着程序的执行，当前所在目录可能会改变，因此文件的相对路径不是固定不变的。

7.3.2　文件操作

管理文件和目录，包括对文件和目录的浏览、创建、修改及删除等操作，需借助大量的 Linux 命令，比如 ls、cd、mkdir 等，下面详细介绍这些 Linux 命令的用法。

1. 命令提示符

登录系统后，第一眼看到的内容是

```
[root@ localhost ~]#
```

这就是 Linux 系统的命令提示符。提示符的含义如下。

- []：提示符的分隔符号，没有特殊含义。
- root：显示的是当前的登录用户，笔者现在使用的是 root 用户登录。
- @：分隔符号，没有特殊含义。
- localhost：当前系统的简写主机名（完整主机名是 localhost. localdomain）。
- ~：代表用户当前所在的目录，此例中用户当前所在的目录是家目录（/home）。
- #：命令提示符，Linux 用这个符号标识登录的用户权限等级。如果是超级用户，提示符就是#；如果是普通用户，提示符就是 $。

家目录（又称主目录）是什么？Linux 系统是纯字符界面，用户登录后，要有一个初始登录的位置，这个初始登录位置就称为用户的家：超级用户的家目录是/root，普通用户的家目录是/home/用户名。

用户在自己的家目录中拥有完整权限，所以建议操作实验可以放在家目录中进行。切换一下用户所在目录，看看有什么效果。

```
[root@ localhost ~]# cd /usr/local
[root@ localhost local]#
```

如果切换用户所在目录，那么命令提示符中的~会变成用户当前所在目录的最后一个目录（不显示完整的所在目录/usr/local，只显示最后一个目录 local）。

2. 命令的基本格式

Linux 命令的基本格式为

```
[root@ localhost ~]#命令 [选项]　[参数]
```

命令格式中的[]代表可选项，也就是有些命令可以不写选项或参数，也能执行。用Linux中最常见的ls命令来解释一下命令的格式（有关ls命令的具体用法，后续会详细介绍）。如果按照命令的分类，那么ls命令应该属于目录操作命令。

```
[root@ localhost ~]# ls
anaconda-ks. cfg   install. log   install. log. syslog
```

（1）选项的作用

ls命令之后不加选项和参数也能执行，不过只能执行最基本的功能，即显示当前目录下的文件名。那么加入一个选项，会出现什么结果？

```
[root@ localhost ~]# ls -l
总用量 44
-rw-------. 1 root root 1207 1 月 14 18:18 anaconda-ks. cfg
-rw-r--r--. 1 root root 24772 1 月 14 18:17 install. log
-rw-r--r--. 1 root root 7690 1 月 14 18:17 install. log. syslog
```

如果加一个“-l”选项，则可以看到显示的内容明显增多了。“-l”是长格式（long list）的意思，也就是显示文件的详细信息。至于“-l”选项的具体含义，稍后再详细讲解。可以看到选项的作用是调整命令功能。如果没有选项，那么命令只能执行最基本的功能；而一旦有选项，则可以显示更加丰富的数据。

Linux的选项又分为短格式选项（-l）和长格式选项（--all）。短格式选项是英文的简写，用一个减号调用，例如：

```
[root@ localhost ~]# ls -l
```

而长格式选项是英文完整单词，一般用两个减号调用，例如：

```
[root@ localhost ~]# ls --all
```

一般情况下，短格式选项是长格式选项的缩写，也就是一个短格式选项会有对应的长格式选项。当然也有例外，比如ls命令的短格式选项“-l”就没有对应的长格式选项。所以具体的命令选项可以通过后面介绍的帮助命令来进行查询。

（2）参数的作用

参数是命令的操作对象，一般文件、目录、用户和进程等可以作为参数被命令操作。例如：

```
[root@ localhost ~]# ls -l anaconda-ks. cfg
-rw-------. 1 root root 1207 1 月 14 18:18 anaconda-ks. cfg
```

但是为什么一开始ls命令可以省略参数？那是因为有默认参数。命令一般都需要加入参数，用于指定命令操作的对象是谁。如果可以省略参数，则一般都有默认参数。例如：

```
[root@ localhost ~]# ls
anaconda-ks. cfg   install. log   install. log. syslog
```

这个 ls 命令后面没有指定参数，默认参数是当前所在位置，所以会显示当前目录下的文件名。

命令的选项用于调整命令功能，而命令的参数是这个命令的操作对象。

3. 常用文件管理命令

Linux 系统文件按照功能可分为目录管理、文件管理、文件打包与压缩、文本编辑和文件查找等，主要命令包括 pwd、cd、mkdir、rmdir、ls、vi(vim)、cat、rm、cp、touch、mv、ln、head、tail、less、more、tar、zip、unzip、gzip、gunzip、bzip2、bunzip2、grep 等。

（1）pwd 命令：显示当前路径

pwd 命令，是 Print Working Directory（打印工作目录）的缩写，功能是显示用户当前所处的工作目录。该命令的基本格式为

```
[root@ localhost ~]# pwd
```

【例 1】

```
[root@ localhost ~]# whoami
root
[root@ localhost ~]# pwd
/root
```

whoami 命令用于确定当前登录的用户。可以看到，root 用户当前所在目录是它的主目录 /root。

【例 2】

```
[demo@ localhost ~]# whoami
demo
[demo@ localhost ~]# pwd
/home/demo
```

以上代码表明，当前登录 Linux 系统的是用户 demo，当前所在目录为 demo 的主目录 /home/demo。

注意，在[demo@ localhost ~]#这一部分中，虽然也显示出当前所在的目录（例如~表示主目录），但此位置只会列出整个路径中最后的那一个目录，例如：

```
[root@ localhost ~]# cd /var/mail
[root@ localhost mail]# pwd
/var/mail
```

不同的目录中，目录名是可以重复的，因此，仅通过[root@ localhost mail]中的 mail，根本无法判断其所在的具体位置，而使用 pwd 命令，可以输出当前所在目录的完整路径。

（2）cd 命令：切换目录

cd 命令，是 Change Directory 的缩写，用来切换工作目录。

Linux 命令按照来源方式，可分为 Shell 内置命令和外部命令。所谓 Shell 内置命令，就是 Shell 自带的命令，这些命令是没有执行文件的；而外部命令就是由程序员单独开发的，

所以会有命令的执行文件。Linux 中的绝大多数命令是外部命令，而 cd 命令是一个典型的 Shell 内置命令，所以 cd 命令没有执行文件所在路径。cd 命令的基本格式为

```
[root@ localhost ~]# cd  [相对路径或绝对路径]
```

除此之外，cd 命令后面可以跟一些特殊符号，表达固定的含义，如表 7-6 所示。

表 7-6 cd 命令的特殊符号

特殊符号	作　用
~	代表当前登录用户的主目录
~用户名	表示切换至指定用户的主目录
-	代表上次所在目录
.	代表当前目录
..	代表上级目录

它们的用法如下。

```
[root@ localhost vbird]# cd ~
#表示回到自己的主目录，对于 root 用户，其主目录为/root
[root@ localhost ~]# cd
#没有加上任何路径，也代表回到当前登录用户的主目录
[root@ localhost ~]# cd  ~vbird
#代表切换到 vbird 这个用户的主目录，亦即/home/vbird

[root@ localhost ~]# cd  ..
#表示切换到目前的上一级目录，亦即/root 的上一级目录
```

需要注意的是，在 Linux 系统中，根目录确实存在 .（当前目录）以及 ..（当前目录的父目录）两个目录，但由于根目录是顶级目录，因此根目录的 .. 和 . 的属性和权限完全一致，也就是说，根目录的父目录是自身。

```
[root@ localhost /]# cd -      #表示回到刚刚的那个目录
```

不难发现，其实在[root@ localhost ~]中，就已经指明了当前所在的目录，通常刚登录时会位于自己的主目录中，而~就表示主目录，因此也就有了通过使用 cd~可以回到自己的主目录。

【例 1】学习 cd -的用法。

```
[root@ localhost ~]# cd  /usr/local/src      #进入/usr/local/src 目录
[root@ localhost src]# cd  -
/root
[root@ localhost ~]#
#"cd  -"命令回到进入 src 目录之前的主目录
[root@ localhost ~]# cd  -
/usr/local/src
```

```
[root@ localhost src]#
#再执行一遍"cd -"命令，又回到了/usr/local/src目录
```

【例2】学习 cd. 和 cd.. 的用法。

```
[root@ localhost ~]# cd  /usr/local/src      #进入测试目录
[root@ localhost src]# cd ..                 #进入上级目录
[root@ localhost local]# pwd
/usr/local
#pwd是查看当前所在目录的命令，可以看到这里进入了上级目录 /usr/local
[root@ localhost local]# cd  .               #进入当前目录
[root@ localhost local]# pwd
/usr/local     #这个命令不会有目录的改变，只是告诉大家"."代表当前目录
```

（3）mkdir 命令：创建目录（文件夹）

mkdir 命令，是 make directories 的缩写，用于创建新目录，此命令所有用户都可以使用。mkdir 命令的基本格式为

```
[root@ localhost ~]# mkdir  [-mp]目录名
```

- "-m"选项用于手动配置所创建目录的权限，而不再使用默认权限。
- "-p"选项递归创建所有目录，以创建/home/test/demo 为例，在默认情况下，需要一层一层的创建各个目录，而使用"-p"选项，则系统会自动创建/home、/home/test 以及/home/test/demo。

【例1】建立目录。

```
[root@ localhost ~]#mkdir cangls
[root@ localhost ~]#ls
anaconda-ks.cfg cangls install.log install.log.syslog
```

建立一个名为 cangls 的目录，通过 ls 命令可以查看到这个目录已经建立。注意，在建立目录的时候使用的是相对路径，所以这个目录被建立到当前目录下。

【例2】使用"-p"选项递归建立目录。

```
[root@ localhost ~]# mkdir  lm/movie/jp/cangls
mkdir:无法创建目录"lm/movie/jp/cangls":没有那个文件或目录
[root@ localhost ~]# mkdir  -p  lm/movie/jp/cangls
[root@ localhost ~]# ls
anaconda-ks.cfg  cangls  install.log  install.log.syslog lm
[root@ localhost ~]# ls  lm/
movie
#这里只查看一级子目录，其实后续的jp目录、cangls目录都已经建立
```

【例3】使用-m 选项自定义目录权限。

```
[root@ localhost ~]# mkdir -m 711 test2
```

```
[root@ localhost ~]# ls -l
drwxr-xr-x   3 root   root 4096 Jul 18 12:50 test
drwxr-xr-x   3 root   root 4096 Jul 18 12:53 test1
drwx--x--x   2 root   root 4096 Jul 18 12:54 test2
```

仔细看上面的权限部分，也就是 ls 命令输出的第一列数据，test 和 test1 目录由于不是使用“-m”选项设定访问权限，因此这两个目录采用的是默认权限。

而在创建 test2 时，使用了“-m”选项，通过设定 711 权限值来给予新的目录 drwx--x--x 的权限，有关权限值的具体含义也放到后续章节介绍。

（4）rmdir 命令：删除空目录

和 mkdir 命令（创建空目录）恰好相反，rmdir（remove empty directories 的缩写）命令用于删除空目录，此命令的基本格式为

```
[root@ localhost ~]# rmdir  [-p]目录名
```

- -p 选项用于递归删除空目录。

【例 1】删除 cangels 空目录。

```
[root@ localhost ~]#rmdir cangls
```

删除空目录就这么简单，命令后面加目录名称即可，但命令执行成功与否，取决于要删除目录是否是空目录，因为 rmdir 命令只能删除空目录。

【例 2】递归删除 lm/movie/jp/cangls 目录。

通过学习 mkdir 命令知道，使用 mkdir -p 可以实现递归建立目录，同样地，rmdir 命令可以使用“-p”选项递归删除目录。命令如下：

```
[root@ localhost ~]# rmdir -p lm/movie/jp/cangls
```

注意，此方式先删除最低层目录（这里先删除 cangls），然后逐层删除上级目录，删除时也需要保证各级目录是空目录。

【例 3】rmdir 命令的作用十分有限，因为只能删除空目录，所以一旦目录中有内容，就会报错。例如：

```
[root@ localhost ~]# mkdir test
#建立测试目录
[root@ localhost ~]# touch test/test1
[root@ localhost ~]# touch test/test2
#在测试目录中建立两个文件
[root@ localhost ~]# rmdir test
rmdir:删除"test"失败：目录非空
```

这个命令比较“笨”，所以并不常用。后续会学习 rm 命令，使用此命令不但可以删除目录，还可以删除文件。

（5）ls 命令：查看目录下文件

通过学习 cd 和 pwd 命令，相信读者已经能够在庞大的 Linux 文件系统中，随心所欲地查看并确定自己所在的位置了。下面继续来学习，如何知道某目录中存放了哪些文件或子目录。

ls 命令，是 list 的缩写，是最常见的目录操作命令，其主要功能是显示当前目录下的内容。此命令的基本格式为

```
[root@ localhost ~]# ls [选项] 目录名称
```

表 7-7 列出了 ls 命令常用的选项以及各自的功能。

表 7-7 ls 命令常用选项及功能

选项	功能
-a	显示全部的文件，包括隐藏文件（开头为 . 的文件）也一起罗列出来，这是最常用的选项之一
-A	显示全部的文件，包括隐藏文件，但不包括 . 与 .. 这两个目录
-d	仅列出目录本身，而不是列出目录内的文件数据
-f	ls 默认会以文件名排序，使用-f 选项会直接列出结果，而不进行排序
-F	在文件或目录名后加上文件类型的指示符号，例如，* 代表可运行文件，/代表目录，=代表 socket 文件，| 代表 FIFO 文件
-h	以人们易读的方式显示文件或目录大小，如 1 KB、234 MB、2 GB 等
-i	显示 inode 节点信息
-l	使用长格式列出文件和目录信息
-n	以 UID 和 GID 分别代替文件用户名和群组名显示出来
-r	将排序结果反向输出，比如，若原本文件名由小到大，反向则为由大到小
-R	连同子目录内容一起列出来，等于将该目录下的所有文件都显示出来
-S	以文件容量大小排序，而不是以文件名排序
-t	以时间排序，而不是以文件名排序
--color=never --color=always --color=auto	never 表示不依据文件特性给予颜色显示 always 表示显示颜色，ls 默认采用这种方式 auto 表示让系统自行依据配置来判断是否给予颜色
--full-time	以完整时间模式（包含年、月、日、时、分）输出
--time={atime,ctime}	输出 access 时间或改变权限属性时间（ctime），而不是内容变更时间

注意，当 ls 命令不使用任何选项时，默认只会显示非隐藏文件的名称，并以文件名进行排序，同时会根据文件的具体类型给文件名配色（蓝色显示目录，白色显示一般文件）。除此之外，如果想使用 ls 命令显示更多内容，就需要使用表 7-7 相应的选项。

【例 1】显示全部文件的详细信息，例如：

```
[root@ localhost ~]#  ls -al/root/total 932624
dr-xr-x---.   9 root root       4096 Aug  16   22:47   .
dr-xr-xr-x. 22 root root        4096 Aug   3   2023   ..
drwxr-xr-x.   2 root root       4096 May  31   2023 accounts
-rw-------.   1 root root      11034 Jul    1   17:34 . bash_history
```

```
-rw-r--r--.  1 root root        18 Dec 29   2013 .bash_logout
-rw-r--r--.  1 root root       176 Dec 29   2013 .bash_profile
-rw-r--r--.  1 root root       176 Dec 29   2013 .bashrc
-rw-r--r--.  1 root root       100 Dec 29   2013 .cshrc
-rw-r--r--.  1 root root       129 Dec 29   2013 .tcshrc
drwxr-xr-x.  2 root root         6 Aug 16  22:46 test1
drwxr-xr-x.  2 root root         6 Aug 16  22:46 test2
drwxr-xr-x.  2 root root         6 Aug 16  22:47 test3
```

使用“-a”选项，可以看到以．为开头的几个文件、目录文件（.）、上一级目录文件（..）、.bash_history 等，这些都是隐藏的目录和文件。其中，目录文件名以蓝色显示，一般文件以白色显示。

注意，Linux 系统中，隐藏文件不是为了把文件藏起来不让其他用户找到，而是为了告诉用户这些文件都是重要的系统文件，如非必要，不要乱动！所以，不论是 Linux 还是 Windows，都可以非常简单地查看隐藏文件，只是在 Windows 中绝大多数的病毒和木马都会把自己变成隐藏文件，给用户带来错觉，以为隐藏文件是为了不让用户发现。

不仅如此，这里的 ls 命令还使用了“-l”选项，因此才显示出了文件的详细信息，此选项显示的这 7 列的含义分别如下。

第一列：规定了不同的用户对文件所拥有的权限，具体权限的含义将在后面讲解。

第二列：引用计数，文件的引用计数代表该文件的硬链接个数，而目录的引用计数代表该目录有多少个一级子目录。

第三列：所有者，也就是这个文件属于哪个用户。默认所有者是文件的建立用户。

第四列：所属组，默认所属组是文件建立用户的有效组，一般情况下就是建立用户的所在组。

第五列：大小，默认单位是字节。

第六列：文件修改时间，文件状态修改时间或文件数据修改时间都会更改这个时间，注意这个时间不是文件的创建时间。

第七列：文件名或目录名。

【例 2】查看某个目录的详细信息，例如：

```
[root@ localhost ~]# ls -l /root/
total 932576
drwxr-xr-x. 2 root root          4096 May 31   2023 accounts
-rw-------. 1 root root          1259 Dec 15   2021 anaconda-ks.cfg
-rw-r--r--. 1 root root     954251264 Aug  3   2022 dm8_20220525_x86_rh6_64.iso
drwxr-xr-x. 4 root root           119 May 10   2023 fisco
-rwxr--r--. 1 root root        692238 Mar 23   2023 get_account.sh
drwxr-xr-x. 2 root root             6 Aug 16  22:46 test1
drwxr-xr-x. 2 root root             6 Aug 16  22:46 test2
drwxr-xr-x. 2 root root             6 Aug 16  22:47 test3
```

这个命令会显示目录下的内容，而不会显示这个目录本身的详细信息。如果想显示目录本身的信息，就必须加入“-d”选项。

```
[root@localhost ~]# ls -ld /root/
dr-xr-x---. 9 root root 4096 Aug 16 22:47 /root
```

【例 3】按习惯显示文件大小。

“ls -l”显示的文件大小是字节，但是日常更加习惯的是用 KB 显示，兆字节用 MB 显示，而“-h”选项就是按照人们习惯的单位显示文件大小的，例如：

```
[root@localhost ~]# ls -lh
total 911M
drwxr-xr-x. 2 root root    4.0K May 31  2023 accounts
-rw-------. 1 root root    1.3K Dec 15  2021 anaconda-ks.cfg
-rw-r--r--. 1 root root    911M Aug  3  2022 dm8_20220525_x86_rh6_64.iso
drwxr-xr-x. 4 root root     119 May 10  2023 fisco
-rwxr--r--. 1 root root    677K Mar 23  2023 get_account.sh
drwxr-xr-x. 2 root root       6 Aug 16 22:46 test1
drwxr-xr-x. 2 root root       6 Aug 16 22:46 test2
drwxr-xr-x. 2 root root       6 Aug 16 22:47 test3
```

（6）touch 命令：创建文件及修改文件时间戳

在 Linux 系统中创建了目录后，可以用 touch 命令创建文件。需要注意的是，touch 命令不光可以用来创建文件（当指定操作文件不存在时，该命令会在当前位置建立一个空文件），此命令更重要的功能是修改文件的时间参数（但当文件存在时，会修改此文件的时间参数）。

Linux 系统中，每个文件主要拥有 3 个时间参数（通过 stat 命令进行查看），分别是文件的访问时间、数据修改时间以及状态修改时间。

访问时间（Access Time，简称 atime）：只要文件的内容被读取，访问时间就会更新。例如，使用 cat 命令可以查看文件的内容，此时文件的访问时间就会发生改变。

数据修改时间（Modify Time，简称 mtime）：当文件的内容数据发生改变，此文件的数据修改时间就会跟着相应改变。

状态修改时间（Change Time，简称 ctime）：当文件的状态发生变化，就会相应改变这个时间。比如说，如果文件的权限或者属性发生改变，此时间就会相应改变。

touch 命令的基本格式为

```
[root@localhost ~]# touch  [选项] 文件名
```

- -a：只修改文件的访问时间。
- -c：仅修改文件的时间参数（3 个时间参数都改变），如果文件不存在，则不建立新文件。
- -d：后面可以跟欲修订的日期，而不用当前的日期，即把文件的 atime 和 mtime 时间改为指定的时间。
- -m：只修改文件的数据修改时间。

- -t：命令后面可以跟欲修订的时间，而不用目前的时间，时间书写格式为 YYMMDDhhmm。

【例 1】touch 命令创建文件。

```
[root@ localhost ~]#touch bols      #建立名为 bols 的空文件
```

【例 2】在例 1 的基础上修改文件的访问时间。

```
[root@ localhost ~]#ll   --time=atime bols       #查看文件的访问时间
-rw-r--r--. 1 root root 0 Aug 19 18:10 bols   #文件上次的访问时间为 8 月 19 号 18:10
[root@ localhost ~]#touch bols
[root@ localhost ~]#ll   --time=atime bols
-rw-r--r--. 1 root root 0 Aug 19 18:55 bols
#如果文件已经存在，则不会报错，只是会修改文件的访问时间
```

【例 3】修改 bols 文件的 atime 和 mtime。

```
[root@ localhost ~]# touch -d  "2023-08-20 10:57"   bols
[root@ localhost ~]# ll blos; ll --time=atime blos; ll --time=ctime blos
-rw-r--r--. 1 root root 0 Aug 23  2023 blos
-rw-r--r--. 1 root root 0 Aug 23  2023 blos
-rw-r--r--. 1 root root 0 Aug 19 18:58 blos
#ctime 不会变为设定时间，但会更新为当前服务器的时间
```

（7）cat 命令：查看、创建和修改文件内容

cat（concatenate 的缩写，中文意思是连接）命令是 Linux/Unix 操作系统中最常用的命令之一。cat 命令允许创建单个或多个文件、查看文件的内容，连接文件并在终端或文件中重定向输出。cat 命令将文件内容显示到屏幕上，也可利用此命令将标准输入连接到标准输出。

cat 命令的基本格式为

```
[root@ localhost ~]# cat [选项] 文件名
```

【例 1】创建新的文件。

使用 cat 命令，可以轻松创建一个文件。如创建一个名为 Testfile. txt 文件并编写内容“Hello，I am a student.”。

```
[root@ localhost ~]# cat > testfile
Hello,I am a student.
```

注意：执行命令输入完内容之后，按住〈Ctrl+D〉来保存退出。

【例 2】显示单个文件内容。

执行如下命令：

```
[root@ localhost ~]# cat testfile
Hello,I am a student.
```

【例 3】显示多个文件内容。

显示多个文件内容，在单个文件查看的基础上在命令后面增加想要查看的文件即可，执行命令如下：

```
[root@ localhost ~]# cat testfile test1. txt test2. txt
Hello,I am a student.
How old are you?        #test1. txt 内容
How much is it?         #test2. txt 内容
```

【例 4】备份文件内容到另一个文件。

cat 命令能够把一个文件的内容复制到另外一个文件，执行方式和创建新文件类似，不过这次的内容是指定的一个文件内容，执行命令如下：

```
[root@ localhost ~]# cat test2. txt > test3. txt
[root@ localhost ~]# cat test3. txt
How much is it?
```

能够把多个文件的内容复制到另外一个文件，执行方式和备份一个文件的方法类似，不过这次的内容是指定多个文件内容，执行命令如下：

```
[root@ localhost ~]# cat test1. txt test2. txt >test4. txt
[root@ localhost ~]# cat test4. txt
How old are you?
How much is it?
```

（8）rm 命令：删除文件或目录

rm 命令是强大的删除命令，可以永久性地删除文件系统中指定的文件或目录。在使用 rm 命令删除文件或目录时，系统不会产生任何提示信息。此命令的基本格式为

```
[root@ localhost ~]# rm [选项] 文件或目录
```

- -f：强制删除（force），和“-i”选项相反，使用“-f”选项，系统将不再询问，而是直接删除目标文件或目录。
- -i：和“-f”选项正好相反，在删除文件或目录之前，系统会给出提示信息，使用“-i”选项可以有效防止不小心删除有用的文件或目录。
- -r：递归删除，主要用于删除目录，可删除指定目录及包含的所有内容，包括所有的子目录和文件。

【例 1】基本用法。

rm 命令如果任何选项都不加，则默认执行的是“rm -i 文件名”，也就是在删除一个文件之前会先询问是否删除。例如：

```
[root@ localhost ~]# touch cangls
```

```
[root@ localhost ~]# rm cangls
rm:是否删除普通空文件"cangls"? y                    #删除前会询问是否删除
```

【例 2】删除目录。

如果需要删除目录，则需要使用“-r”选项。例如：

```
[root@ localhost ~]# mkdir -p /test/lm/movie/jp      #递归建立测试目录
[root@ localhost ~]# rm /test
rm:无法删除"/test/": 是一个目录                       #如果不加"-r"选项，则会报错
[root@ localhost ~]# rm -r /test
rm:是否进入目录"/test"? y
rm:是否进入目录"/test/lm/movie"? y
rm:是否删除目录"/test/lm/movie/jp"? y
rm:是否删除目录"/test/lm/movie"? y
rm:是否删除目录"/test/lm"? y
rm:是否删除目录"/test"? y      #会分别询问是否进入子目录、是否删除子目录
```

【例 3】强制删除。

如果要删除的目录中有 1 万个子目录或子文件，那么普通的 rm 删除最少需要确认 1 万次。所以，在真正删除文件的时候，会选择强制删除。例如：

```
[root@ localhost ~]# mkdir -p /test/lm/movie/jp      #重新建立测试目录
[root@ localhost ~]# rm -rf /test                    #强制删除
```

加入了强制功能之后，删除就会变得很简单，但是需要注意，数据被强制删除之后将无法恢复，除非依赖第三方的数据恢复工具，如 extundelete 等。但要注意，数据恢复很难恢复完整的数据，一般能恢复 70%~80%就很难得了。所以，与其把希望寄托在数据恢复上，不如养成良好的操作习惯。

虽然“-rf”选项是用来删除目录的，但是删除文件也不会报错。所以，为了使用方便，一般不论是删除文件还是删除目录，都会直接使用“-rf”选项。

(9) cp 命令：复制文件和目录

cp 命令主要用来复制文件和目录，同时借助某些选项，还可以实现复制整个目录，以及比对两个文件的新旧而予以升级等功能。cp 命令的基本格式为

```
[root@ localhost ~]# cp  [选项]  <源文件> <目标文件>
```

- -a：相当于“-d、-p、-r”选项的集合。
- -d：如果源文件为软链接（对硬链接无效），则复制出的目标文件也为软链接。
- -i：询问，如果目标文件已经存在，则会询问是否覆盖。
- -l：把目标文件建立为源文件的硬链接文件，而不是复制源文件。
- -s：把目标文件建立为源文件的软链接文件，而不是复制源文件。
- -p：复制后目标文件保留源文件的属性（包括所有者、所属组、权限和时间）。
- -r：递归复制，用于复制目录。
- -u：若目标文件比源文件有差异，则使用该选项可以更新目标文件，此选项可用于对

文件的升级和备用。

需要注意的是，源文件可以有多个，但这种情况下，目标文件必须是目录才可以。

【例 1】cp 命令基本用法。

cp 命令既可以复制文件，也可以复制目录。先来看看如何复制文件，例如：

```
[root@ localhost ~]# touch cangls                #建立源文件
[root@ localhost ~]# cp cangls /tmp/             #把源文件不改名复制到/tmp/目录下
```

如果需要改名复制，则命令如下：

```
[root@ localhost ~]# cp cangls /tmp/bols        #改名复制
```

如果复制的目标位置已经存在同名的文件，则会提示是否覆盖，因为 cp 命令默认执行的是"cp -i"的别名，例如：

```
[root@ localhost ~]# cp cangls /tmp/   cp:是否覆盖"/tmp/cangls"? y
#目标位置有同名文件,所以会提示是否覆盖
```

接下来看看如何复制目录，其实复制目录只需使用"-r"选项即可，例如：

```
[root@ localhost ~]# mkdir movie                  #建立测试目录
[root@ localhost ~]# cp -r /root/movie/ /tmp/ #目录原名复制
```

【例 2】保留源文件属性复制。

在执行复制命令后，目标文件的时间会变成复制命令的执行时间，而不是源文件的时间。例如：

```
[root@ localhost ~]# cp /var/lib/mlocate/mlocate. db /tmp/
[root@ localhost ~]# ll /var/lib/mlocate/mlocate. db
-rw-r-----1 root slocate2328027 6 月 14 02:08/var/lib/mlocate/mlocate. db
#注意源文件的时间和所属组
[root@ localhost ~]#ll /tmp/mlocate. db
-rw-r----- 1 root root2328027 6 月 14 06:05/tmp/mlocate. db
```

由于复制命令由 root 用户执行，所以目标文件的所属组为 root，并且时间也变成了复制命令的执行时间，当执行备份、日志备份的时候，这些文件的时间可能是一个重要的参数，这就需执行"-p"选项了。这个选项会保留源文件的属性，包括所有者、所属组和时间。例如：

```
[root@ localhost ~]# cp -p /var/lib/mlocate/mlocate. db /tmp/mlocate. db_2  #使用"-p"选项
[root@ localhost ~]# ll /var/lib/mlocate/mlocate. db /tmp/mlocate. db_2
-rw-r----- root slocate 2328027 6 月 14 02:08 /tmp/mlocate. db_2
-rw-r----- root slocate 2328027 6 月 14 02:08 /var/lib/mlocate/mlocate. db
#源文件和目标文件的所有属性都一致，包括时间。
```

之前讲过，"-a"选项相当于"-d、-p、-r"选项，这几个选项前面已经分别讲过了。

所以，当使用“-a”选项时，目标文件和源文件的所有属性都一致，包括源文件的所有者，所属组、时间和软链接性。使用“-a”选项来取代“-d、-p、-r”选项更加方便。

（10）ln 命令：建立链接（硬链接和软链接）文件

要说清楚 ln 命令（link 的缩写），则必须先解释 ext 文件系统（Linux 文件系统）是如何工作的。对磁盘进行分区格式化就是写入文件系统，Linux 目前使用的是 ext4 文件系统。如果用一张示意图来描述 ext4 文件系统，则可以参考图 7-15。

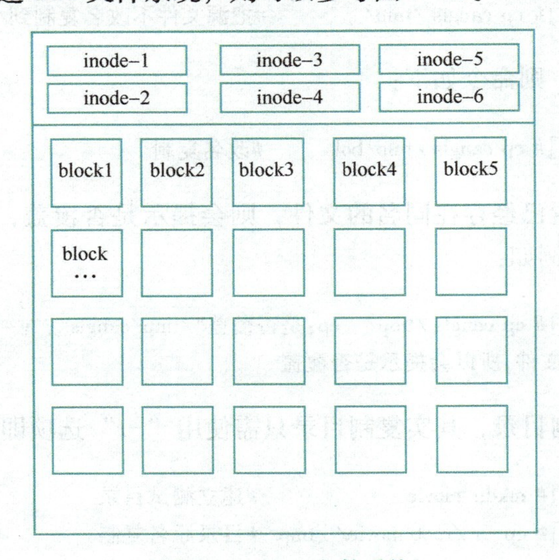

图 7-15　ext4 文件系统

ext4 文件系统会把分区主要分为两大部分（暂时不提超级块）：小部分用于保存文件的 inode（i 节点）信息；剩余的大部分用于保存 block 信息。

inode 的默认大小为 128B，用来记录文件的权限（r、w、x）、文件的所有者和属组、文件的大小、文件的状态改变时间（ctime）、文件最近一次读取时间（atime）、文件最近一次修改时间（mtime）、文件的数据真正保存的 block 编号。每个文件需要占用一个 inode。如果仔细查看，就会发现 inode 中是不记录文件名的，是因为文件名记录在文件所在目录的 block 中。

block 的大小可以是 1 KB、2 KB、4 KB，默认为 4 KB。block 用于实际的数据存储，如果一个 block 放不下数据，则可以占用多个 block。例如，有一个 10 KB 的文件需要存储，则会占用 3 个 block，虽然最后一个 block 不能占满，但也不能再放入其他文件的数据。这 3 个 block 有可能是连续的，也有可能是分散的。

由此可以知道以下两个重要的信息：

每个文件都独自占用一个 inode，文件内容由 inode 的记录来指向；如果想要读取文件内容，就必须借助目录中记录的文件名找到该文件的 inode，才能成功找到文件内容所在的 block 块。

了解 Linux 系统底层文件的存储状态后，接下来学习 ln 命令。

ln 命令用于给文件创建链接，根据 Linux 系统存储文件的特点，链接的方式分为以下两种。

- 软链接：类似于 Windows 系统中给文件创建快捷方式，即产生一个特殊的文件，该文件用来指向另一个文件，此链接方式同样适用于目录。

- 硬链接：文件的基本信息都存储在 inode 中，而硬链接指的就是给一个文件的 inode 分配多个文件名，通过任何一个文件名，都可以找到此文件的 inode，从而读取该文件的数据信息。

ln 命令的基本格式为

```
[root@ localhost ~]# ln [选项]  源文件 目标文件
```

- -s：建立软链接文件。如果不加“-s”选项，则建立硬链接文件。
- -f：强制。如果目标文件已经存在，则删除目标文件后再建立链接文件。

【例 1】创建硬链接。

```
[root@ localhost ~]# touch cangls
[root@ localhost ~]# ln /root/cangls /tmp    #建立硬链接文件，目标文件没有写文件名，会和原名一致
#也就是/tmp/cangls 是硬链接文件
```

【例 2】创建软链接。

```
[root@ localhost ~]# touch bols
[root@ localhost ~]# ln -s /root/bols /tmp     #建立软链接文件
```

这里需要注意的是，软链接文件的源文件必须写成绝对路径，而不能写成相对路径（硬链接没有这样的要求）；否则，软链接文件会报错。这是初学者非常容易犯的错误。

（11）mv 命令：移动文件或改名

mv 命令，是 move 的缩写，既可以在不同的目录之间移动文件或目录，也可以对文件和目录进行重命名。该命令的基本格式为

```
[root@ localhost ~]# mv[选项]  源文件 目标文件
```

- -f：强制覆盖，如果目标文件已经存在，则不询问，直接强制覆盖。
- -i：交互移动，如果目标文件已经存在，则询问用户是否覆盖（默认选项）。
- -n：如果目标文件已经存在，则不会覆盖移动，而且不询问用户。
- -v：显示文件或目录的移动过程。
- -u：若目标文件已经存在，但两者相比，源文件更新，则会对目标文件进行升级。

需要注意的是，同 rm 命令类似，mv 命令也是一个具有破坏性的命令，如果使用不当，很可能会给系统带来灾难性的后果。

【例 1】移动文件或目录。

```
[root@ localhost ~]# mv cangls /tmp      #移动之后，源文件会被删除，类似剪切
[root@ localhost ~]# mkdir movie
[root@ localhost ~]# mv movie /tmp       #也可以移动目录。和 rm、cp 不同的是，mv 移动目录不需要加入"-r"选项
```

如果移动的目标位置已经存在同名的文件，则同样会提示是否覆盖，因为 mv 命令默认

执行的也是“mv-i”的别名，例如：

```
[root@ localhost ~]# touch cangls      #重新建立文件
[root@ localhost ~]# mv cangls /tmp
mv:是否覆盖"tmp/cangls"? y          #由于/tmp 目录下已经存在 cangls 文件，所以会提示是否覆
盖，需要手工输入 y，覆盖移动
```

【例 2】强制移动。

如果目标目录下已经存在同名文件，则会提示是否覆盖，需要手工确认。这时如果移动的同名文件较多，则需要一个一个文件进行确认，很不方便。

如果确认需要覆盖已经存在的同名文件，则可以使用“-f”选项进行强制移动，这样就不再需要用户手工确认了。例如：

```
[root@ localhost ~]# touch cangls      #重新建立文件
[root@ localhost ~]# mv -f cangls /tmp #就算/tmp/目录下已经存在同名的文件，由于"-f"选项的
作用，所以会强制覆盖
```

【例 3】不覆盖移动。

既然可以强制覆盖移动，那也有可能需要不覆盖的移动。如果需要移动几百个同名文件，但是不想覆盖，这时就需要“-n”选项的帮助了。例如：

```
[root@ localhost ~]# ls /tmp
/tmp/bols /tmp/cangls  #在/tmp/目录下已经存在 bols、cangls 文件
[root@ localhost ~]# mv -vn bols cangls lmls /tmp
"lmls"->"/tmp/lmls"   #再向/tmp/目录中移动同名文件，如果使用了"-n"选项，则可以看到只
移动了 lmls，而同名的 bols 和 cangls 并没有移动（"-v"选项用于显示移动过程）
```

【例 4】改名。

如果源文件和目标文件在同一目录中，那就是改名。例如：

```
[root@ localhost ~]# mv bols lmls      #把 bols 改名为 lmls
```

目录也可以按照同样的方法改名。

【例 5】显示移动过程。

如果想要知道在移动过程中到底有哪些文件进行了移动，则可以使用“-v”选项来查看详细的移动信息。例如：

```
[root@ localhost ~]# touch test1. txt test2. txt test3. txt  #建立三个测试文件
[root@ localhost ~]# mv -v *. txt /tmp
"test1. txt" -> "/tmp/test1. txt"
"test2. txt" -> "/tmp/test2. txt"
"test3. txt" -> "/tmp/test3. txt"
#加入"-v"选项，可以看到有哪些文件进行了移动
```

（12）vi(vim)命令：Vim 文本编辑器

Vi 编辑器是所有 UNIX 及 Linux 系统下标准的编辑器，类似于 Windows 系统下的 notepad

（记事本）。Vi 和 Vim 都是 Linux 中的编辑器，不同的是，Vim 比较高级，可以视为 Vi 的升级版本。

（13）head 命令：查看文件开头部分的内容

用来显示文件的开头至标准输出，默认 head 命令打印其相应文件的开头 10 行。

（14）tail 命令：显示文件末尾内容

把文件最尾部的内容显示在屏幕上，并且不断刷新，看到最新的文件内容，可以方便地查阅正在改变的日志文件。

由于篇幅有限，其他文件管理命令请读者参考相关资料使用。

7.3.3　用户身份与文件权限

Linux 是一个多用户、多任务的操作系统，具有很好的稳定性与安全性，保障系统安全的是一系列复杂的配置工作，这些工作与用户在系统中的身份和权限密切相关。接下来介绍系统资源的使用者及团队，即文件的所有者、所属组以及其他人可对文件进行的读（r）、写（w）、执行（x）等操作。

1. 用户和用户组

Linux 系统支持多个用户在同一时间内登录，不同用户可以执行不同的任务，并且互不影响。例如，某台 Linux 服务器上有 4 个用户，分别是 root、www、ftp 和 mysql，在同一时间内，root 用户可能在查看系统日志、管理维护系统；www 用户可能在修改自己的网页程序；ftp 用户可能在上传软件到服务器；mysql 用户可能在执行 SQL 查询，每个用户互不干扰，有条不紊地进行着自己的工作。与此同时，每个用户之间不能越权访问，比如 www 用户不能执行 mysql 用户的 SQL 查询操作，ftp 用户也不能修改 www 用户的网页程序。

不同用户具有不同的权限，每个用户在权限允许的范围内完成不同的任务，Linux 正是通过这种权限的划分与管理，实现了多用户多任务的运行机制。

因此，如果要使用 Linux 系统的资源，就必须向系统管理员申请一个账户，然后通过这个账户进入系统（账户和用户是一个概念）。通过建立不同属性的用户，一方面可以合理地利用和控制系统资源，另一方面也可以帮助用户组织文件，提供对用户文件的安全性保护。

每个用户都有唯一的用户名和密码。在登录系统时，只有正确输入用户名和密码，才能进入系统和自己的主目录。

用户组是具有相同特征用户的逻辑集合。简单地理解，需要让多个用户具有相同的权限，比如查看、修改某一个文件的权限，一种方法是分别对多个用户进行文件访问授权，如果有 10 个用户的话，就需要授权 10 次，那如果有 100、1000 甚至更多的用户呢？

显然，这种方法不太合理。最好的方式是建立一个组，让这个组具有查看、修改此文件的权限，然后将所有需要访问此文件的用户放入这个组中。那么，所有用户就具有和组一样的权限，这就是用户组。

将用户分组是 Linux 系统中对用户进行管理及控制访问权限的一种手段，通过定义用户组，很多程序上简化了对用户的管理工作。

用户和用户组的对应关系有以下 4 种：

- 一对一。一个用户可以存在一个组中，是组中的唯一成员。
- 一对多。一个用户可以存在多个组中，此用户具有多个组的共同权限。
- 多对一。多个用户可以存在一个组中，这些用户具有和组相同的权限。

- 多对多。多个用户可以存在多个组中，也就是以上 3 种关系的扩展。

用户和用户组之间的关系可以用图 7-16 来表示。

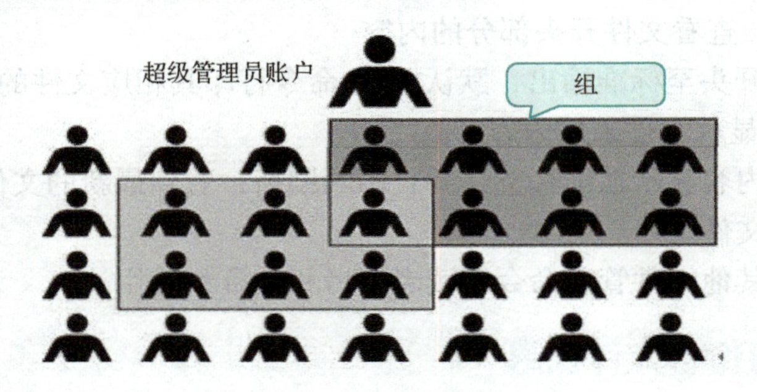

图 7-16 Linux 用户和用户组

Linux 系统中的 root 就是管理员的说法是错误的，Linux 系统的管理员之所以是 root，并不是因为它的名字叫 root，而是因为该用户的身份号码即 UID（User IDentification）的数值为 0。在 Linux 系统中，UID 就像我们的身份证号码一样具有唯一性，因此可通过用户的 UID 值来判断用户身份。在 CentOS 7 系统中，用户身份有以下这些。

管理员 UID 为 0：系统的管理员用户。

系统用户 UID 为 1~999：Linux 系统为了避免因某个服务程序出现漏洞而被黑客提权至整台服务器，默认服务程序会由独立的系统用户负责运行，进而有效控制被破坏范围。

普通用户 UID 从 1000 开始：是由管理员创建的用于日常工作的用户。

需要注意的是，UID 是不能冲突的，而且管理员创建的普通用户的 UID 默认是从 1000 开始的（即使前面有闲置的号码）。

通过使用用户组号码（GID，Group IDentification）标识用户组，可以把多个用户加入到同一个组中，从而方便为组中的用户统一规划权限或指定任务。

另外，在 Linux 系统中创建每个用户时，将自动创建一个与其同名的基本用户组，而且这个基本用户组只有该用户一个人。如果该用户以后被归纳到其他用户组，则这个其他用户组称为扩展用户组。一个用户只有一个基本用户组，但是可以有多个扩展用户组，从而满足日常的工作需要。

注意： 基本用户组就像是原生家庭，是在创建账号（出生）时就自动生成的；而扩展用户组则像工作单位，为了完成工作，需要加入到各个不同的群体中，这是需要手动添加的。

2. 用户和用户组信息相关文件

（1）用户基本信息文件/etc/passwd

/etc/passwd 是系统用户配置文件，存储了系统中所有用户的基本信息，并且所有用户都可以对此文件执行读操作。

首先打开这个文件，看看包含哪些内容，执行命令如下：

```
[root@ localhost ~]# vi /etc/passwd    #查看文件内容
root:x:0:0:root:/root:/bin/bash
bin:x:1:1:bin:/bin:/sbin/nologin
daemon:x:2:2:daemon:/sbin:/sbin/nologin
```

```
adm:x:3:4:adm:/var/adm:/sbin/nologin
... 省略部分输出...
```

每行用户信息都以“:”作为分隔符，划分为 7 个字段，每个字段所表示的含义如下。

```
用户名:密码:UID(用户 ID):GID(组 ID):描述性信息:主目录:默认 Shell
```

（2）用户组信息文件/etc/group

/etc/group 文件是用户组信息文件，即用户组的所有信息都存放在此文件中。此文件是记录组 ID（GID）和组名相对应的文件。前面讲过，/etc/passwd 文件中每行用户信息的第四个字段记录的是用户的初始组 ID，那么，此 GID 的组名到底是什么呢？就要从/etc/group 文件中查找。

/etc/group 文件的内容可以通过 vim 命令看到：

```
[root@ localhost ~]#vim /etc/group
root:x:0:
bin:x:1:bin,daemon
daemon:x:2:bin,daemon
... 省略部分输出...
lamp:x:502:
```

各用户组中，还是以“:”作为字段之间的分隔符，分为 4 个字段，每个字段对应的含义如下。

```
组名:组密码:GID:该用户组中的用户列表
```

- 组名：是用户组的名称，由字母或数字构成。同/etc/passwd 中的用户名一样，组名也不能重复。
- 组密码：和/etc/passwd 文件一样，这里的“x”仅仅是密码标识，真正加密后的组密码默认保存在/etc/gshadow 文件中。

（3）影子文件/etc/shadow

用于存储 Linux 系统中用户的密码信息，又称为“影子文件”。前面介绍了/etc/passwd 文件，由于该文件允许所有用户读取，易导致用户密码泄露，因此 Linux 系统将用户的密码信息从/etc/passwd 文件中分离出来，并单独放到了此文件中。

/etc/shadow 文件只有 root 用户拥有读权限，其他用户没有任何权限，这样就保证了用户密码的安全性。

注意： 如果这个文件的权限发生了改变，则需要注意是否是恶意攻击。

介绍此文件之前，先打开文件，执行如下命令：

```
[root@ localhost ~]#vim /etc/shadow
root:$6$9w5Td6lg
$bgpsy3olsq9WwWvS5Sst2W3ZiJpuCGDY.4w4MRk3ob/i85fl38RH15wzVoom ff9isV1 PzdcXmixzhn-
MVhMxbv0:15775:0:99999:7:::
```

```
bin:*:15513:0:99999:7:::
daemon:*:15513:0:99999:7:::
... 省略部分输出 ...
```

同/etc/passwd 文件一样，文件中每行代表一个用户，同样使用“:”作为分隔符，不同之处在于，每行用户信息被划分为 9 个字段。每个字段的含义如下。

```
用户名:加密密码:最后一次修改时间:最小修改时间间隔:密码有效期:密码需要变更前的警告天数:密码过期后的宽限时间:账号失效时间:保留字段
```

（4）组用户密码信息文件/etc/gshadow

/etc/passwd 文件存储用户基本信息，同时考虑到账户的安全性，将用户的密码信息存放另一个文件/etc/shadow 中。组用户信息存储在/etc/group 文件中，而将组用户的密码信息存储在/etc/gshadow 文件中。

首先，借助 vim 命令查看此文件中的内容：

```
[root@ localhost ~]#vim /etc/gshadow
root:::
bin:::bin, daemon
daemon:::bin, daemon
... 省略部分输出 ...
lamp:!::
```

文件中，每行代表一个组用户的密码信息，各行信息用“:”作为分隔符分为 4 个字段，每个字段的含义如下。

```
组名:组密码:组管理员:组附加用户列表
```

- 组名：同/etc/group 文件中的组名相对应。
- 组密码：对于大多数用户来说，通常不设置组密码，因此该字段常为空，但有时为“!”，指的是该群组没有组密码，也不设有群组管理员。
- 组管理员：从系统管理员的角度来说，该文件最大的功能就是创建群组管理员。那么，什么是群组管理员呢？考虑到 Linux 系统中账号太多，而超级管理员 root 可能比较忙碌，因此当有用户想要加入某群组时，root 或许不能及时做出回应。这种情况下，如果有群组管理员，那么他就能将用户加入自己管理的群组中，也就免去麻烦 root 了。

3. 用户和用户组相关命令

（1）id 命令：显示用户的详细信息

id 命令能够简单轻松地查看用户的基本信息，如用户 ID、基本组与扩展组 GID，以便判别某个用户是否已经存在，以及查看相关信息。基本格式为

```
[root@ localhost ~]# id 用户名
```

例如，使用 id 命令查看一个名称为 localhost 的用户信息：

```
[root@ localhost ~]# id localhost
uid=1000(localhost) gid=1000(localhost) groups=1000(localhost)
```

(2) useradd 命令：创建新的用户账户

使用该命令创建用户账户时，默认的用户家目录会被存放在/home 目录中，默认的 Shell 解释器为/bin/bash，而且默认会创建一个与该用户同名的基本用户组。语法格式为

```
[root@ localhost ~]#useradd [选项] 用户名
[root@ localhost ~]# useradd lamp
```

(3) groupadd 命令：添加用户组

基本格式为

```
[root@ localhost ~]# groupadd [选项] 组名
```

(4) usermod 命令：修改用户信息

当用 useradd 命令添加用户时，一种方便有效的办法就是用 usermod 修改用户信息。基本格式为

```
[root@ localhost ~]#usermod [选项] 用户名
```

(5) userdel 命令：删除用户

userdel 命令功能很简单，就是删除用户的相关数据。此命令只有 root 用户才能使用。

基本格式为

```
[root@ localhost ~]# userdel -r 用户名
```

例如，删除前面创建的 lamp 用户，只需执行如下命令：

```
[root@ localhost ~]# userdel -r lamp
```

除了使用 userdel 命令删除用户，还可以使用手动方式删除，手动删除指定用户的具体操作如下：

```
#建立新 lamp 用户
[root@ localhost ~]# useradd lamp
[root@ localhost ~]# passwd lamp    #为 lamp 用户设置密码，由此 lamp 用户才算是创建成功
```

(6) su 命令：用户切换命令

su 命令是最简单的用户切换命令，通过该命令可以实现任何身份的切换，包括从普通用户切换为 root 用户、从 root 用户切换为普通用户以及普通用户之间的切换。

普通用户之间切换以及普通用户切换至 root 用户，都需要知晓对方的密码，只有正确输入密码，才能实现切换；从 root 用户切换至其他用户，则无须知晓对方密码，可直接切换成功。

su 命令的基本格式为

```
[root@ localhost ~]# su [选项]用户名
```

【例 1】

```
[lamp@ localhost ~] $ su -root
密码:      输入 root 用户的密码
#"-"代表连带环境变量一起切换,不能省略
```

【例 2】

```
[lamp@ localhost ~] $ whoami
lamp
#当前用户是 lamp
[lamp@ localhost ~] $ su - -c "useradd user1" root
密码:
#不切换成 root,但是执行 useradd 命令添加 user1 用户
[lamp@ localhost ~] $ whoami
lamp
#用户还是 lamp
[lamp@ localhost ~] $ grep "user1' /etc/passwd
userl:x:502:504::/home/user1:/bin/bash
#user1 用户已经添加了
```

（7）whoamit 命令和 who am i 命令

whoami 和 who am i 是不同的两个命令，前者用来打印当前执行操作的用户名，后者则用来打印登录当前 Linux 系统的用户名。

为了能够更好地区分这两个命令的功能，举个例子，首先使用用户名“Cyuyan”登录 Linux 系统，然后执行如下命令：

```
[Cyuyan@ localhost ~] $ whoami
Cyuyan
[Cyuyan@ localhost ~] $ who am i
Cyuyan      pts/0      2017-10-09 15:30 (:0.0)
```

（8）groupmod 命令：修改用户组

groupmod 命令用于修改用户组的相关信息，基本格式为

```
[root@ localhost ~]# groupmod [选项] 组名
```

例子：

```
[root@ localhost ~]# groupmod -n testgrp group1
#把组名 group1 修改为 testgrp
[root@ localhost ~] # grep "testgrp" /etc/group
testgrp:x:502:       #注意 GID 还是 502,但是组名已经改变
```

不过还是要注意，用户名不要随意修改，组名和 GID 也不要随意修改，因为非常容易导致管理员逻辑混乱。如果非要修改用户名或组名，建议先删除旧的，再建立新的。

（9）groupdel 命令：删除用户组

groupdel 命令用于删除用户组（群组），此命令基本格式为

```
[root@ localhost ~]#groupdel 组名
```

使用 groupdel 命令删除群组，其实就是删除/etc/gourp 文件和/etc/gshadow 文件中有关目标群组的数据信息。

例如，删除用 groupadd 命令创建的群组 group1，执行命令如下：

```
[root@ localhost ~]#grep "group1" /etc/group /etc/gshadow
/etc/group:group1:x:505:
/etc/gshadow:group1:!::
[root@ localhost ~]#groupdel group1
[root@ localhost ~]#grep "group1" /etc/group /etc/gshadow
[root@ localhost ~]#
```

注意，不能使用 groupdel 命令随意删除群组。此命令仅适用于删除那些“不是任何用户初始组”的群组，换句话说，如果有群组还是某用户的初始群组，则无法使用 groupdel 命令成功删除。

（10）gpasswd 命令：把用户添加进组或从组中删除

为了避免系统管理员（root）太忙碌而无法及时管理群组，可以使用 gpasswd 命令给群组设置一个群组管理员，代替 root 完成将用户加入或移出群组的操作。

gpasswd 命令的基本格式为

```
[root@ localhost ~]# gpasswd 选项 组名
```

【例 1】创建新群组 group1，并将群组交给 lamp 管理。

```
[root@ localhost ~]# groupadd group1          #创建群组
[root@ localhost ~]# gpasswd group1           #设置密码
Changing the password for group group1
New Password:
Re-enter new password:
[root@ localhost ~]# gpasswd -A lamp group1    #加入群组管理员为 lamp
[root@ localhost ~]# grep "group1" /etc/group /etc/gshadow
/etc/group:group1:x:506:
/etc/gshadow:group1: $1$I5ukIY1. $o5fmW. cOsc8. K. FHAFLWg0:lamp:
```

此时 lamp 用户即为 group1 群组的管理员。

【例 2】以 lamp 用户登录系统，并将用户 lamp 和 lamp1 加入 group1 群组。

```
[lamp@ localhost ~]#gpasswd -a lamp group1
[lamp@ localhost ~]#gpasswd -a lamp1 group1
```

```
[lamp@ localhost ~]#grep "group1" /etc/group
group1:x:506:lamp,lamp1
```

前面讲过，使用 usermod -G 命令也可以将用户加入群组，但会产生一个问题，即使用此命令将用户加入到新的群组后，该用户之前加入的那些群组都将被清空。例如：新创建一个群组 group2。

```
[root@ localhost ~]# groupadd group2
[root@ localhost ~]# usermod -G group2 lamp
[root@ localhost ~]# grep "group2" /etc/group
group2:x:509:lamp
[root@ localhost ~]# grep "group1" /etc/group
group1:x:506:lamp1
```

对比例 2 可以发现，虽然使用 usermod 命令成功地将 lamp 用户加入在 group2 群组中，但 lamp 用户原本在 group1 群组中，此时却被移出，这就是使用 usermod 命令造成的。

因此，将用户加入或移出群组，最好使用 gpasswd 命令。

4. 权限管理

所谓权限管理，其实就是对不同的用户，设置不同的文件访问权限，包括对文件的读、写、删除等，在 Linux 系统中，每个用户都具有不同的权限，例如非 root 用户，它们只能在自己的主目录下才具有写权限，而在主目录之外，只具有访问和读权限。

（1）文件权限与归属

在 Linux 系统中，每个文件都有归属的所有者和所属组，并且规定了文件的所有者、所属组以及其他人对文件所拥有的读取（r）、写入（w）、执行（x）等权限。对于一般文件来说，权限比较容易理解："读取"表示能够读取文件的实际内容；"写入"表示能够编辑、新增、修改、删除文件的实际内容；"执行"则表示能够运行一个脚本程序。但是，对于目录文件来说，理解权限设置就不那么容易了，很多资深 Linux 用户其实也没有真正明白。对于目录文件来说，"读取"表示能够读取目录内的文件列表；"写入"表示能够在目录内新增、删除、重命名文件；而"执行"则表示能够进入该目录。

读取、写入、执行权限对应的命令在文件和目录上是有区别的，具体可参考表 7-8。

表 7-8 读写执行权限对于文件与目录可执行命令的区别

权 限 项	文 件	目 录
读取（r）	cat	ls
写入（w）	vim	touch
执行（x）	./script	cd

文件的读取、写入、执行权限的英文全称分别是 read、write、execute，可以简写为 r、w、x，亦可分别用数字 4、2、1 来表示，文件所有者、文件所属组及其他用户权限之间无关联，如表 7-9 所示。

表 7-9　文件权限的字符与数字表示

权限项	读取	写入	执行	读取	写入	执行	读取	写入	执行
字符表示	r	w	x	r	w	x	r	w	x
数字表示	4	2	1	4	2	1	4	2	1
权限分配	文件所有者			文件所属组			其他用户		

文件权限的数字表示法基于字符（rwx）的权限计算而来，其目的是简化权限的表示方式。例如，若某个文件的权限为 7，则代表读取、写入、执行（4+2+1）；若权限为 6，则代表读取、写入（4+2）。例如，现在有这样一个文件，其所有者拥有读取、写入、执行的权限，其文件所属组拥有读取、写入的权限，其他人只有读取的权限。那么，这个文件的权限就是 rwxrw-r--，数字法表示即为 764。不过千万别再将这 3 个数字相加，计算出 7+6+4=17 的结果，这是小学的数学加减法，不是 Linux 系统的权限数字表示法，三者之间没有互通关系。

这里以 rw-r-x-w-权限为例来介绍如何将字符表示的权限转换为数字表示的权限。首先，要将各个位上的字符替换为数字，如表 7-9 所示。

减号是占位符，代表这里没有权限，在数字表示法中用 0 表示。也就是说，rw-转换后是 420，r-x 转换后是 401，-w-转换后是 020。然后，将这 3 组数字之间的每组数字进行相加，得出 652，这便是转换后的数字表示权限。

将数字表示权限转换回字母表示权限的难度相对来说就大一些了，这里以 652 权限为例进行讲解。首先，数字 6 是由 4+2 得到的，不可能是 4+1+1（因为每个权限只会出现一次，不可能同时有两个 x 执行权限）；数字 5 则是 4+1 得到的；数字 2 是本身，没有权限即是空值 0。接下来按照表 7-9 所示的格式进行书写，得到 420401020 这样一串数字。有了这些信息就可以把这串数字转换成字母。

一定要注意，文件的所有者、所属组和其他用户的权限之间无关联。一定不要写成 rrwwx----，要把 rwx 权限位对应到正确的位置，写成 rw-r-x-w-。

在图 7-17 中，包含了文件的类型、访问权限、所有者（属主）、所属组（属组）、占用的磁盘大小、最后修改时间和文件名称等信息。通过分析可知，该文件的类型为普通文件，所有者权限为读取、写入（rw-），所属组权限为读取（r--），除此以外的其他人只有读取权限（r--），文件的磁盘占用大小是 34298B，最近一次的修改时间为 4 月 2 日 0:23，文件的名称为 install. log。

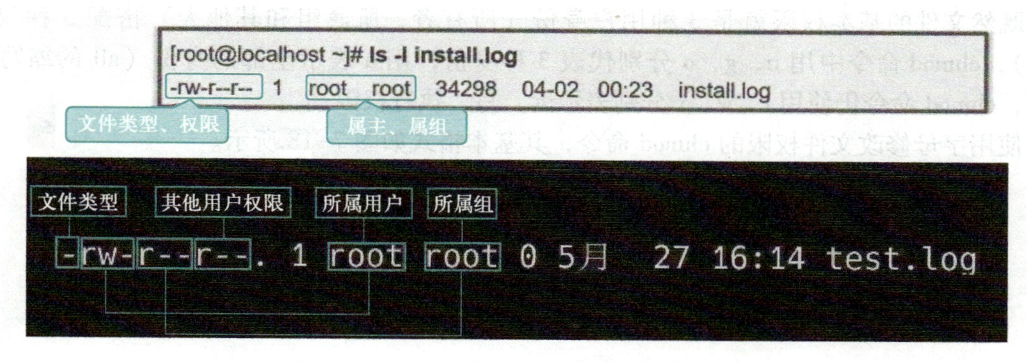

图 7-17　通过 ls 命令查看到的文件属性信息

排在权限前面的减号（-）是文件类型（减号表示普通文件），新手经常会把它跟“无权限”混淆。尽管在 Linux 系统中一切都是文件，但是不同的文件由于作用不同，因此类型也不尽相同（有一点像 Windows 系统的扩展名）。常见的文件类型包括普通文件（-）、目录文件（d）、链接文件（l）、管道文件（p）、块设备文件（b）以及字符设备文件（c）。

普通文件的范围特别广泛，比如纯文本信息、服务配置信息、日志信息以及 Shell 脚本等，都属于普通文件。几乎在每个目录下都能看到普通文件（-）和目录文件（d）的身影。块设备文件（b）和字符设备文件（c）一般是指硬件设备，比如鼠标、键盘、光驱、硬盘等，在/dev/目录中最为常见。

（2）修改文件或目录的权限

可以通过 chmod 命令修改文件和权限。chmod 命令设定文件权限的方式有两种，可以分别使用数字或者符号来进行权限的变更。

1）chmod 命令使用数字修改文件权限。

以 rwxrw-r-x 为例，所有者、所属组和其他人分别对应的权限值为

所有者 = rwx = 4+2+1 = 7

所属组 = rw- = 4+2 = 6

其他人 = r-x = 4+1 = 5

所以，此权限对应的权限值就是 765。

使用数字修改文件权限的 chmod 命令基本格式为

```
[root@ localhost ~]# chmod [-R]权限值 文件名
```

-R（注意是大写）选项表示连同子目录中的所有文件，也都修改设定的权限。

例如，使用如下命令，即可完成对 . bashrc 目录文件权限的修改：

```
[root@ localhost ~]# ls -al .bashrc
-rw-r--r--. 1 root root 176 Sep 22 2004 .bashrc
[root@ localhost ~]# chmod 777 .bashrc
[root@ localhost ~]# ls -al .bashrc
-rwxrwxrwx. 1 root root 176 Sep 22 2004 .bashrc
```

2）chmod 命令使用字母修改文件权限。

既然文件的基本权限就是 3 种用户身份（所有者、所属组和其他人）搭配 3 种权限（rwx），chmod 命令中用 u、g、o 分别代表 3 种身份，用 a 表示全部的身份（all 的缩写）。另外，chmod 命令仍使用 r、w、x 分别表示读、写、执行权限。

使用字母修改文件权限的 chmod 命令，其基本格式如图 7-18 所示。

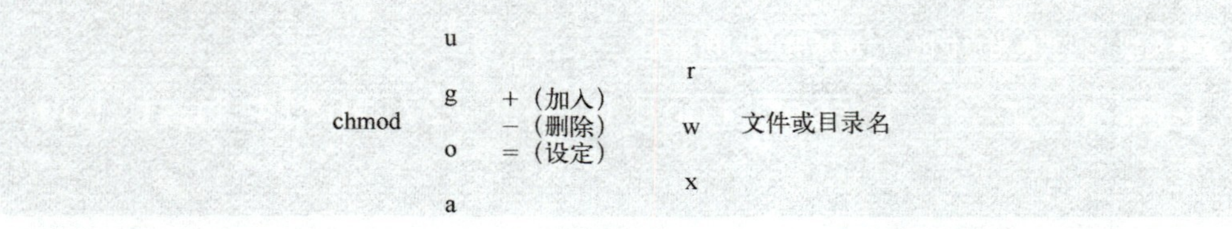

chmod	u g o a	+（加入） -（删除） =（设定）	r w x	文件或目录名

图 7-18　chmod 命令基本格式

例如，要设定 .bashrc 文件的权限为 rwxr-xr-x，则可执行如下命令：

```
[root@ localhost ~]# chmod u=rwx,go=rx  .bashrc
[root@ localhost ~]# ls -al .bashrc
-rwxr-xr-x. 1 root root 176 Sep 22 2004 .bashrc
```

再举个例子，如果想要 .bashrc 文件的每种用户都增加可做写操作的权限，可以使用如下命令：

```
[root@ localhost ~]# ls -al .bashrc
-rwxr-xr-x. 1 root root 176 Sep 22 2004 .bashrc
[root@ localhost ~]# chmod a+w .bashrc
[root@ localhost ~]# ls -al .bashrc
-rwxrwxrwx. 1 root root 176 Sep 22 2004 .bashrc
```

（3）文件的特殊权限

在复杂多变的生产环境中，单纯设置文件的 rwx 权限无法满足人们对安全性和灵活性的需求，因此便有了 SUID、SGID 与 SBIT 的特殊权限位。这是一种对文件权限进行设置的特殊功能，可以与一般权限同时使用，以弥补一般权限不能实现的功能。下面具体介绍这 3 个特殊权限位的功能以及用法：

1）SetUID（SUID），SUID 是一种对二进制程序进行设置的特殊权限，能够让二进制程序的执行者临时拥有所有者的权限（仅对拥有执行权限的二进制程序有效）。因此这只是一种有条件的、临时的特殊权限授权方法。

2）SetGID（SGID），当 s 权限位于所属组的 x 权限位时，就被称为 SetGID，简称 SGID 特殊权限。

3）Sticky BIT（SBIT），简称 SBIT 特殊权限，可译为粘着位、粘滞位、防删除位等。SBIT 权限仅对目录有效，一旦目录设定了 SBIT 权限，则用户在此目录下创建的文件或目录，就只有自己和 root 才有权限修改或删除该文件。

4）特殊权限（SUID、SGID 和 SBIT）的设置，特殊权限 SUID、SGID、SBIT 分别对应的数字 4、2 和 1，给文件或目录设定特殊权限，只需文件普通权限 3 个数字之前增加一个数字位，用来放置给文件或目录设定的特殊权限。

例如：要将一个文件权限设置为-rwsr-xr-x，此文件的普通权限为 755，另外，此文件还有 SUID 权限，因此只需在 755 的前面，加上 SUID 对应的数字 4 即可。也就是只需执行如下命令：

```
chmod 4755 文件名。
```

5）chattr 命令，修改文件系统的权限属性。管理 Linux 系统中的文件和目录，除了可以设定普通权限和特殊权限外，还可以利用文件和目录具有的一些隐藏属性。

chattr 命令，专门用来修改文件或目录的隐藏属性，只有 root 用户可以使用。该命令的基本格式为

```
[root@ localhost ~]# chattr [+-=] [属性] 文件或目录名
```

+表示给文件或目录添加属性，-表示移除文件或目录拥有的某些属性，=表示给文件或目录设定一些属性。

6）lsattr 命令查看文件系统属性。lsattr 命令用于查看文件的隐藏权限，英文全称为“list attributes”，语法格式为“lsattr[参数]文件名称”。

7）文件访问控制列表，前文讲解的一般权限、特殊权限、隐藏权限有一个共性：权限是针对某一类用户设置的，能够对很多人同时生效。如果希望对某个指定的用户进行单独的权限控制，就需要用到文件的访问控制列表（ACL）。通俗来讲，基于普通文件或目录设置 ACL 其实就是针对指定的用户或用户组设置文件或目录的操作权限，更加精准地派发权限。另外，如果针对某个目录设置了 ACL，则目录中的文件会继承其 ACL 权限；若针对文件设置了 ACL，则文件不再继承其所在目录的 ACL 权限。

为了更直观地看到 ACL 对文件权限控制的强大效果，先切换到普通用户，然后尝试进入 root 管理员的家目录中。在没有针对普通用户为 root 管理员的家目录设置 ACL 之前，其执行结果如下所示：

```
[root@ localhost ~]# su - localhost
[localhost@ localhost ~] $ cd /root
-bash: cd: /root: Permission denied
[localhost@ localhost root] $ exit
```

7.4 Linux 设备管理

设备在系统中都是以文件的形式存在的。在 Linux 系统中，系统内核中的设备管理器会自动规范硬件名称，目的是让用户通过设备文件的名称猜出设备大致的属性以及分区信息等。

1. 物理设备的命名规则

常见的硬件设备及其文件名称如表 7-10 所示。

表 7-10 常见硬件设备及文件名称

硬件设备	文件名称
IDE 设备	/dev/hd[a-d]
SCSI/SATA/U 盘	/dev/sd[a-p]
软驱	/dev/fd[0-1]
打印机	/dev/lp[0-15]
光驱	/dev/cdrom
鼠标	/dev/mouse
磁带机	/dev/st0 或/dev/ht0

（1）硬盘的分区编号规则

主分区或扩展分区的编号从 1 开始，到 4 结束；逻辑分区从编号 5 开始。

（2）设备文件名称解析

设备文件命名如图 7-19 所示。首先，/dev/目录中保存的应当是硬件设备文件；其次，

sd 表示是存储设备；然后，a 表示系统中同类接口中第一个被识别到的设备；最后，5 表示这个设备是一个逻辑分区。总之，/dev/sda5 表示的就是“这是系统中第一块被识别到的硬件设备中分区编号为 5 的逻辑分区的设备文件”。

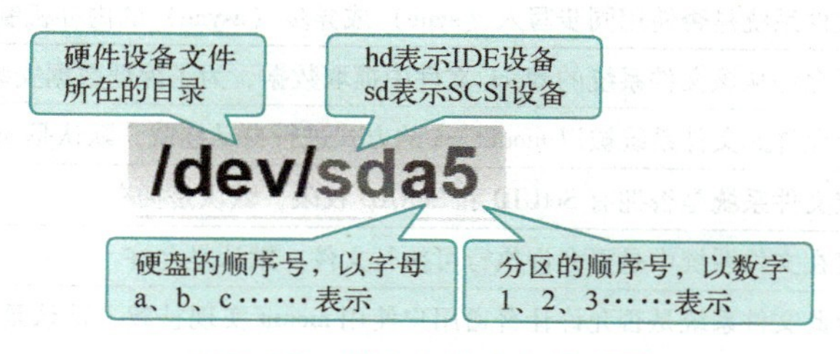

图 7-19　设备文件命名示意图

2. 使用硬件设备

(1) 挂载设备

所有的硬件设备必须挂载之后才能使用，需要使用 mount 挂载命令。mount 命令的常用格式有以下几种：

```
[root@ localhost ~]# mount  [-l]
```

单纯使用 mount 命令，会显示出系统中已挂载的设备信息，使用-l 选项，会额外显示出卷标名称（读者可自行运行，查看输出结果）。

```
[root@ localhost ~]# mount -a
```

-a 选项的含义是自动检查/etc/fstab 文件中有无疏漏的被挂载的设备文件，如果有，则进行自动挂载操作。/etc/fstab 文件是自动挂载文件，系统开机时会主动读取/etc/fstab 这个文件中的内容，根据该文件的配置，系统会自动挂载指定设备。有关自动挂载（修改此文件）的具体介绍，会在后续讲解。

```
[root@ localhost ~]# mount [-t 系统类型] [-L 卷标名] [-o 特殊选项] [-n] 设备文件名
挂载点
```

- -t 系统类型：指定欲挂载的文件系统类型。Linux 常见的支持类型有 EXT2、EXT3、EXT4、iso9660（光盘格式）、vfat、reiserfs 等。如果不指定具体类型，挂载时 Linux 会自动检测。
- -L 卷标名：除了使用设备文件名（例如/dev/hdc6）之外，还可以利用文件系统的卷标名称进行挂载。
- -n：在默认情况下，系统会将实际挂载的情况实时写入/etc/mtab 文件中，但在某些场景下（例如单人维护模式），为了避免出现问题，会刻意不写入，此时就需要使用这个选项。
- -o 特殊选项：可以指定挂载的额外选项，比如读写权限、同步/异步等，如果不指定，则使用默认值（defaults）。具体的特殊选项参见表 7-11。

表 7-11 mount 命令选项及功能

选 项	功 能
rw/ro	是否对挂载的文件系统拥有读写权限，rw 为默认值，表示拥有读写权限；ro 表示只读权限
async/sync	此文件系统是否使用同步写入（sync）或异步（async）的内存机制，默认为异步 async
dev/nodev	是否允许从该文件系统的 block 文件中提取数据，为了保证数据安装，默认是 nodev
auto/noauto	是否允许此文件系统被以 mount -a 的方式进行自动挂载，默认是 auto
suid/nosuid	设定文件系统是否拥有 SetUID 和 SetGID 权限，默认是拥有
exec/noexec	设定在文件系统中是否允许执行可执行文件，默认是允许
user/nouser	设定此文件系统是否允许让普通用户使用 mount 实现挂载，默认是不允许（nouser），仅有 root 可以
defaults	定义默认值，相当于 rw、suid、dev、exec、auto、nouser、async 这 7 个选项
remount	重新挂载已挂载的文件系统，一般用于指定修改特殊权限

【例 1】

```
[root@ localhost ~]# mount      #查看系统中已经挂载的文件系统，注意有虚拟文件系统
/dev/sda3 on / type ext4 (rw)  #将/dev/sda3 分区挂载到了/目录上，文件系统是 ext4，具有读写
权限
proc on /proc type proc (rw)
sysfe on /sys type sysfs (rw)
devpts on /dev/pts type devpts (rw, gid=5, mode=620)
tmpfs on /dev/shm type tmpfs (rw)
/dev/sda1 on /boot type ext4 (rw)
none on /proc/sys/fe/binfmt_misc type binfmt_misc (rw)
sunrpc on /var/lib/nfe/rpc_pipefs type rpc_pipefs (rw)
```

【例 2】修改特殊权限。通过例 1 看到，/boot 分区已经被挂载了，而且采用的是 defaults 选项。重新挂载分区，并采用 noexec 权限禁止执行文件，看看会出现什么情况（注意不要用/分区做实验，否则系统命令也就不能执行了）。

```
[root@ localhost ~]# mount -o remount noexec /boot
#重新挂载 /boot 分区，并使用 noexec 权限
[root@ localhost sh]# cd /boot
#写一个 shell 脚本，看是否会运行
[root@ localhost boot]#vi hello. sh
#!/bin/bash
echo "hello!!"
[root@ localhost boot]# chmod 755 hello. sh
[root@ localhost boot]# ./hello. sh
-bash:./hello. sh:权限不够
#虽然赋予了 hello. sh 执行权限，但是仍然无法执行
[root@ localhost boot]# mount -o remount exec /boot
#记得改回来，否则会影响系统启动
```

对于特殊选项的修改，除非特殊场景下需要，否则不建议随意修改，非常容易造成系统出现问题，而且找不到问题的根源。

【例 3】挂载分区。

```
[root@ localhost ~]# mkdir /mnt/disk1        #建立挂载点目录
[root@ localhost ~]# mount /dev/sdb1 /mnt/disk1
#挂载分区
```

/dev/sdb1 分区还没有被划分。挂载分区的方式非常简单，甚至不需要使用“-ext4”命令指定文件系统，因为系统可以自动检测。

读者可能会想，为什么使用 Linux 系统的硬盘分区这么麻烦，而不能像 Windows 系统在硬盘安装上就可以使用?

其实，硬盘分区（设备）挂载和卸载（使用 umount 命令）的概念源自 UNIX，UNIX 系统一般是作为服务器使用的，系统安全非常重要，特别是在网络上，最简单有效的方法就是“不使用的硬盘分区（设备）不挂载”，因为没有挂载的硬盘分区是无法访问的，这样系统也就更安全了。

另外，这样也可以减少挂载的硬盘分区数量，相应地，也就可以减少系统维护文件的规模，当然也就减少了系统的开销，提高了系统的效率。

（2）开机自动挂载

自动挂载是指在系统启动时，自动将存储设备挂载到指定挂载点的过程，自动挂载可以提高工作效率，避免手动挂载时出现的差错，并且可以避免挂载点冲突等问题。

要想使用系统的自动挂载服务，需编辑/etc/fstab 文件进行配置。/etc/fstab 是 Linux 系统下存储文件系统信息的文件，其中包括磁盘分区、挂载点等信息。可以在其中加入自动挂载信息，使得系统在启动时自动挂载指定设备。

示例代码：

```
/dev/sdb1   /mnt/usb1   ext4   defaults   0   0
```

其中，第一个字段为挂载设备，第二个字段为挂载点，第三个字段为文件系统类型，第四个字段为挂载权限选项，第五个字段为是否备份，第六个字段为开机检查顺序。

配置自动挂载：

将挂载设备、挂载点、文件系统类型、挂载权限选项、是否备份、开机检查顺序的内容写入到/etc/fstab 文件中。

例如，自动将/dev/sdb1 挂载到/data，文件系统为 ext4，默认权限，不备份，不自检配置信息配置到/etc/fstab 文件中，用如下命令：

```
[root@ localhost ~]# echo "/dev/sdb1 /data ext4 defaults 0 0" >> /etc/fstab
```

注意： 使用输出重定向对系统配置文件进行修改时，需注意使用的是覆盖重定向还是追加重定向，使用不慎会造成系统文件丢失，造成严重后果。

（3）卸载硬件设备

umount 命令用于撤销已经挂载的设备文件，格式为

```
umount[挂载点/设备文件]
```

代码演示：

```
#卸载设备时，只需追加设备名或挂载点任一项
[root@ localhost ~]# umount /dev/sdb1 或  [root@ localhost ~]# umount /data
```

7.4.1 存储设备管理

在 Linux 系统中，文件系统是创建在存储设备上的，存储设备种类非常多，常见的主要有光盘、硬盘、U 盘等，甚至还有网络存储设备 SAN、NAS 等，使用最多的是硬盘。从存储数据的介质上来区分，硬盘可分为机械硬盘（Hard Disk Drive，HDD）和固态硬盘（Solid State Disk，SSD），机械硬盘采用磁性碟片来存储数据，而固态硬盘通过闪存颗粒来存储数据。

1. 文件系统

常见的文件系统硬盘的文件系统、网络文件系统（NFS）、交换分区的文件系统（swap）、内存中的临时文件系统（tmpfs）、光盘中的 iso9660、虚拟文件系统（VFS）等。

（1）磁盘文件系统 EXT 和 XFS

EXT（Extended Filesystem，扩展文件系统）是 Linux 系统的日志文件系统，常见的有 EXT2/EXT3/EXT4 几种，比如：CentOS 5 默认使用的是 EXT3，CentOS 6 默认使用的是 EXT4，CentOS 7 以上系统默认使用的是 XFS，可以支持 EXT4。

XFS（Extents File System，扩展文件系统）是一个 64 位的高性能日志文件系统，对特大文件及小尺寸文件的支持都表现出众，支持特大数量的目录。理论上可识别的最大磁盘分区为 18EB-1，可识别的单个文件最大为 9EB。

随着其支持的存储容量越来越大，从 CentOS 7 开始将 XFS 作为默认的文件系统。虽然 XFS 文件系统也是存在缺陷的，如不能压缩，以及删除大量文件时性能低下，但是其在读写性能、修复性和扩展性方面都要比 EXT4 强，因此 XFS 取代 EXT4 已经成为必然趋势。

（2）网络文件系统 NFS

NFS 是使用户访问服务器的文件系统，它可以将远程的磁盘挂载到本地，当作本地磁盘使用。通过 NFS，用户和程序可像访问本地文件一样访问远程系统的文件；NFS 采用 C/S 架构，服务端需开启 TCP 2049 端口。

（3）swap 文件系统

swap 是 Linux 操作系统提供的一种虚拟内存技术，可以将硬盘空间虚拟为内存区域，用于缓存和存储暂时不需要的内存数据。它通过将内存中的不活动页面移到硬盘中，从而腾出空间，让新的内存数据得以加载，以此提高内存的使用效率，一般用户是无法访问交换分区的。

（4）内存中的临时文件系统（tmpfs）

tmpfs 是指临时文件系统，是一种基于内存的文件系统，可以使用用户的内存或 swap 分区来存储文件。简单来说，tmpfs 主要存储暂存的文件。优势是动态文件系统的大小和拥有闪电般的速度。

（5）光盘中的 iso9660

光盘特有的文件系统。

（6）虚拟文件系统（VFS）

虚拟文件系统（VFS），也称为虚拟文件系统交换层（Virtual Filesystem Switch）。它为应用程序员提供一层抽象，屏蔽底层各种文件系统的差异。其实它是一种软件机制，称它为 Linux 的文件系统管理者会更为确切，与它相关的数据结构只存在于物理内存当中。在每次系统初始化期间，Linux 都首先要在内存当中构造一棵 VFS 的目录树（在 Linux 的源代码里称之为名称空间），实际上是在内存中建立相应的数据结构。VFS 目录树在 Linux 的文件系统模块中是个很重要的概念，不要将其与实际文件系统目录树混淆，VFS 中各目录的主要用途是提供实际文件系统的挂载点，当然在 VFS 中也会涉及文件级的操作。

2. 硬盘分区

在安装操作系统的过程中已经对系统硬盘进行了分区，但如果新添加一块硬盘，想要正常使用，也需要对其进行分区。

Linux 中有专门的分区命令 fdisk 和 parted。其中 fdisk 命令较为常用，但不支持大于 2 TB 的分区；如果需要支持大于 2 TB 的分区，则需要使用 parted 命令，当然 parted 命令也能分配较小的分区。先来看看如何使用 fdisk 命令进行分区。

fdisk 命令的格式如下

```
[root@ localhost ~]# fdisk ~l
#列出系统分区
[root@ localhost ~]# fdisk 设备文件名
#给硬盘分区
```

注意： 千万不要在当前的硬盘上尝试使用 fdisk，这会完整删除整个系统，一定要再找一块硬盘，或者使用虚拟机。例如：

```
[root@ localhost ~]# fdisk -l
#查询本机可以识别的硬盘和分区
```

使用“fdisk -l”查看分区信息，能够看到添加的两块硬盘（/dev/sda 和/dev/sdb）的信息。其上半部分状态是硬盘的整体状态，/dev/sda 硬盘的总大小是 32.2 GB，共有 3916 个柱面，每个柱面由 255 个磁头读/写数据，每个磁头管理 63 个扇区。每个柱面的大小是 8225280 B，每个扇区的大小是 512 B。

以硬盘/dev/sdb 为例来做练习，命令如下

```
[root@ localhost ~]# fdisk /dev/sdb
```

在交互界面的等待输入指令的位置，输入 m 得到帮助。

继续分区/dev/sdb：

```
Command (m for help): n            #新建一个分区
省略部分输出信息.....
```

选择输入（p、e 或 l，其中 p 建立一个主分区，e 建立扩展分区，l 建立逻辑分区）后按<Enter>键。为新创建的分区分摊一个编号（主分区号和扩展分区号为 1~4，逻辑分区号为 5 及 5 以上）。

依次进行如下操作：

为分区选择起始扇区，输入后按<Enter>键；

为分区选择结束扇区，也可直接输入所需容量格式：+20G ，输入后按<Enter>键；

新的分区信息编辑完成，需输入 w 写入到硬盘的分区表中 ，输入后按<Enter>键。

硬盘分区完成后，可用 file 命令查看对应文件的属性。

3. 格式化分区（为分区写入文件系统）

分区完成后，如果不格式化写入文件系统，则是不能正常使用的。这时就需要使用 mkfs 命令对硬盘分区进行格式化。mkfs 命令格式如下

```
[root@ localhost ~]# mkfs [-t 文件系统格式] 分区设备文件名
```

格式化 /dev/sdb6 分区的执行命令如下

```
[root@ localhost ~]# mkfs -t ext4 /dev/sdb6
```

这样就创建起所需要的 ext4 文件系统了。虽然 mkfs 命令非常简单易用，但其不能调整分区的默认参数（比如块大小是 4096B），这些默认参数除非特殊情况，否则不需要调整。如果想要调整，就需要使用 mke2fs 命令重新格式化。

7.4.2 RAID 技术

RAID（Redundant Array of Independent Disks，独立磁盘冗余阵列），它的基本思想就是把多个相对便宜的硬盘组合起来，成为一个硬盘阵列组，使得性能达到甚至超过一个价格昂贵、容量巨大的硬盘。RAID 通常被用在服务器上，使用完全相同的硬盘组成一个逻辑扇区，因此操作系统只会把它当作一个硬盘 RAID 分为不同的等级，各个不同的等级均在数据可靠性及读写性能上做了不同的权衡。在实际应用中，可以依据自己的实际需求选择不同的 RAID 方案。

1. 支撑技术

RAID 的两个关键目标是提高数据可靠性和 I/O 性能。磁盘阵列中，数据分散在多个磁盘中，对于计算机系统来说，就像一个单独的磁盘。通过把相同数据同时写入到多块磁盘（典型的如镜像），或者将计算的校验数据写入阵列中来获得冗余能力，当单块磁盘出现故障时可以保证不会导致数据丢失。有些 RAID 等级允许多个磁盘同时发生故障，在这样的冗余机制下，可以用新磁盘替换故障磁盘，RAID 会自动根据剩余磁盘中的数据和校验数据重建丢失的数据，保证数据一致性和完整性。

RAID 中主要有三个关键概念和技术：数据条带（Data Stripping）、镜像（Mirroring）和数据校验（Data parity）。

（1）数据条带

数据条带思想类似于分布式存储，将一个文件数据存储于不同磁盘中。例如，文件大小为 100M 的 A，[0-19M]的内容写入磁盘 1，[20-40M]的内容写入磁盘 2，[40-60M]的内

容写入磁盘 3，[60-80M]的内容写入磁盘 4，[80-100M]的内容写入磁盘 5。这种方式可以提升性能，但是也存在数据不安全的问题，因为将数据分布到不同的磁盘上，存在单点故障。

（2）镜像

镜像是一种冗余技术，为磁盘提供保护功能，防止磁盘发生故障而造成数据丢失。对于 RAID 而言，采用镜像技术，将会同时在阵列中产生两个完全相同的数据副本，并分布在两个不同的磁盘驱动器组上。镜像提供了完全的数据冗余能力，当一个数据副本失效不可用时，外部系统仍可正常访问另一副本，不会对应用系统运行和性能产生影响。而且，镜像不需要额外的计算和校验，故障修复非常快，直接复制即可。镜像技术可以从多个副本进行并发读取数据，提供更高的读 I/O 性能，但不能并行写数据，写多个副本会导致一定的 I/O 性能降低。

（3）数据校验

镜像具有高安全性，但冗余开销太昂贵。数据条带通过并发性来大幅提高性能，然而对数据安全性、可靠性未作考虑。数据校验是一种冗余技术，它用校验数据来提供数据的安全，可以检测数据错误，并在能力允许的前提下进行数据重构。相对镜像，数据校验大幅缩减了冗余开销，用较小的代价换取了极佳的数据完整性和可靠性。数据条带技术提供高性能，数据校验提供数据安全性，RAID 不同等级往往同时结合使用这两种技术。

采用数据校验时，RAID 要在写入数据的同时进行校验计算，并将得到的校验数据存储在 RAID 成员磁盘中。校验数据可以集中保存在某个磁盘或分散存储在多个不同磁盘中，甚至校验数据也可以分块，不同 RAID 等级实现各不相同。当其中一部分数据出错时，就可以对剩余数据和校验数据进行反校验计算重建丢失的数据。校验技术相对于镜像技术的优势在于节省大量开销，但由于每次数据读写都要进行大量的校验运算，对计算机的运算速度要求很高，必须使用硬件 RAID 控制器。在数据重建恢复方面，校验技术比镜像技术复杂得多且慢得多。

海明校验码和异或校验是两种最为常用的数据校验算法。海明校验码不仅能检测错误，还能给出错误位置并自动纠正。海明校验的基本思想是：将有效信息按照某种规律分成若干组，对每一个组作奇偶测试并安排一个校验位，从而能提供多位检错信息，以定位错误点并纠正。可见海明校验实质上是一种多重奇偶校验。异或校验通过异或逻辑运算产生，将一个有效信息与一个给定的初始值进行异或运算，会得到校验信息。如果有效信息出现错误，通过校验信息与初始值的异或运算能还原正确的有效信息。

2. RAID 等级

标准的 RAID 等级包含 RAID 0、RAID 1、RAID 2、RAID 3、RAID 4、RAID 5、RAID 6 七个等级，另外，也可以对单个 RAID 等级进行组合，形成 RAID 01、RAID 10、RAID 50 等组合等级。不同 RAID 级别代表着不同的存储性能、数据安全性和存储成本，如表 7-12 所示，分别介绍如下。

表 7-12　各 RAID 级别主要特征

方案名称	描　述
RAID 0	数据条带化，无校验
RAID 1	数据镜像，无校验

（续）

方案名称	描　述
RAID 2	海明码错误校验及校正
RAID 3	数据条带化读写，校验信息存放于专用硬盘
RAID 4	单次写数据采用单个硬盘，校验信息存放于专用硬盘
RAID 5	数据条带化，校验信息分布式存放
RAID 6	数据条带化，分布式校验并提供两级冗余
RAID 01	先做 RAID 0，后做 RAID 1，同时提供数据条带化和镜像
RAID 10	类似于 RAID 0+1，区别在于先做 RAID 1，后做 RAID 0
RAID 50	先做 RAID 5，后做 RAID 0，能有效提高 RAID 5 的性能

（1）RAID 0

RAID 0 采用的是数据条带技术，它的读写速率为单个磁盘的 N 倍（N 为组成 RAID 0 的磁盘个数），但是却没有数据冗余，单个磁盘的损失会导致数据的不可修复。数据无校验，RAID 0 由于存在单点，所以不安全。如图 7-20 所示。

（2）RAID 1

RAID 1 采用的是镜像技术，它的写入速度比较慢，但读取速度比较快。读取速度可以接近所有磁盘吞吐量的总和，写入速度受限于最慢的磁盘，没有校验数据。RAID 1 由于是数据镜像，所以浪费了一张磁盘，并且写性能不好，读性能提升了。如图 7-21 所示。

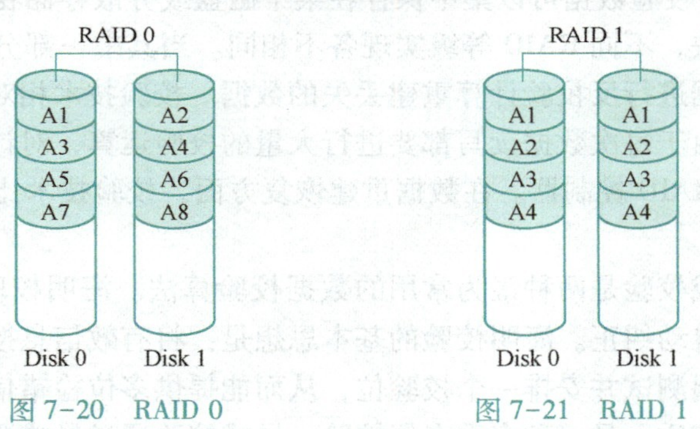

图 7-20　RAID 0　　图 7-21　RAID 1

（3）RAID 2

RAID 2 称为纠错海明码磁盘阵列，其设计思想是利用海明码实现数据校验冗余。海明码自身具备纠错能力，因此 RAID 2 可以在数据发生错误的情况下纠正错误，保证数据的安全性。它的数据传输性能相当高，设计复杂性要低于后面介绍的 RAID 3、RAID 4 和 RAID 5。

但是，海明码的数据冗余开销太大，而且 RAID 2 的数据输出性能受阵列中最慢磁盘驱动器的限制。再者，海明码是按位运算，RAID 2 数据重建非常耗时。由于这些显著的缺陷，再加上大部分磁盘驱动器本身都具备了纠错功能，因此 RAID 2 在实际中很少应用，没有形成商业产品，目前主流存储磁盘阵列均不提供 RAID 2 支持。如图 7-22 所示。

（4）RAID 3

RAID 3 采用一个专用的磁盘作为校验盘，其余磁盘作为数据盘，数据按位或字节的方式交叉存储到各个数据盘中。RAID 3 至少需要三块磁盘，不同磁盘上同一带区的数据做

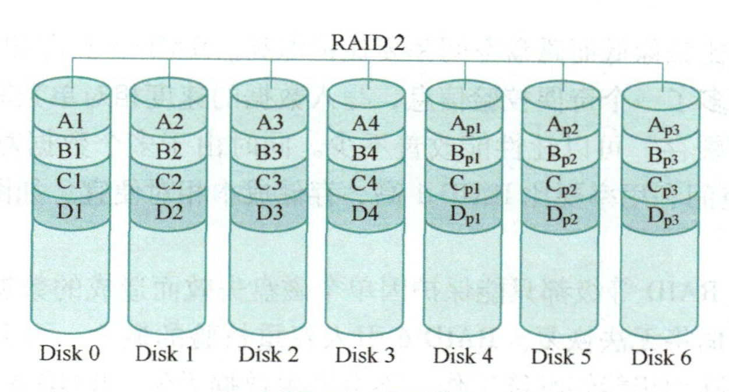

图 7-22　RAID 2

XOR 校验，校验值写入校验盘中。向 RAID 3 写入数据时，必须计算与所有同条带的校验值，并将新校验值写入校验盘中。一次写操作包含了写数据块、读取同条带的数据块、计算校验值、写入校验值等多个操作，系统开销非常大，性能较低。如果 RAID 3 中某一磁盘出现故障，不会影响数据读取，可以借助校验数据和其他完好数据来重建数据。而且 RAID 3 只需要一个校验盘，阵列的存储空间利用率高，加上并行访问的特征，能够为高带宽的大量读写提供高性能。如图 7-23 所示。

（5）RAID 4

RAID 4 与 RAID 3 的原理大致相同，区别在于条带化的方式不同。RAID 4 按照块的方式组织数据，写操作只涉及当前数据盘和校验盘两个盘，多个 I/O 请求可以同时得到处理，提高了系统性能。

RAID 4 提供了非常好的读性能，但单一的校验盘往往成为系统性能的瓶颈。对于写操作，RAID 4 只能一个磁盘一个磁盘地写，并且还要写入校验数据，因此写性能比较差。而且随着成员磁盘数量的增加，校验盘的系统瓶颈将更加突出。正是如上这些限制和不足，使得 RAID 4 在实际应用中很少见，主流存储产品也很少使用 RAID 4 保护。如图 7-24 所示。

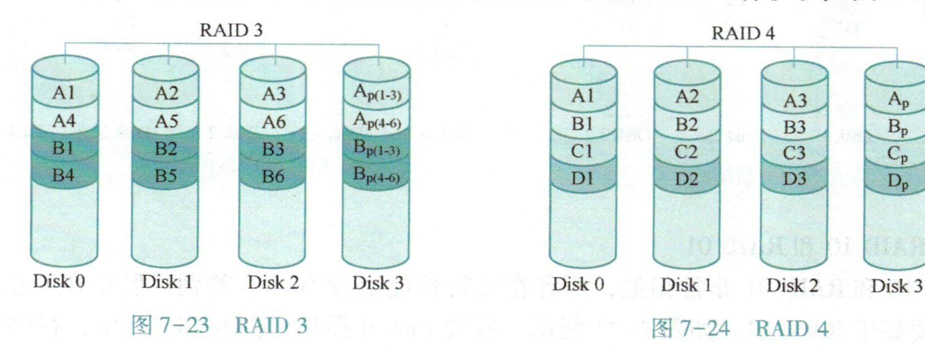

图 7-23　RAID 3　　图 7-24　RAID 4

（6）RAID 5

RAID 5 是目前最常见的 RAID 等级，它把数据和相对应的奇偶校验信息存储到组成 RAID 5 的各个磁盘上，并且把奇偶校验信息和相对应的数据分别存储于不同的磁盘上，其中任意 N-1 块磁盘上都存储完整的数据，也就是说相当于一块磁盘容量的空间用于存储奇偶校验信息。因此当 RAID 5 的一个磁盘发生损坏后，不会影响数据的完整性，从而保证数据安全。当损坏的磁盘被替换后，RAID 还会自动利用剩下的奇偶校验信息去重建磁盘上的数据，以保持 RAID 5 的高可靠性。

RAID 5 可以理解为是 RAID 0 和 RAID 1 的折中方案。RAID 5 可以为系统提供数据安全保障，但保障程度要比镜像低而磁盘空间率要比镜像高。RAID 5 具有和 RAID 0 近似的数据读取速度，只是因为多了一个奇偶校验信息，写入数据的速度相对单独写入一块硬盘的速度略慢，若使用“回写缓存”可以让性能改善不少。同时由于多个数据对应一个奇偶校验信息，RAID 5 的磁盘空间利用率要比 RAID 1 高，存储成本相对便宜。如图 7-25 所示。

（7）RAID 6

前面所述的各个 RAID 等级都只能保护因单个磁盘失效而造成的数据丢失。如果两个磁盘同时发生故障，数据将无法恢复。RAID 6 引入双重校验的概念，可以保护阵列中同时出现两个磁盘失效时，阵列仍能够继续工作，不会发生数据丢失。RAID 6 等级是在 RAID 5 的基础上为了进一步增强数据保护而设计的一种 RAID 方式，它可以看作是一种扩展的 RAID 5 等级。

RAID 6 不仅要支持数据的恢复，还要支持校验数据的恢复，因此实现的代价很高，控制器的设计也比其他等级更复杂、更昂贵。RAID 6 思想最常见的实现方式是采用两个独立的校验算法，假设称为 P 和 Q，校验数据可以分别存储在两个不同的校验盘上，或者分散存储在所有成员磁盘中。当两个磁盘同时失效时，即可通过求解二元方程来重建两个磁盘上的数据。

RAID 6 具有快速的读取性能、更高的容错能力。但是，它的成本要比 RAID 5 高许多，写性能也较差，并且设计和实施非常复杂。因此，RAID 6 很少得到实际应用，主要用于对数据安全等级要求非常高的场合。它一般是替代 RAID 10 方案的经济性选择。如图 7-26 所示。

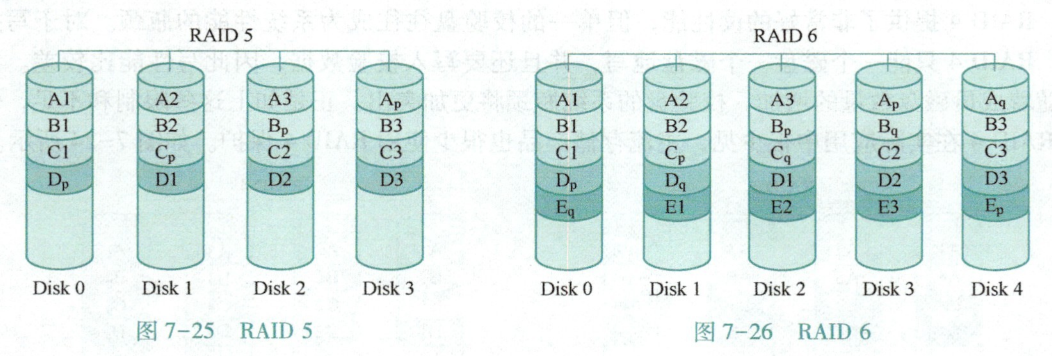

图 7-25　RAID 5

图 7-26　RAID 6

（8）RAID 10 和 RAID 01

RAID 10 和 RAID 01 非常相似，两者在读写性能上没有什么差别。但是在安全性上，RAID 10 要好于 RAID 01。如图 7-27 所示，假设 Disk 0 损坏，在 RAID 10 中，在剩下的 3 块盘中，只有当 Disk 1 故障，整个 RAID 才会失效，但在 RAID 01 中，Disk 0 损坏后，左边的条带将无法读取，在剩下的 3 块盘中，只要 Disk 2 或 Disk 3 这两个磁盘中有任何一个损坏都会导致 RAID 失效。因此，生产上建议使用 RAID 10。

3. RAID 级别的选择

RAID 等级的选择主要有三个因素，即数据可用性、I/O 性能和成本。目前，在实际应用中常见的主流 RAID 等级是 RAID 0、RAID 1、RAID 3、RAID 5、RAID 6 和 RAID 10，它们之间的技术对比情况如表 7-11 所示。如果不要求可用性，选择 RAID 0 以获得高性能；如果可用性和性能是重要的，而成本不是一个主要因素，则根据磁盘数量选择 RAID 1；如果可用性、成本和性能都同样重要，则根据一般的数据传输和磁盘数量选择 RAID 3 或 RAID 5。在实际应用中，应当根据用户的数据应用特点和具体情况，综合考虑可用性、性能和成本来选择合适的 RAID 等级。

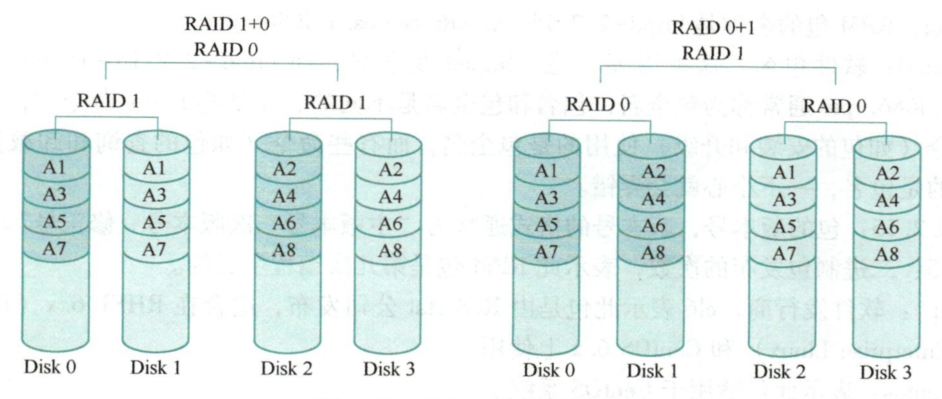

图 7-27　RAID 10 和 RAID 01

7.5 软件安装

如果计算机没有安装操作系统，就是一坨废铁，不能实现任何功能；如果计算机安装了操作系统，但没有应用软件，也只是中看不中用的花瓶。只有安装了所需的软件，才能实现想要的功能。Linux 和 Windows 是完全不同的操作系统，软件包管理方式是截然不同的，而且 Linux 软件包的管理要比 Windows 软件包的管理复杂得多，Windows 下所有的软件都不能在 Linux 中识别，所以 Windows 中大量的木马和病毒也都无法感染 Linux。

7.5.1 RPM 包管理

Linux 下的软件包众多，且几乎都是经 GPL（General Public License，通用性公开许可证，简单理解 GPL 就是一个保护软件自由的协议，经 GPL 协议授权的软件必须开源）授权、免费开源（无偿公开源代码）的。

Linux 下的软件包可细分为两种，分别是源码包和二进制包。源码包就是一大堆源代码程序，是由程序员按照特定的格式和语法编写出来的。源码包的安装需要一名“翻译”将“abcd”翻译成二进制语言，这名“翻译”通常被称为编译器。由于源码包的安装需要把源代码编译为二进制代码，因此安装时间较长。为了解决使用源码包安装方式的这些问题，Linux 软件包的安装出现了使用二进制包的安装方式。二进制包就是源码包经过成功编译之后产生的包。由于二进制包在发布之前就已经完成了编译的工作，因此用户安装软件的速度较快（同 Windows 下安装软件速度相当），且安装过程报错概率大大减小。

二进制包是 Linux 下默认的软件安装包，因此二进制包又被称为默认安装软件包，主要用 RPM 包管理系统，其功能强大，安装、升级、查询和卸载非常简单方便，因此很多 Linux 发行版都默认使用此机制作为软件安装的管理方式。

1. RPM 包统一命名规则

RPM 二进制包的命名需遵守统一的命名规则，用户通过名称就可以直接获取这类包的版本、适用平台等信息。

RPM 二进制包命名的一般格式如下：

包名-版本号-发布次数-发行商-Linux 平台-适合的硬件平台-包扩展名

例如，RPM 包的名称是 httpd-2.2.15-15.el6.centos.1.i686.rpm。

- httpd：软件包名。这里需要注意，httped 是包名，而 httpd-2.2.15-15.el6.centos.1.i686.rpm 通常称为包全名，包名和包全名是不同的，在某些 Linux 命令中，有些命令（如包的安装和升级）使用的是包全名，而有些命令（如包的查询和卸载）使用的是包名，一不小心就会弄错。
- 2.2.15：包的版本号，版本号的格式通常为“主版本号.次版本号.修正号”。
- 15：二进制包发布的次数，表示此 RPM 包是第几次编程生成的。
- el*：软件发行商，el6 表示此包是由 Red Hat 公司发布，适合在 RHEL 6.x（Red Hat Enterprise Linux）和 CentOS 6.x 上使用。
- centos：表示此包适用于 CentOS 系统。
- i686：表示此包适用的硬件平台，RPM 包适用的硬件平台如表 7-13 所示。

rpm：RPM 包的扩展名，表明这是编译好的二进制包，可以使用 rpm 命令直接安装。

此外，还有以 src.rpm 作为扩展名的 RPM 包，这表明是源代码包，需要安装生成源码，然后对其编译并生成 rpm 格式的包，最后才能使用 rpm 命令进行安装。

表 7-13　RPM 包适用的硬件平台

平台名称	适用平台信息
i386	386 以上的计算机都可以安装
i586	586 以上的计算机都可以安装
i686	奔腾Ⅱ以上的计算机都可以安装，目前所有的 CPU 是奔腾Ⅱ以上的，所以这个软件版本居多
x86_64	64 位 CPU 可以安装
noarch	没有硬件限制

2. RPM 包安装、卸载和升级

（1）包默认安装路径

通常情况下，RPM 包采用系统默认的安装路径，所有安装文件都会按照类别分散安装到表 7-14 所示的目录中。

表 7-14　RPM 包默认安装路径

安装路径	含义
/etc/	配置文件安装目录
/usr/bin/	可执行的命令安装目录
/usr/lib/	程序所使用的函数库保存位置
/usr/share/doc/	基本的软件使用手册保存位置
/usr/share/man/	帮助文件保存位置

（2）RPM 包的安装

RPM 包的安装命令格式为

```
[root@ localhost ~]# rpm -ivh 包全名
```

注意一定是包全名。涉及包全名的命令，一定要注意路径，可能软件包在光盘中，因此需提前做好设备的挂载工作。

此命令中各选项参数的含义如下。

- -i：安装（install）。
- -v：显示更详细的信息（verbose）。
- -h：打印 #，显示安装进度（hash）。

例如，使用此命令安装 apache 软件包，如下所示：

```
[root@ localhost ~]# rpm -ivh \("\"续行符)
```

注意：直到出现两个 100% 才是真正的安装成功，第一个 100% 仅表示完成了安装准备工作。

此命令还可以一次性安装多个软件包，仅需将包全名用空格分开即可，如下所示：

```
[root@ localhost ~]# rpm -ivh a.rpm b.rpm c.rpm
```

（3）RPM 包的升级

使用如下命令即可实现 RPM 包的升级：

```
[root@ localhost ~]# rpm -Uvh 包全名
```

- -U（大写）选项的含义是：如果该软件没有安装过则直接安装；若已经安装则升级至最新版本。

```
[root@ localhost ~]# rpm -Fvh 包全名
```

- -F（大写）选项的含义是：如果该软件没有安装，则不会安装，必须安装有较低版本才能升级。

（4）RPM 包的卸载

RPM 软件包的卸载要考虑包之间的依赖性。例如，先安装的 httpd 软件包，后安装 httpd 的功能模块 mod_ssl 包，那么在卸载时，就必须先卸载 mod_ssl，然后卸载 httpd，否则会报错。

软件包卸载和拆除大楼是一样的，本来先盖的 2 楼，后盖的 3 楼，那么拆楼时一定要先拆除 3 楼。

如果卸载 RPM 软件不考虑依赖性，执行卸载命令会报依赖性错误，例如：

```
[root@ localhost ~]# rpm -e httpd
```

RPM 软件包的卸载很简单，使用如下命令即可：

```
[root@ localhost ~]# rpm -e 包名
```

- -e 选项表示卸载，也就是 erase 的首字母。

RPM 软件包的卸载命令支持使用“-nocteps”选项，即可以不检测依赖性直接卸载，但此方式不推荐使用，因为此操作很可能导致其他软件也无法正常使用。

（5）pm 命令查询软件包（-q、-qa、-i、-p、-l、-f、-R）

rpm 命令还可用来对 RPM 软件包进行查询操作，具体包括：

- 查询软件包是否已安装。
- 查询系统中所有已安装的软件包。
- 查看软件包的详细信息。
- 查询软件包的文件列表。
- 查询某系统文件具体属于哪个 RPM 包。

（6）Linux RPM 包验证和数字证书（数字签名）

执行 rpm -qa 命令可以看到，Linux 系统中装有大量的 RPM 包，且每个包都含有大量的安装文件。因此，为了能够及时发现文件误删、误修改文件数据、恶意篡改文件内容等问题，Linux 提供了以下两种监控（检测）方式。

RPM 包校验：其实就是将已安装文件和/var/lib/rpm/目录下的数据库内容进行比较，确定文件内容是否被修改。

RPM 包数字证书校验：用来校验 RPM 包本身是否被修改。

（7）RPM 包校验

RPM 包校验可用来判断已安装的软件包（或文件）是否被修改，此方式可使用的命令格式分为以下 3 种。

```
1)[root@ localhost ~]# rpm -Va
```

- -Va 选项表示校验系统中已安装的所有软件包。

```
2)[root@ localhost ~]# rpm -V 已安装的包名
```

- -V 选项表示校验指定 RPM 包中的文件，是 verity 的首字母。

```
3)[root@ localhost ~]# rpm -Vf 系统文件名
```

- -Vf 选项表示校验某个系统文件是否被修改。

例如校验 apache 软件包中所有的安装文件是否被修改，可执行如下命令：

```
[root@ localhost ~]# rpm ~V httpd
```

可以看到，执行后无任何提示信息，表明所有用 apache 软件包安装的文件均未改动过，还和从原软件包安装的文件一样。

7.5.2 YUM 安装

RPM 二进制包安装软件，这种方法比较烦琐，需要手动解决包之间具有依赖性的问题，尤其是库文件依赖，下面介绍一种可自动安装软件包（自动解决包之间依赖关系）的安装方式。

YUM（Yellow dog Updater，Modified）是一个专门为了解决包的依赖关系而存在的软件包管理器。就好像 Windows 系统上可以通过 360 软件管家实现软件的一键安装、升级和卸载，Linux 系统也提供有这样的工具，就是 YUM。

YUM 是改进型的 RPM 软件管理器，它很好地解决了 RPM 所面临的软件包依赖问题。yum 在服务器端存有所有的 RPM 包，并将各个包之间的依赖关系记录在文件中，当管理员使用 yum 安装 RPM 包时，yum 会先从服务器端下载包的依赖性文件，通过分析此文件从服务器端一次性下载所有相关的 RPM 包并进行安装。YUM 软件可以用 rpm 命令安装，安装之前可以通过如下命令查看 yum 是否已安装：

```
[root@ localhost ~]# rpm -qa | grep yum
yum-metadata-parser-1. 1. 2-16. el6. i686
yum-3. 2. 29-30. el6. centos. noarch
yum-utils-1. 1. 30-14. el6. noarch
yum-plugin-fastestmirror-1. 1. 30-14. el6. noarch
yum-plugin-security-1. 1. 30-14. el6. noarch
```

可以看到，系统上已经安装了 yum。

使用 yum 安装软件包之前，需指定好 yum 下载 RPM 包的位置，此位置称为 yum 源。换句话说，yum 源指的就是软件安装包的来源。

使用 yum 安装软件时至少需要一个 yum 源。yum 源既可以使用网络 yum 源，也可以将本地光盘作为 yum 源。接下来就介绍这两种 yum 源的搭建方式。

1. 网络 yum 源搭建

一般情况下，只要主机网络正常，可以直接使用网络 yum 源，不需要对配置文件做任何修改，这里对 yum 源配置文件做一下简单介绍。

网络 yum 源配置文件位于/etc/yum. repos. d/目录下，文件扩展名为“*. repo”（只要扩展名为“*. repo”的文件都是 yum 源的配置文件）。

```
[root@ localhost ~]# ls /etc/yum. repos. d/
CentOS-Media. repo
CentOS-Debuginfo. repo. bak
CentOS-Vault. repo
```

可以看到，该目录下有 4 个 yum 配置文件，通常情况下 CentOS-Base. repo 文件生效。可以尝试打开此文件，命令如下：

```
[root@ localhost yum. repos. d]# vim /etc/yum. repos. d/ CentOS-Base. repo
[base]
name=CentOS-$releasever - Base
mirrorlist=http://mirrorlist. centos. org/?
release= $releasever&arch=$basearch&repo=os
baseurl=http://mirror. centos. org/centos/$releasever/os/$basearch/
enabled=1
gpgcheck=1
gpgkey=file:///etc/pki/rpm-gpg/RPM-GPG-KEY-CentOS-6
…省略部分输出…
```

此文件中含有 5 个 yum 源容器，这里只列出了 base 容器，其他容器和 base 容器类似。base 容器中各参数的含义分别为

- [base]：容器名称，一定要放在[]中。
- name：容器说明，可以自己定义。
- mirrorlist：镜像站点，可以注释掉。
- baseurl：yum 源服务器的地址。默认是 CentOS 官方的 yum 源服务器，是可以使用的。如果觉得慢，则可以改成喜欢的 yum 源地址。
- enabled：此容器是否生效，如果不写或写成 enabled 则表示此容器生效，写成 enable=0 则表示此容器不生效。
- gpgcheck：如果为 1，则表示 RPM 的数字证书生效；如果为 0，则表示 RPM 的数字证书不生效。
- gpgkey：数字证书的公钥文件保存位置，不用修改。

2. 本地 yum 源

在无法联网的情况下，yum 可以考虑用本地光盘（或安装映像文件）作为 yum 源。

Linux 系统安装映像文件中就含有常用的 RPM 包，可以使用压缩文件打开映像文件（iso 文件），进入其 Packages 子目录，如图 7-28 所示。

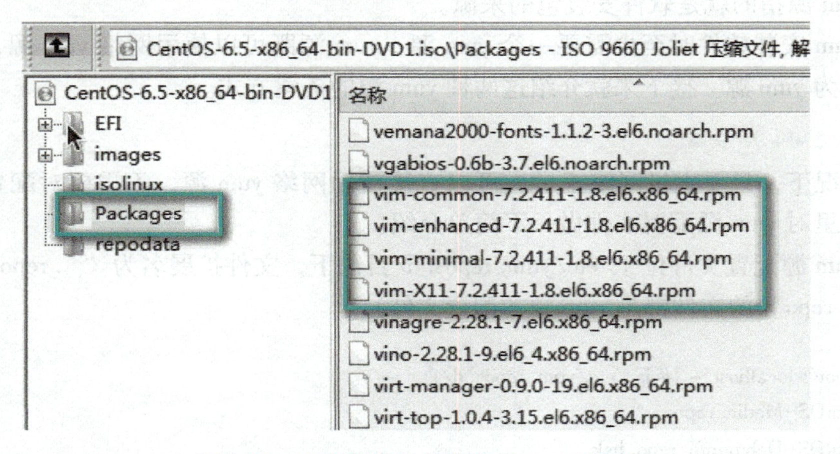

图 7-28 安装映像文件的 Packages 子目录

可以看到，该子目录下含有几乎所有常用的 RPM 包，因此使用系统安装映像作为本地 yum 源没有任何问题。

在/etc/yum. repos. d/目录下有一个 CentOS-Media. repo 文件，此文件就是以本地光盘作为 yum 源的模板文件，只需进行简单的修改即可，步骤如下

1）放入 CentOS 安装光盘，并挂载光盘到指定位置。命令如下：

```
[root@ localhost ~]# mkdir /mnt/cdrom    #创建 cdrom 目录，作为光盘的挂载点
[root@ localhost ~]# mount /dev/cdrom /mnt/cdrom/
mount: block device/dev/sr0 is write-protected, mounting read-only
#挂载光盘到/mnt/cdrom 目录下
```

2）修改其他几个 yum 源配置文件的扩展名，让它们失效，因为只有扩展名是“*. repo”的文件才能作为 yum 源配置文件。当然也可以删除其他几个 yum 源配置文件，但是如果删除后，又想用网络作为 yum 源时，就缺少参考文件，所以最好还是修改扩展名。命令如下：

```
[root@ localhost ~]# cd /etc/yum. repos. d/
[root@ localhost yum. repos. d]# mv CentOS-Base, repo CentOS-Base. repo. bak
[root@ localhost yum. repos. d]#mv CentOS-Debuginfo. repo CentOS-Debuginfo. repo. bak
[root@ localhost yum. repos. d]# mv CentOS-Vault. repo CentOS-Vault. repo. bak
```

3）修改光盘 yum 源配置文件 CentOS-Media. repo，参照以下方式修改：

```
[root@ localhost yum. repos. d]# vim CentOS-Media. repo
[c6-media]
name=CentOS-$releasever - Media
baseurl=file:///mnt/cdrom
#地址为光盘挂载地址
#file:///media/cdrom/
#file:///media/cdrecorder/
#注释这两个不存在的地址
gpgcheck=1
enabled=1
#把 enabled=0 改为 enabled=1，让这个 yum 源配置文件生效
gpgkey=file:///etc/pki/rpm-gpg/RPM-GPG-KEY-CentOS-6
```

这样，本地 yum 源就配置完成了。

3. Linux yum 命令详解（查询、安装、升级和卸载软件包）

下面学习如何使用 yum 命令实现查询、安装、升级和卸载 RPM 包。

（1）yum 查询命令

使用 yum 命令对软件包执行查询操作，常用命令可分为以下几种。

yum list：查询所有已安装和可安装的软件包。例如：

```
[root@ localhost yum. repos. d]# yum list #查询所有可用软件包列表
```

yum info 包名：查询执行软件包的详细信息。例如：

```
[root@ localhost yum. repos. d]# yum info samba   #查询 samba 软件包的信息
```

（2）yum 安装命令

yum 安装软件包的命令基本格式为

```
[root@ localhost yum. repos. d]# yum -y install 包名
```

（3）yum 升级命令

使用 yum 命令升级软件包，需确保 yum 源服务器中软件包的版本比本机安装的软件包版本高。

yum 升级软件包常用命令如下。

yum -y update：升级所有软件包。不过考虑到服务器强调稳定性，因此该命令并不常用。

yum -y update 包名：升级特定的软件包。

（4）yum 卸载命令

使用 yum 命令卸载软件包时，会同时卸载所有与该包有依赖关系的其他软件包，即便

有依赖包属于系统运行必备文件，也会被 yum 卸载，带来的直接后果就是使系统崩溃。

除非能确定卸载此包以及它的所有依赖包不会对系统产生影响，否则不要使用 yum 命令卸载软件包。

yum 卸载命令的基本格式为

```
[root@ localhost yum. repos. d]# yum remove 包名    #卸载指定的软件包
```

4. 软件包组管理

yum 命令除了可以对软件包进行查询、安装、升级和卸载外，还可完成对软件包组的查询、安装和卸载操作。

（1）yum 命令查询软件组包含的软件

既然是软件包组，说明包含不止一个软件包，通过 yum 命令可以查询某软件包组中具体包含的软件包，命令格式为

```
[root@ localhost ~]#yum groupinfo 软件组名
#查询软件组中包含的软件包
```

例如，查询 Web Server 软件包组中包含的软件包，可使用如下命令：

```
[root@ localhost ~]#yum groupinfo "Web Server"
#查询软件包组"Web Server"中包含的软件包
```

（2）yum 命令安装软件组

使用 yum 安装软件包组的命令格式为

```
[root@ localhost ~]#yum groupinstall 软件组名
#安装指定软件组，组名可以由 grouplist 查询出来
```

例如，安装 Web Server 软件包组可使用如下命令：

```
[root@ localhost ~]#yum groupinstall "Web Server"
#安装网页服务软件组
```

（3）yum 命令卸载软件组

yum 卸载软件包组的命令格式为

```
[root@ localhost ~]# yum groupremove 软件组名
#卸载指定软件组
```

yum 软件包组管理命令更适合安装功能相对集中的软件包集合。例如，在初始安装 Linux 时没有安装图形界面，后来发现需要图形界面的支持，这时可以手工安装图形界面软件组（X Window System 和 Desktop），就可以使用图形界面了。

7.6 虚拟机基本操作

虚拟机是在物理资源层上通过虚拟化技术处理计算资源，如阿里云提供云服务器 ECS、

云虚拟主机、GPU 云服务器等。下面通过阿里云创建一台云服务器 ECS。

7.6.1　创建第一台虚拟机

通过浏览器输入阿里云的入口网址 www.aliyun.com，进入阿里云主页，如图 7-29 所示。

图 7-29　阿里云主页

在主页可以注册阿里云用户（如何注册用户，详见 6.5 所述），租用相关服务。用笔者注册账户 langdenghe@ aliyun. com，输入密码登录阿里云，如图 7-30 所示。

按如下步骤租用一台虚拟机（云服务器 ECS）。

1. 选择云服务器

鼠标移动到图 7-29 所示的“产品”，会自动弹出菜单，选择“计算 | 云服务器 ECS”，出现“云服务器 ECS”页面，如图 7-31 所示，在此界面可以选择查看产品价格、进入管理控制台进行管理，也可以立即购买服务。

2. 选择购买方式

单击“立即购买”，进入选择购买方式界面，如图 7-32 所示，可以选择“快速购买”和“自定义购买”。与快速购买相比，自定义购买可根据业务场景灵活地选择镜像类型、实例规格、存储、带宽、安全组等配置，满足用户的业务需求。本文介绍如何自定义购买。

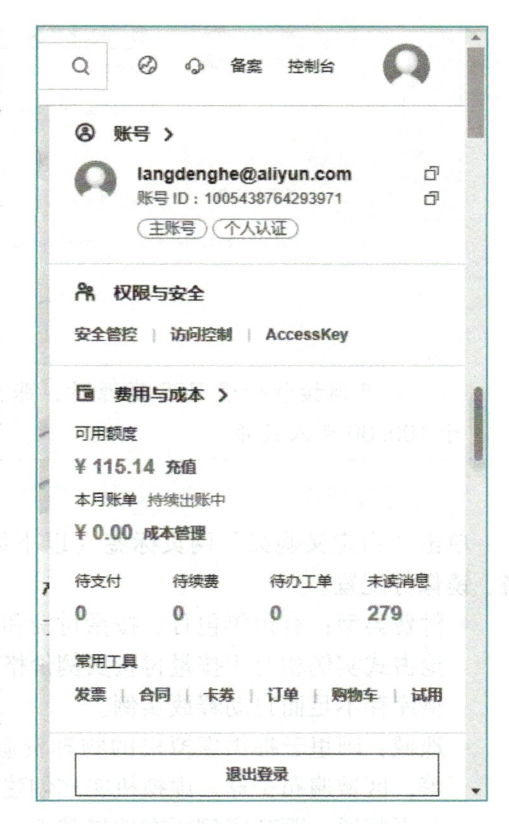

图 7-30　登录用户信息

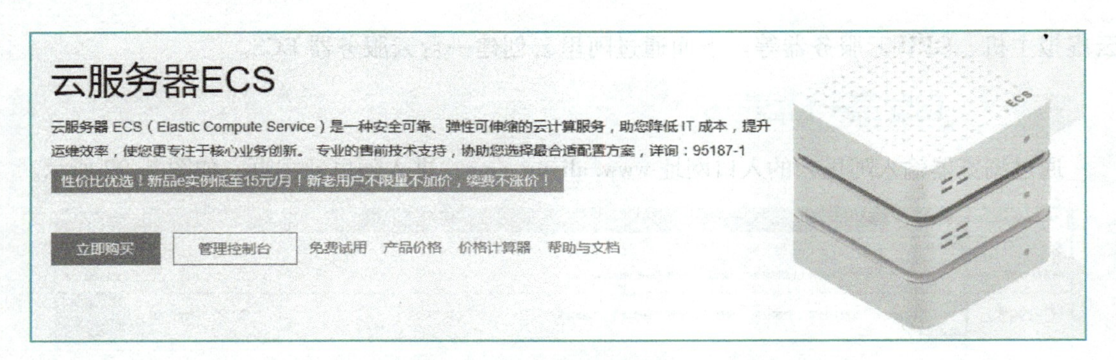

图 7-31 “云服务器 ECS” 页面

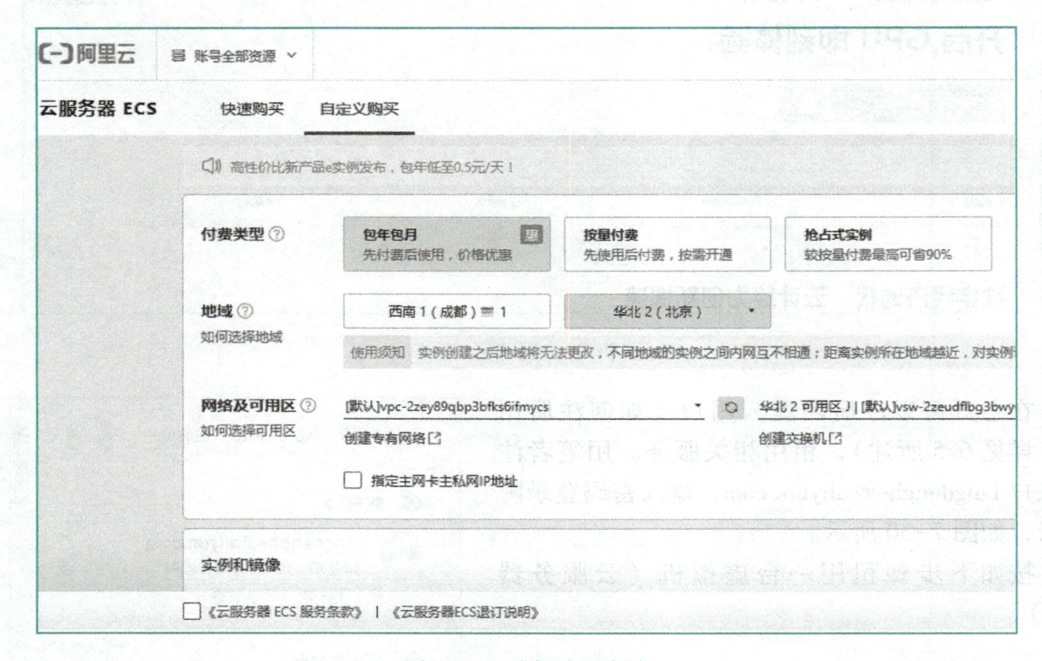

图 7-32 选择购买方式

注意： 开通按量付费 ECS 资源时，账户余额（即现金余额）和代金券的总值不得小于 100.00 元人民币。

3. 选择付费类型、地域、实例规格等

单击“自定义购买”网页标签（以下简称页签），按需选择付费类型、地域、实例规格、镜像等配置。

- 付费类型：有包年包月、按量付费和抢占式实例三种类型，都是先使用后付费，其中抢占式实例相对于按量付费实例价格有一定的折扣，但可能因市场价格变化或实例规格库存不足而自动释放实例。
- 地域：阿里云提供虚拟机的物理资源所在地区，如西南 1（成都）、华北 1（北京）等，区域遍布全球。虚拟机实例创建之后地域将无法更改，不同地域的实例之间内网互不相通；距离实例所在地域越近，对实例的访问速度越快。

- 网络及可用区：推荐使用专有网络，专有网络之间逻辑上彻底隔离，安全性更高，且支持弹性公网 IP（EIP）、弹性网卡、IPv6 等功能；可用区是指在同一地域内，电力和网络互相独立的物理区域，同一可用区内实例之间的网络延时更小，用户访问速度更快。
- 实例规格：实例是能够为用户业务提供计算服务的最小单位，ECS 实例可以分为多种实例规格族。根据 CPU、内存等配置，一种实例规格族又分为多种实例规格。ECS 实例规格定义了实例的基本属性——CPU 和内存（包括 CPU 型号、主频等）。但是，ECS 实例只有同时配合块存储、镜像和网络类型，才能唯一确定一台实例的具体服务形态。
- 镜像：可以通俗地理解为给虚拟机配置的操作系统。

在最终创建“云服务器 ECS”虚拟机前，一定要在页面右侧检查实例的整体配置和配置使用时长等选项，确保各项配置符合要求。笔者选择的配置概要如表 7-15 所示。

表 7-15　配置概要

付费类型	抢占式实例
地域	华北 2（北京）
可用区	华北 2 可用区 J
网络类型	专有网络
专有网络	[默认]vpc-2zey89qbp3bfks6ifmycs
交换机	[默认]vsw-2zeudflbg3bwyehzmi8wp
实例规格	经济型 e / ecs. e-c1m1. large（2vCPU 2 GB）
抢占式实例使用时长	设定实例使用 1 h
单台实例规格上限价格	使用自动出价
镜像	CentOS 7. 8 64 位(安全加固)
系统盘	ESSDEntry 40 GB 随实例释放
公网带宽	没有为实例分配公网 IP 地址
安全组	sg-2zeip0loevltujskfzqn
弹性网卡	eth0/[默认]vsw-2zeudflbg3bwyehzmi8wp
登录凭证	自定义密码
标签	未绑定标签
实例名称	launch-advisor-20230927
元数据访问模式	普通模式（兼容加固模式）

4. 确认配置

确认表 7-15 的配置后，阅读并确认《云服务器 ECS 服务条款》和《云服务器 ECS 退订说明》，在图 7-33 所示的界面中单击“确认下单”按钮，提示创建成功，如图 7-34 所示。

至此，完成在阿里云上创建一台虚拟机的操作。

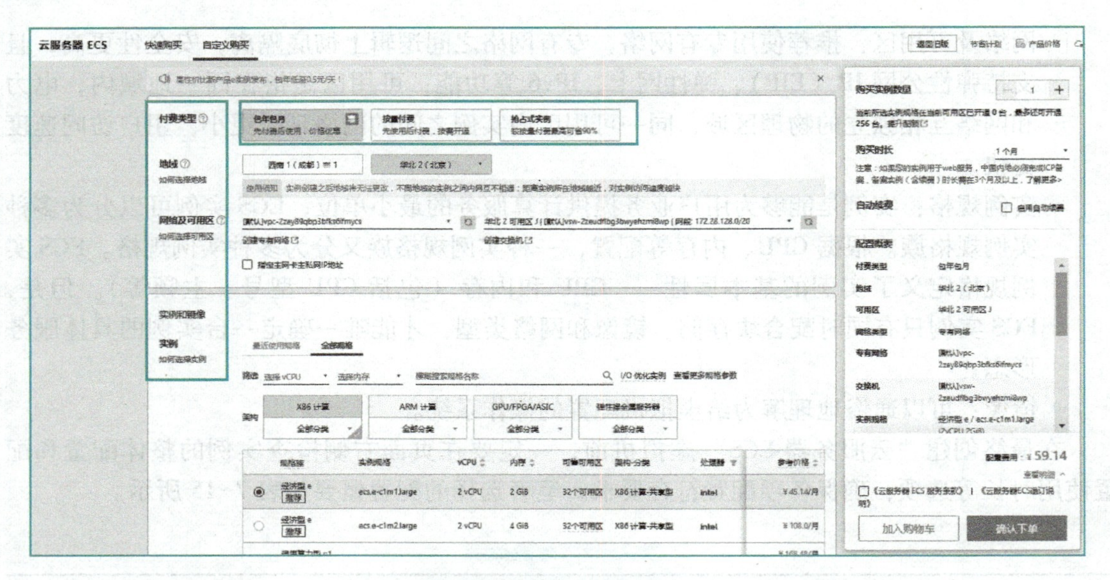

图 7-33　自定义配置选择

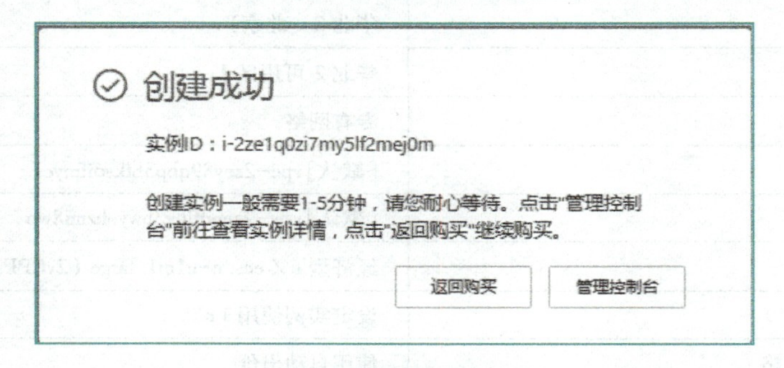

图 7-34　云服务器 ECS 虚拟机创建成功

7.6.2　使用云服务器 ECS

下面来介绍如何使用刚创建的这台虚拟机。

1. 查看资源情况

虚拟机创建成功后，进入“管理控制台”，可以看到“工作台”，如图 7-35 所示，在工作台界面包括“概览”“资源管理”“安全管理”“成本管理”等，在“概览”中可以看到当前资源情况，如图 7-36 所示。

2. 进入云服务器管理控制台

单击图 7-36 中的“控制台”，进入“云服务器管理控制台”页面，如图 7-37 所示，通过控制台对云服务器进行管理，如启动、停止、远程连接。

3. 确定远程连接方式

单击图 7-37 中的“远程连接”，进入远程连接界面，如图 7-38 所示，可以选择四种连接方式，分别是通过 Workbench 远程连接（默认）、通过阿里云客户端连接实例、通过 VNC 远程连接、通过会话管理远程连接，每种方式有不同的场景，读者可以自己尝试。

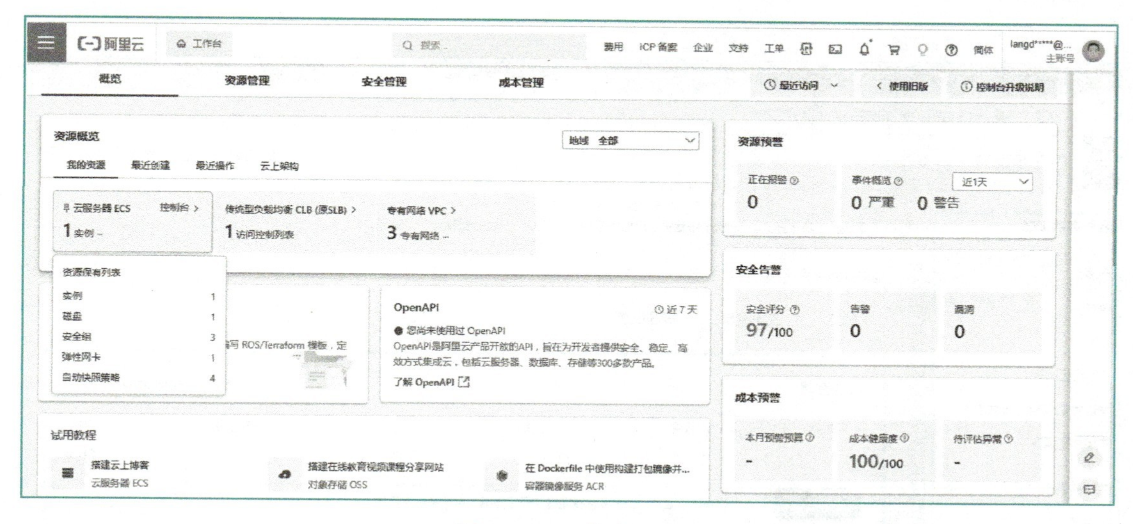

图 7-35　工作台界面

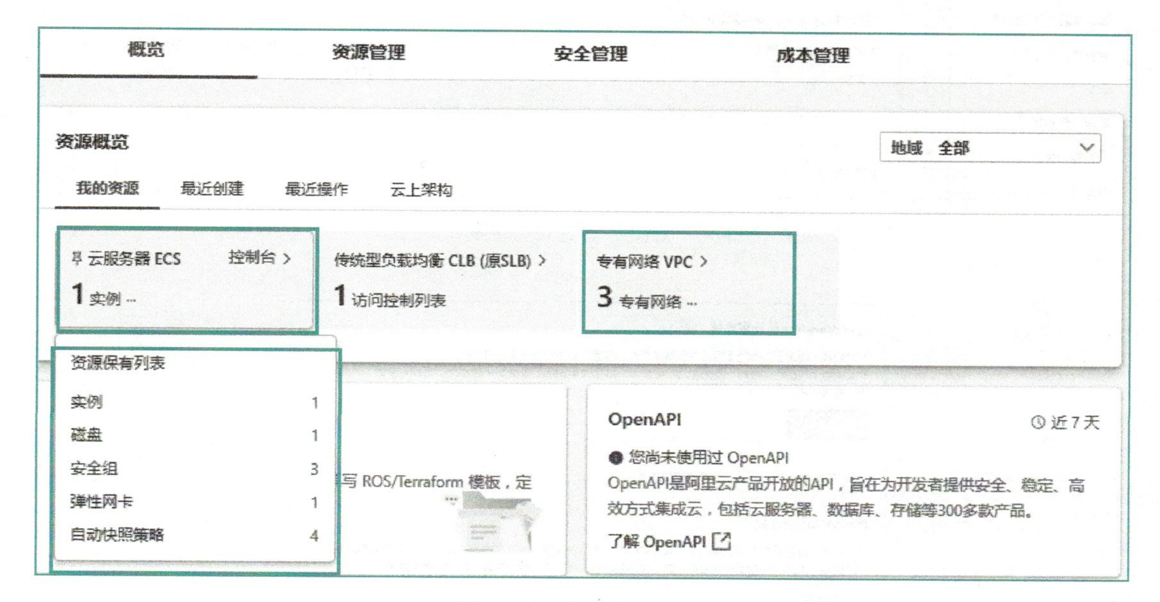

图 7-36　当前资源概览

4. 选择“通过 Workbench 远程连接（默认）”登录服务器

在图 7-38 中，单击“立即登录”按钮，进入登录实例界面，如图 7-39 所示，可见当前登录虚拟机实例名称、所在地域、网络连接 ip 地址（私网）、认证方式、用户名（root）、密码输入框等信息，在密码文本框内输入创建虚拟机实例时设置的密码，单击“确定”按钮，进入虚拟机系统，如图 7-40 所示。

此时，可以像使用本地计算机一样使用阿里云提供的“云服务器 ECS”这台虚拟机了，还可以用这台机器安装相关应用为用户提供服务，如快速搭建网站、部署开发环境、搭建云上博客、搭建小程序、云上高可用架构等，感兴趣的读者可参考阿里云相关教程学习。

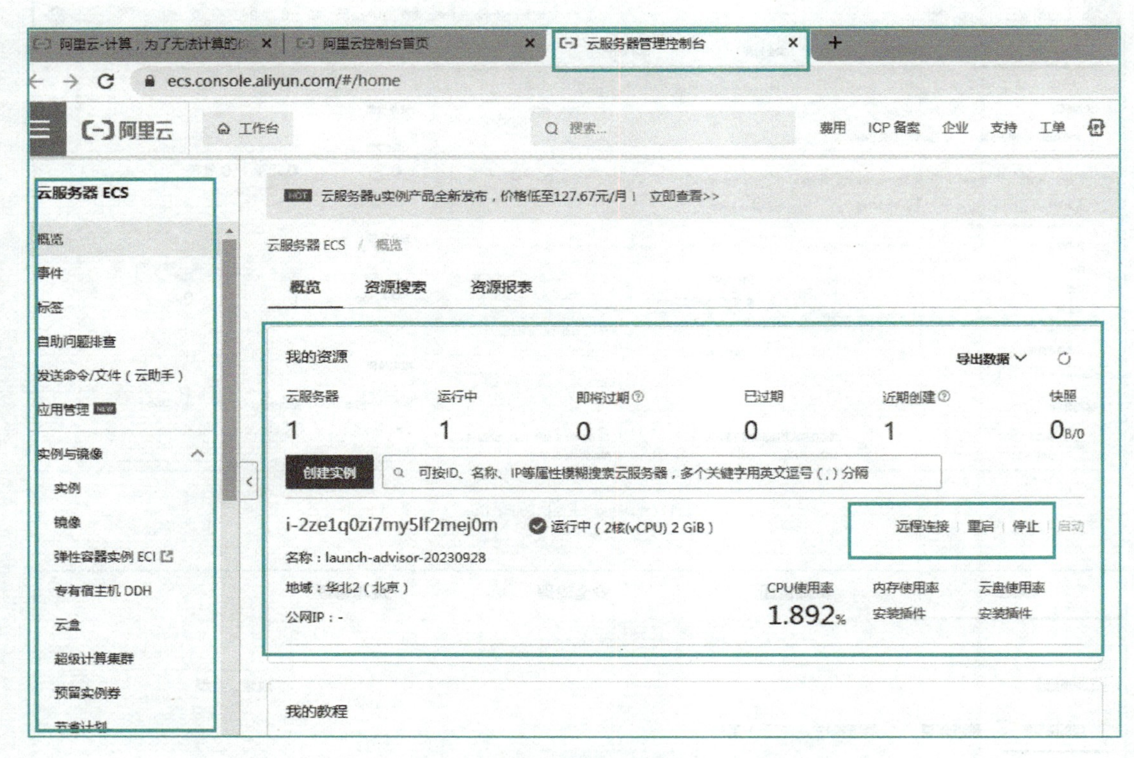

图 7-37 “云服务器管理控制台”页面

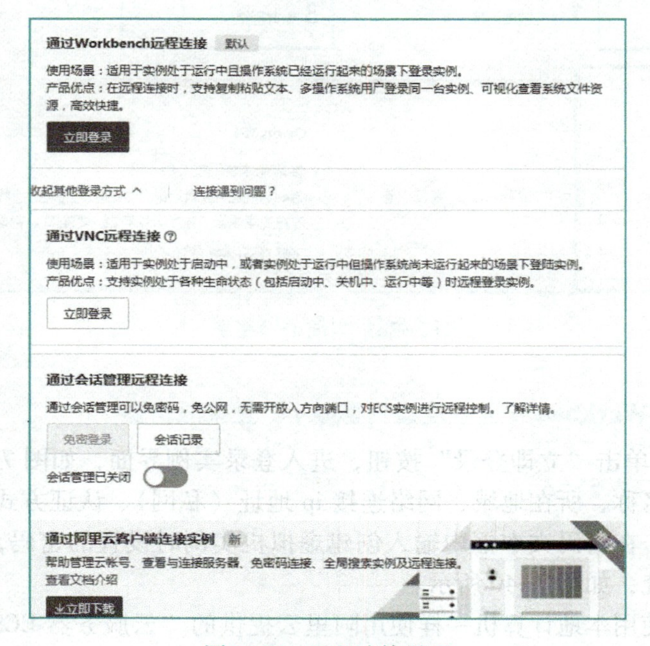

图 7-38 远程连接界面

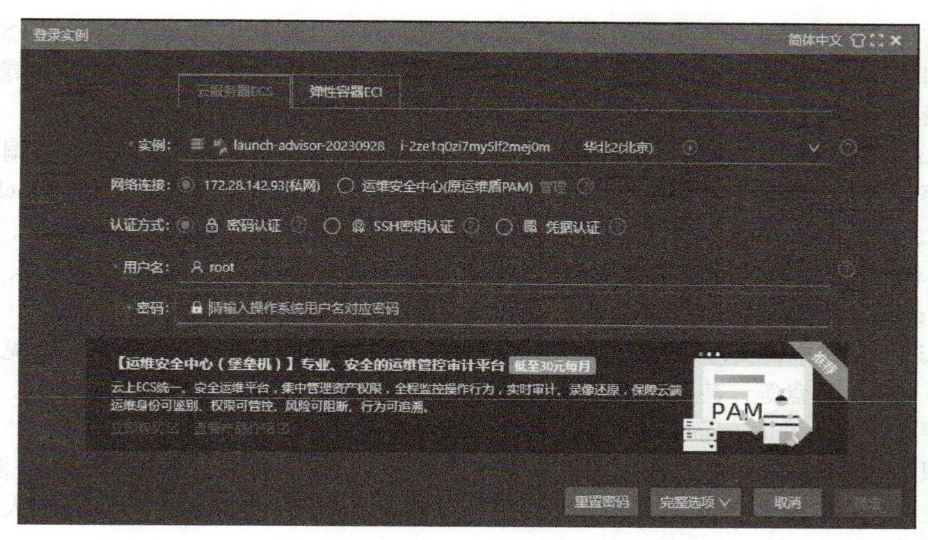

图 7-39　登录实例界面

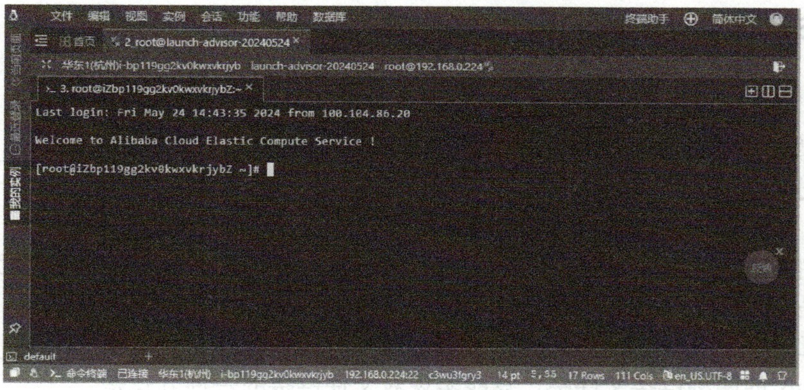

图 7-40　虚拟机连接成功的操作界面

小结

私有云是部署在企事业单位或相关组织内部的云，限于安全和自身业务需求，它所提供的服务不供他人使用，而是供内部人员或分支机构使用。

对于中小企业而言，搭建一个高效可靠的云平台，确保提高业务的灵活性和可扩展性、降低 IT 基础设施的成本、提供更高水平的数据安全和隐私保护、加快应用程序和服务的开发和交付，可以将企业现有业务系统迁移到公有云平台。

云平台搭建一般通过“确定业务需求和目标、选择云服务商、设计云架构、配置和部署云资源、设置安全措施、管理和监控、持续优化和扩展”这七个步骤进行。

云操作系统有很多，主流的云操作系统有 VMware vSphere、OpenStack、阿里飞天云操作系统和 Microsoft Azure 等。

Linux 是数据中心和云中使用最广泛的操作系统，它是一款开源操作系统，长期以来一直是云数据中心的首选，是搭建云平台必须掌握的基本技能。

在 Linux 的设计哲学中，有一条核心原则：一切皆文件，意味着在 Linux 中，几乎所有的资源和设备都以文件的形式进行表示和访问，换句话说，管好文件，就能管理所有资源和设备。实现“一切皆文件”思想的两个关键要素是：设备文件和虚拟文件系统（VFS）。

管理文件的两个重要概念是绝对路径和相对路径，几个特殊目录即“/”根目录，“.”当前目录，“..”父目录。

Linux 系统文件按照功能可分为目录管理、文件管理、文件打包与压缩、文本编辑和文件查找等，主要命令包括 pwd、cd、mkdir、rmdir、ls、vi（vim）、cat、rm、cp、touch、mv、ln、head、tail、less、more、tar、zip、unzip、gzip、gunzip、bzip2、bunzip2、grep 等。

Linux 中用户组管理的相关命令有 useradd、usermod、userdel、id、su、whoami、chage、passwd、groupadd、groupmod、groupdel、gpasswd 等。

在 Linux 系统中，文件系统是创建在存储设备上的，存储设备种类非常多，常见的主要有光盘、硬盘、U 盘等，甚至还有网络存储设备 SAN、NAS 等，使用最多的是硬盘。设备管理的主要命令有 mount、unmout、fdisk、lvm、mdadm 等。

虚拟机是在物理资源层上通过虚拟化技术处理计算资源，如阿里云提供云服务器 ECS、云虚拟主机、GPU 云服务器等。在公有云平台上创建虚拟机是企业事业单位及个人业务上云的重要途径。

思考与练习

一、填空题

1. 默认情况下，超级用户和普通用户的登录提示符分别是________和________。
2. 链接分为________和________。
3. Linux 系统中有三种基本的文件类型________、________和________。
4. 某文件的权限为 drw-r--r--，用数值形式表示该权限，则该八进制数为________，该文件属性是________ 。
5. 安装 Linux 系统对硬盘分区时，必须有两种分区类型________和________。
6. 在 Linux 的两种链接文件中，只能实现对文件链接的一种方式是________。
7. 前台启动的进程使用________终止。
8. 进行字符串查找，使用________命令。
9. 在 Shell 编程时，使用方括号表示测试条件的规则是方括号两边必须有________。
10. 结束后台进程的命令是________。
11. 将前一个命令的标准输出作为后一个命令的标准输入，称之为________。
12. 增加一个用户的命令是________。
13. ________命令能够实时地显示进程状态信息。
14. 在 Linux 系统中，压缩文件后生成扩展名为 .gz 文件的命令是________。
15. RPM 有 5 种基本操作模式，即________。
16. 安装 Linux 系统对硬盘分区时，必须有两种分区类型________。
17. 编写的 Shell 程序运行前必须赋予该脚本文件________。

二、选择题

1. 以下哪一个是 Linux 内核的稳定版本（　　）。

A. 2.5.24　　B. 2.6.17　　C. 1.7.18　　D. 2.3.20

2. 怎样显示当前目录（　　）。

A. pwd　　B. cd　　C. who　　D. ls

3. 把当前目录下的 file1. txt 复制为 file2. txt，正确的命令是（　　）。

A. copy file1. txt file2. txt　　B. cp file1. txt | file2. txt

C. cat file2. txt file1. txt　　D. cat file1. txt > file2. txt

4. 列出当前目录以及子目录下所有扩展名为“. txt”的文件，可以使用的命令是（　　）。

A. ls *. txt　　B. find . -name “. txt”

C. ls -d . txt　　D. find . “. txt”

5. 如何删除一个非空子目录 /tmp（　　）。

A. del /tmp/*　　B. rm -rf /tmp　　C. rm -Ra /tmp/*　　D. rm -rf /tmp/*

6. 存放用户账号的文件是（　　）。

A. shadow　　B. group　　C. passwd　　D. Gshadow

7. 下面哪个系统目录中包含 Linux 使用的外部设备（　　）。

A. /bin　　B. /dev　　C. /boot　　D. /home

8. 在 Vi 编辑器中的命令模式下，键入（　　）可在光标当前所在行下添加新行。

A. O（上一行添加一行）　　B. o

C. i　　D. a

9. 在 Vi 编辑器中的命令模式下，重复上一次对编辑的文本进行的操作，可使用（　　）命令。

A. 上箭头　　B. 下箭头　　C. .　　D. *

10. 删除文件命令为（　　）。

A. mkdir　　B. move　　C. mv　　D. rm

11. 假设文件 fileA 的符号链接（又叫软链接）为 fileB，那么删除 fileA 后，下面的描述正确的是（　　）。

A. fileB 也随之被删除

B. fileB 仍存在，但是属于无效文件

C. 因为 fileB 未被删除，所以 fileA 会被系统自动重新建立

D. fileB 会随 fileA 的删除而被系统自动删除

12. 在给定文件中查找与设定条件相符字符串的命令为（　　）。

A. grep　　B. gzip　　C. find　　D. sort

13. 从后台启动进程，应在命令的结尾加上符号（　　）。

A. &　　B. @　　C. #　　D. $

14. 如果执行命令 #chmod 746 file. txt，那么该文件的权限是（　　）。

A. rwxr--rw-　　B. rw-r--r--　　C. --xr--rwx　　D. rwxr--r--

15. Linux 有三个查看文件的命令，若希望在查看文件内容过程中可以用光标上下移动来查看文件内容，应使用命令（　　）。

A. cat　　B. more　　C. less　　D. menu

16. 在使用 mkdir 命令创建新的目录时，在其父目录不存在时先创建父目录的选项是（　　）。

A. -m　　B. -p　　C. -f　　D. -d

17. 用 ls -al 命令列出下面的文件列表，是符号链接文件的是（　　）。

A. -rw-rw-rw- 2 hel-s users 56 Sep 09 11:05 hello

B. -rwxrwxrwx 2 hel-s users 56 Sep 09 11:05 goodbey

C. drwxr--r-- 1 hel users 1024 Sep 10 08:10 zhang

D. lrwxr--r-- 1 hel users 7 Sep 12 08:12 cheng

18. 文件 exer1 的访问权限为 rw-r--r--，现要增加所有用户的执行权限和同组用户的写权限，下列命令正确的是（ ）。

A. chmod a+x，g+w exer1　　B. chmod 765 exer1

C. chmod o+x exer1　　D. chmod g+w exer1

19. 关闭 Linux 系统（不重新启动）可使用（ ）命令。

A. ctrl+alt+del　　B. shutdown -r　　C. halt　　D. reboot

20. 对文件进行归档的命令为（ ）。

A. gzip　　B. tar　　C. dump　　D. dd

21. 下列哪一个指令可以设定使用者的密码（ ）。

A. pwd　　B. newpwd　　C. passwd　　D. password

22. 下列哪一个指令可以切换使用者身份（ ）。

A. passwd　　B. log　　C. who　　D. su

23. 下列哪一个指令可以显示目录的大小（ ）。

A. dd　　B. df　　C. du　　D. dw

24. 查询 bind 套件是否安装，可用下列哪一指令（ ）。

A. rpm -ivh bind*.rpm　　B. rpm -q bind*.rpm

C. rpm -U bind*.rpm　　D. rpm -q bind

25. 安装 bind 套件，应用下列哪一指令（ ）。

A. rpm -ivh bind*.rpm　　B. rpm -ql bind*.rpm

C. rpm -V bind*.rpm　　D. rpm -ql bind

26. 移除 bind 套件，应用下列哪一指令（ ）。

A. rpm -ivh bind*.rpm　　B. rpm -Fvh bind*.rpm

C. rpm -ql bind*.rpm　　D. rpm -e bind

27. 下列哪一个指令可以用来查看系统负载情况（ ）。

A. w　　B. who　　C. load　　D. ps

28. 下面哪个系统目录中存放了系统引导、启动时使用的一些文件和目录（ ）。

A. /root　　B. /bin　　C. /dev　　D. /boot

29. 如何删除目录/tmp 下的所有文件及子目录（ ）。

A. del /tmp/*　　B. rm -rf /tmp　　C. rm -Ra /tmp/*　　D. rm -rf /tmp/*

30. 对文件重命名的命令为（ ）。

A. rm　　B. move　　C. mv　　D. mkdir

三、简答题

1. 企事业单位为什么要搭建私有云平台，搭建云平台的一般步骤有哪些？
2. Linux 和云操作系统有何联系？
3. 什么是阿里飞天云？
4. 试在腾讯云租用一台虚拟机。

第 8 章 云计算存在的问题

本章要点

- 云计算的安全问题
- 云计算的标准问题
- 云计算的其他问题

目前云计算及其产业的发展可谓百花齐放、欣欣向荣，服务商众多、用户积极参与，但云计算的发展也面临一系列的问题，如云计算的安全问题、云计算的标准问题、政府在云计算及产业发展中的角色问题、产业人才培养问题和服务监管问题等，这些问题解决不好将直接影响云计算及其产业的发展。

本章重点介绍云计算的安全问题、标准问题和政府在云计算产业发展中的角色问题。

8.1 云计算的安全问题

在讨论云计算安全问题之前，先来看几个大的云计算安全事件。

事件一：Google Gmail 邮箱爆发全球性故障

Gmail 是 Google 在 2004 年愚人节推出的免费邮件服务，但是自从推出这项服务以来，时有“中断”事件的发生，成为业界广泛讨论的话题。

2009 年 2 月 24 日，谷歌的 Gmail 电子邮箱爆发全球性故障，服务中断时间长达 4 个小时。谷歌解释事故的原因：在位于欧洲的数据中心例行性维护时，有些新的程序代码有副作用（会试图把地理相近的数据集中于所有人身上），导致欧洲另一个资料中心过载，于是连锁效应波及其他数据中心接口，最终酿成全球性的断线，导致其他数据中心也无法正常工作。

事件过去数日之后，Google 宣布针对这一事件，向企业、政府机构和其他付费 Google Apps Premier Edition 客户提供 15 天免费服务，补偿服务中断给客户造成的损失，每人合计 2.05 美元。

事件二：微软的云计算平台 Azure 停止运行

2009 年 3 月 17 日，微软的云计算平台 Azure 停止运行约 22 个小时。

虽然微软没有给出详细的故障原因，但有业内人士分析，Azure 平台的这次宕机与其中心处理和存储设备故障有关。Azure 平台的宕机可能引发微软客户对云计算服务平台的安全担忧，也暴露了云计算的一个巨大隐患。

不过，当时的 Azure 尚处于“预测试”阶段，所以出现一些类似问题也是可以接受的。提前暴露的安全问题给微软的 Azure 团队敲响警钟，在云计算平台上，安全是客户最看重的环节。

2010 年，Azure 平台正式投入商用，成为开发者喜爱的云平台之一。

事件三：Rack space 云服务中断

2009 年 6 月，Rack space 遭受了严重的云服务中断故障。供电设备跳闸，备份发电机失效，不少机架上的服务器停机。这场事故造成了严重的后果。

为了挽回公司声誉，Rack space 更新了所有博客，并详细讨论了整个经过，但用户并不愿意接受。

同年 11 月，Rack space 再次发生重大的服务中断。事实上，它的用户是完全有机会在服务中断后公开指责这家提供商的，但用户却表示“该事故并不是什么大事。”Rack space 持续提供充足更新并快速修复错误。

由此可见，如果没有严重的数据丢失，并且服务快速恢复，用户依旧能保持愉快的使用体验。对于所谓的“100%正常运行”，大多数用户不会因为偶尔的小事故而放弃提供商，只是不要将问题堆积起来。

事件四：Salesforce. com 宕机

2010 年 1 月，几乎有 68000 名 Salesforce. com 用户都经历了至少 1 个小时的宕机。

Salesforce. com 由于自身数据中心的“系统性错误”，包括备份在内的全部服务发生短暂瘫痪的情况。这也暴露出 Salesforce. com 不愿公开的锁定策略：旗下的 PaaS 平台、Force. com 不能在 Salesforce. com 之外使用。所以一旦 Salesforce. com 出现问题，Force. com 同样会出现问题，服务发生较长时间中断，问题变得很棘手。

这次中断事故让人们开始质疑 Salesfore. com 的软件锁定行为，即将该公司的 Force. com 平台绑定到 Salesforce. com 自身的服务。总之，这次事件只是又一次提醒人们：百分之百可靠的云计算服务目前还不存在。

事件五：Terremark 停机事件

2010 年 3 月，VMware 的合作伙伴 Terremark 发生了 7 个小时的停机事件，让许多客户开始怀疑其企业级的 vCloud Express 服务。此次停机事件，险些将 vCloud Express 的未来断送，受影响用户称故障由“连接丢失”导致。据报道，运行中断仅仅影响了 2%的 Terremark 用户，但是造成了受影响用户的自身服务瘫痪。此外，用户对提供商在此次事件上的处理方式极为不满意。

Terremark 官方解释是：“Terremark 失去连接导致迈阿密数据中心的 vCloud Express 服务中断。”关键问题是 Terremark 是怎么解决这个突发事件的，这家公司并没有明确的方案，只是模糊地对用户担保，并对受到影响的用户进行更新。如果一个提供商想要说服企业用户在关键时刻使用它的服务，这样的方式是达不到目的的。

Terremark 的企业客户 Protected Industries 的创立者 John Kinsella 表示服务中断让他心灰意冷，并称该提供商是“杂货铺托管公司”。Kinsella 将 Terremark 与 Amazon 做了比较，他抱怨说，Terremark 才开始考虑使用的状态报告和服务预警在 Amazon 早已实现。

当然，在对 vCloud Director 的大肆宣传及 VMworld 2010 兴奋地揭幕过后，Terremark 服务中断事件似乎只留下很小的余波。

事件六：Intuit 因停电造成服务中断

2010 年 6 月，Intuit 的在线记账和开发服务经历了大崩溃，公司对此也是大惑不解。包括 Intuit 自身主页在内的线上产品两天内都处于瘫痪状态，用户方面更是惊讶在当下备份方案与灾难恢复工具如此齐全的年代，竟会发生大范围的服务中断。

但这才是开始。大约 1 个月后，Intuit 的 QuickBooks 在线服务在停电后瘫痪。这个特殊的服务中断仅仅持续了几个小时，但是在如此短时间内发生的宕机事件也引起了人们的关注。

Intuit 的事故，显然会给用户带来不便，甚至怨声载道。即便如此，Intuit 依旧继续进军 PaaS 和 Web 服务提供商领域，不断改善服务质量，事故没有造成更大的影响。

事件七：微软爆发 BPOS 服务中断事件

2010 年 9 月，微软在美国西部几周时间内出现至少三次托管服务中断事件，这是微软首次爆出重大的云计算事件。这一事件让那些一度考虑使用云计算的人感到忧虑，特别是让考虑使用与 Office 套装软件捆绑在一起的微软主要云计算产品 Office 365 的用户感到担心。可见，即便是著名的微软公司，面对提供公有云服务的安全问题，也显得有些束手无策。

云计算的应用还有许多问题，但它的发展依然势不可挡。

事件八：Google 邮箱再次爆发大规模的用户数据泄漏事件

2011 年 3 月，Google 邮箱再次爆发大规模的用户数据泄漏事件，大约有 15 万 Gmail 用户在周日早上发现自己的所有邮件和聊天记录被删除，部分用户发现自己的账户被重置，谷歌表示受到该问题影响的用户约为用户总数的 0.08%。

Google 在 Google Apps 状态页面表示："部分用户的 Google Mail 服务已经恢复，我们将在近期拿出面向所有用户的解决方案。"它还提醒受影响的用户说："在修复账户期间，部分用户可能暂时无法登录邮箱服务。"

Google 过去也曾出现故障，但整个账户消失却是第一次。在 2009 年出现最严重的一次故障，有两个半小时服务停顿，当时许多人曾向 Google 投诉需用这个系统工作。接二连三出错，令全球用户数小时不能收发电邮。Google 及微软等科技企业近些年大力发展云计算，期盼吸引企业客户，但云计算储存多次出事，对用户信心有所打击。

事件九：亚马逊云数据中心服务器大面积宕机

2011 年 4 月 22 日，亚马逊云数据中心服务器大面积宕机，这一事件被认为是亚马逊史上最为严重的云计算安全事件。

由于亚马逊在北弗吉尼亚州的云计算中心宕机，包括回答服务 Quora、新闻服务 Reddit、Hootsuite 和位置跟踪服务 Four Square 在内的一些网站受到影响。

4 月 30 日，针对上周出现的云服务中断事件，亚马逊在网站上发表了一份长达近 5700 字的报告，对故障原因进行了详尽解释，并向用户道歉。亚马逊还表示，将向在此次故障中受到影响的用户提供 10 天服务的点数（Credit），将自动充值到受影响的用户账号当中。

亚马逊在报告中指出，公司已经知道漏洞和设计缺陷所在的地方，并希望通过修复那些漏洞和缺陷提高 EC2（亚马逊 Elastic Compute Cloud 服务）的竞争力。亚马逊已经对 EC2 做了一些修复和调整，并打算在未来几周里扩大部署，以便对所有的服务进行改善，避免类似的事件再度出现。

此事件也引起人们对转移其基础设施到云上的担忧：完全依靠第三方去报应用程序的可用性是否可行。

以上是几个公有云服务出现的重大云计算事故，这给大家敲响了警钟，人们应该怎样使用云计算？如何发展云计算？相关安全标准是否应该加以完善？政府如何管理？面对一系列问题，通过图 8-1 所示可以看出人们对于云计算的一些安全疑虑，确实是影响用户认可云计算模式的最大障碍。

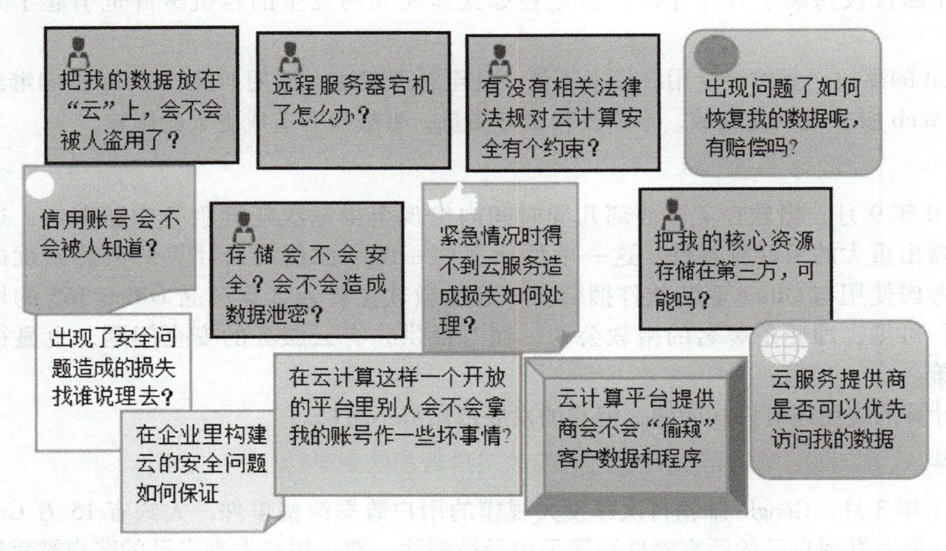

图 8-1　云计算下人们的一些安全疑虑

在这场云计算时代的变革中，越来越多的信息化产品正朝着云计算方向进行迁移或者被创造出来，整个应用及部署模式发生了改变，数据和应用更多地被存储在云计算中心或者云服务商那里，人们的使用行为也变成了共享模式行为方式。然而在这样一个更加开放的以及集中化的“云计算生态环境”下，将带来比传统 IT 信息化过程更大的安全问题，对于政府机构、企业单位、开发者以及普通用户，云计算的审计功能还不够完善，用户的数据并不能透明化，恢复难度也很大，相应的网络违法事件也在增多，这些问题正在迎面而来。我们应该以科学的态度面对这样的一个重大问题，应该在发展云计算的同时，加大对安全标准、安全法规以及安全策略的研究，同时也要培养起人们使用云服务的安全防范意识，构建一个良好有序的“云计算生态环境”。

8.1.1　云计算安全问题分析

面对云计算安全问题，不能对其过分夸大，也不能对其彻底失望，而要以客观科学的态度分析并解决问题。云计算安全问题是一个伴随任何 IT 技术都需要面对的普遍问题，只是云计算的这种集中式一旦出现安全问题，造成的损失会更大。

云计算是一个“云计算生态系统”，可谓包罗万象，从部署方式上分为私有云、公有云和混合云，这 3 种模式网络环境不同，所面临的安全问题不同，涉及的用户也不同。从网络的不同端来看，从各种客户端（计算机、手机终端、IPAD 和电视机顶盒等智能设备）到网络传输，再到云服务商的运营环境，都伴随着安全隐患问题。如图 8-2 所示，是在 3 种服务层次上的划分，每一种服务都是一种类型，面对不同的用户，都会涉及前后台以及云端和客户端的整条链路的安全问题。

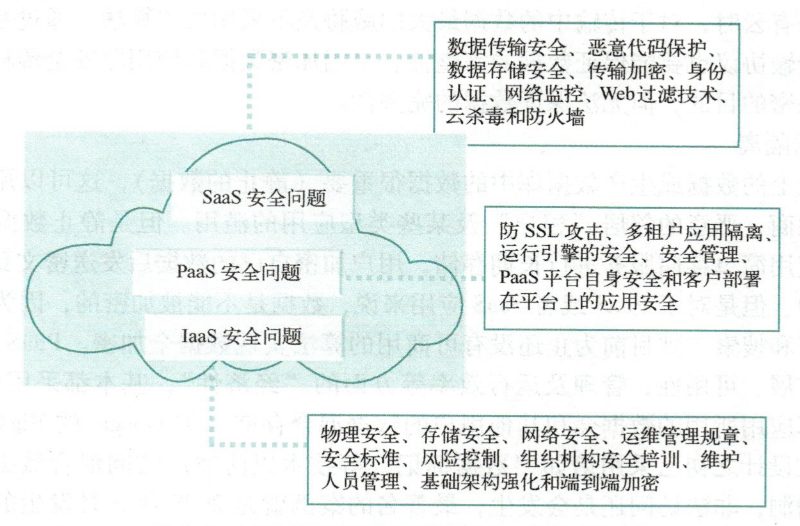

图 8-2　云计算 3 种服务模式下的不同安全问题

下面讨论的几点安全问题，是按照客户端、服务进行的。将 SaaS 层、PaaS 层和 IaaS 层的安全问题作为服务来讲，同时运用于云计算服务应用场景，如 IaaS 计算服务、IaaS 存储服务、PaaS 平台服务、私有云等面临的安全问题是不一样的。

云计算参考模型之间的关系和依赖性对于理解云计算安全非常关键，IaaS 是所有云服务的基础，PaaS 一般建立在 IaaS 之上，而 SaaS 一般又建立在 PaaS 之上。

IaaS 涵盖了从机房设备到硬件平台等所有的基础设施资源层面。PaaS 位于 IaaS 之上，增加了一个层面用以与应用开发、中间件能力及数据库、消息和队列等功能集成。PaaS 允许开发者在平台之上开发应用，开发的编程语言和工具由 PaaS 提供。SaaS 位于底层的 IaaS 和 PaaS 之上，能够提供独立的运行环境，用以交付完整的用户体验，包括内容、展现、应用和管理能力。

如表 8-1 所示，概括了云计算安全领域中的数据安全、应用安全和虚拟化安全等问题涉及的关键内容。

表 8-1　云安全关键内容

云安全层次	云安全内容
数据安全	数据传输、数据隔离、数据残留
应用安全	终端用户安全、SaaS 安全、PaaS 安全、IaaS 安全
虚拟化安全	虚拟化软件、虚拟服务器

接下来将对云计算安全领域中的数据安全、应用安全和虚拟化安全等问题的应对策略和技术进行重点阐述。

1. 数据安全

用户和云服务提供商应避免数据丢失和被窃，无论使用哪种云计算的服务模式（SaaS、PaaS 和 Iaas），数据安全都变得越来越重要。以下从数据传输安全、数据隔离和数据残留等方面展开讨论。

(1) 数据传输安全

在使用公有云时，对于传输中的数据最大的威胁是不采用加密算法。通过互联网传输数据，采用的传输协议也要能保证数据的完整性。采用加密数据和使用非安全传输协议的方法也可以达到保密的目的，但无法保证数据的完整性。

(2) 数据隔离

加密磁盘上的数据或生产数据库中的数据很重要（静止的数据），这可以用来防止恶意的云服务提供商、恶意的邻居“租户”及某些类型应用的滥用。但是静止数据加密比较复杂，如果仅使用简单存储服务进行长期存储，用户加密自己的数据后发送密文到数据存储商那里是可行的。但是对于 PaaS 或者 SaaS 应用来说，数据是不能被加密的，因为加密过的数据会妨碍索引和搜索。到目前为止还没有可商用的算法实现数据全加密。PaaS 和 SaaS 应用为了实现可扩展、可用性、管理及运行效率等方面的“经济性”，基本都采用多租户模式，因此被云计算应用所用的数据会和其他用户的数据混合存储（如 Google 的 BigTable）。虽然云计算应用在设计之初已采用诸如“数据标记”等技术以防非法访问混合数据，但是通过应用程序的漏洞，非法访问还是会发生，最著名的案例就是 2009 年 3 月发生的谷歌文件非法共享。虽然有些云服务提供商请第三方审查应用程序或应用第三方应用程序的安全验证工具加强应用程序安全，但出于经济性考虑，无法实现单租户专用数据平台，因此唯一可行的选择就是不要把任何重要的或者敏感的数据存储到公共云中。

(3) 数据残留

数据残留是数据在被以某种形式擦除后所残留的物理表现，存储介质被擦除后可能留有一些物理特性使数据能够被重建。在云计算环境中，数据残留更有可能会无意泄露敏感信息，因此云服务提供商应能向云用户保证其鉴别信息所在的存储空间被释放或再分配给其他云用户前得到完全清除，无论这些信息是存储在硬盘上还是在内存中。云服务提供商应保证系统内的文件、目录和数据库记录等资源所在的存储空间被释放或重新分配给其他云用户前得到完全清除。

2. 应用安全

由于云环境的灵活性、开放性及公众可用性等特性，给应用安全带来了很多挑战。云服务商在云主机上部署的 Web 应用程序应当充分考虑来自互联网的威胁。

IaaS 云服务商（如亚马逊 Ec2、GoGrid 等）将用户在虚拟机上部署的应用看作一个黑盒子，IaaS 提供商完全不知道用户应用的管理和运维。用户的应用程序和运行引擎，无论运行在何种平台上，都由用户部署和管理，因此用户对云主机之上应用安全负有全部责任，用户不应期望 IaaS 提供商的应用安全帮助。

(1) 终端用户安全问题

终端用户不仅是计算机设备，更多的还包含了所有的智能设备，这是一个更加广义上的概念，因为云计算的发展非常迅速，已经渗透到大部分智能设备中，这也恰恰符合了云计算的特性（广泛的访问能力），将会带来更多的便利，使人们享受无处不在的服务。然而在这背后，也带来了很多安全隐患。当然这些安全问题不仅仅是在云计算环境下才有的，而是一个普遍问题。

对于使用云服务的用户，应该保证自己计算机的安全。在用户的终端上部署安全软件，包括反恶意软件、个人防火墙及 IPS 类型的软件。目前，浏览器已经普遍成为云服务应用的客户端，但不幸的是所有的互联网浏览器毫无例外地存在软件漏洞，这些软件漏洞加大了终端用户被攻击的风险，从而影响云计算应用的安全。因此，云用户应该采取必要的措施保护浏览器免受攻击，在云环境中实现端到端的安全。云用户应使用自动更新功能，定期完成浏览器打补丁和更新工作。

随着虚拟化技术的广泛应用，许多用户现在喜欢在个人计算机上使用虚拟机来工作（公事与私事）。有人使用 VMware Player 来运行多重系统（如使用 Linux 作为基本系统），通常这些虚拟机甚至都没有达到补丁级别。这些系统被暴露在网络上更容易被黑客利用成为“流氓虚拟机”。对于企业客户，应该从制度上规定连接云计算应用的个人计算机禁止安装虚拟机，并且对个人计算机进行定期检查。

（2）SaaS 层的安全问题

SaaS 应用提供给用户的能力是使用服务商运行在云基础设施和平台之上的应用，用户使用各种客户端设备通过浏览器来访问应用。用户并不管理或控制底层的云基础设施，如网络、服务器、操作系统和存储，甚至其中单个的应用能力，除非是某些有限用户的特殊应用配置项。SaaS 模式决定了提供商管理和维护整套应用，因此 SaaS 提供商应最大限度地确保提供给客户的应用程序和组件的安全，客户通常只需负责操作层的安全功能，包括用户和访问管理，所以选择 SaaS 提供商需要特别慎重。目前对于提供商评估的做法通常是根据保密协议，要求提供商提供有关安全实践的信息。该信息应包括设计、架构、开发、黑盒与白盒应用程序安全测试和发布管理。有些客户甚至请第三方安全厂商进行渗透测试（黑盒安全测试），以获得更为翔实的安全信息，不过渗透测试通常费用很高而且也不是所有提供商都同意进行这种测试。

还有一点需要特别注意，SaaS 提供商提供的身份验证和访问控制功能，通常情况下这是客户管理信息风险唯一的安全控制措施。大多数服务（包括谷歌）都会提供基于 Web 的管理用户界面。最终用户可以分派读取和写入权限给其他用户。然而这个特权管理功能可能不先进，细粒度访问可能会有弱点，也可能不符合组织的访问控制标准。

用户应该尽量了解特定访问控制机制，并采取必要步骤，保护在云中的数据；应实施最小化特权访问管理，以消除威胁云应用安全的内部因素。

所有有安全需求的云应用都需要用户登录，有许多安全机制可提高访问安全，如通行证或智能卡，而最为常用的方法是可重用的用户名和密码。如果使用强度最小的密码（如需要的长度和字符集过短）和不做密码管理（过期密码、历史密码）很容导致密码失效，而这恰恰是攻击者获得信息的首选方法，从而容易被猜到密码。因此，云服务提供商应能够提供高强度密码；定期修改密码，时间长度必须基于数据的敏感程度；不能使用旧密码等可选功能。

在目前的 SaaS 应用中，服务提供商将客户数据（结构化和非结构化数据）混合存储是普遍的做法，通过唯一的客户标识符，在应用中的逻辑执行层可以实现客户数据逻辑上的隔离，但是当云服务提供商的应用升级时，可能会造成这种隔离在应用层的执行过程中变得脆弱。因此，客户应了解 SaaS 提供商使用的虚拟数据存储架构和预防机制，以保证多租户在一个虚拟环境所需要的隔离。SaaS 提供商应在整个软件生命开发周期加强在软件安全性上的措施。

（3）PaaS 层的安全问题

PaaS 提供给用户的能力是在基础设施之上部署用户创建或采购的应用，这些应用使用服务商支持的编程语言或工具开发，用户并不管理或控制底层的云基础设施，包括网络、服务器、操作系统或存储等，但是可以控制部署的应用以及应用主机的某个环境配置。PaaS应用安全包含两个层次：PaaS平台自身的安全，客户部署在PaaS平台上应用的安全。

SSL是大多数云安全应用的基础，PaaS提供商必须明白当前的形势，并采取可能的办法来缓解SSL攻击，避免应用被暴露在默认攻击之下。用户必须要确保自己有一个变更管理项目，在应用提供商指导下进行正确应用配置或打配置补丁，及时确保SSL补丁和变更程序能够迅速发挥作用。

PaaS提供商通常都会负责平台软件（包括运行引擎）的安全，如果PaaS应用使用了第三方应用、组件或Web服务，那么第三方应用提供商则需要负责这些服务的安全。因此用户需要了解自己的应用到底依赖于哪个服务，在采用第三方应用、组件或Web服务的情况下用户应对第三方应用提供商做风险评估。目前，云服务提供商接口平台的安全使用信息会被黑客利用而拒绝共享，尽管如此，客户应尽可能地要求云服务提供商增加信息透明度以利于风险评估和安全管理。

PaaS应用还面临着配置不当的威胁，在云基础架构中运行应用时，应用在默认配置下安全运行的概率几乎为零。因此，用户最需要做的事就是改变应用的默认安装配置，需要熟悉应用的安全配置流程。

（4）IaaS安全

根据公有云或私有云实现IaaS的不同，安全问题也有所不同。对私有云而言，企业可以完全控制方案。而对于公有云中的IaaS，用户并不控制底层的计算、网络和存储基础架构。需要考虑如下安全问题：

- 数据泄露的防护和数据使用的监视；
- 认证和授权；
- 事件响应和取证功能（端到端的日志和报告）；
- 基础架构的强化；
- 端到端的加密；
- 数据泄露的防护和数据使用的监视。

企业需要密切地监视存储在公有云和私有云IaaS基础架构中的数据。在将IaaS部署在公有云中时，这一点尤其重要。你需要知道谁在访问信息、如何访问（从何种设备访问）、从何处访问（源IP地址）和在信息被访问之后发生了什么问题（是被转发给了另外一个用户或是被复制到了另外一个位置）。

可以利用现代的版权管理服务，对企业认可的所有关键信息进行应用限制。必须为这种信息创建策略，然后以一种不需要用户干预（用户没有责任决定哪些是关键信息，从而受到限制保护）的方法来部署这些策略。此外，还应当创建一种透明的过程，控制谁可以访问这种信息，然后为不需要在公司数据中心之外长期存在的敏感信息创建并实施一种“自我破坏”策略。

1）认证和授权。

为了获得一个高效的数据丢失防护（DLP）方案，还需要强健的认证和授权方法。如今，业界都认可用户名和口令并非最安全的认证机制。企业应当考虑对需要限制的所有信息实施双因素或多因素认证。此外，可以考虑根据用户对IaaS方案的每一个提供商的信任水平，建立分等级的访问策略。显然，对其他公司的邮件服务的授权水平要比对自己公司的活动目录环境的授权水平低得多。用户需要将这种分层授权整合到DLP方案中。

2）端到端的日志和报告。

高效的 IaaS 部署，无论是在私有云中还是在公有云中，都要求部署全面的日志和报告。由于虚拟机自动转换并且在服务器之间动态地进行迁移，绝对无法知道在任何时间点上自己的信息在哪里（在关注存储虚拟化和动态迁移问题时，这个问题更为有趣）。为了跟踪信息在哪里、谁访问信息、哪些机器正在处理信息和哪些存储阵列对信息负责等，需要强健的日志和报告方案。

日志和报告方案对于服务的管理和优化非常重要，在遭受安全损害时，其重要性更为明显。日志对于事件的响应和取证至关重要，而事件发生后的报告和结果将严重地依赖于日志基础架构。务必确保记录所有的计算、网络、内存和外存活动，并确保所有的日志都被存储在多个安全位置，且极端严格地限制访问。还应确保使用最少特权原则来推动日志的创建和管理活动。

3）基础架构的强化。

需要确保“黄金镜像”（企业为每个目标用户群构建的适合其需要的虚拟机定制桌面）虚拟机和虚拟机模板得到强化并保持清洁。在创建镜像时，这可以通过初始系统的强化来实现，而且还可以利用最新技术，通过最新服务和安全更新离线地更新镜像。要确保部署一个过程，用以经常测试这些重要镜像的安全性，不管是出于恶意或非恶意目的而对原始配置做出改变，确保其不会偏离最需要的配置。

4）端到端的加密。

IaaS 作为一项服务，需要充分利用端点到端点之间的加密。确保利用整盘加密，这会确保磁盘上所有数据的安全，而不仅仅是对用户的数据文件进行加密。这样做还会防止离线攻击。除了整盘加密，还要确保 IaaS 基础架构中与主机操作系统（在物理计算机（宿主机）上运行的操作系统，在它之上运行虚拟机软件）和虚拟机的所有通信都要加密。这可以通过 SSL/TLS 或 IPsec 实现。这不仅包括与管理工作站之间的通信，还包括虚拟机之间的通信（假设允许虚拟机之间的通信）。此外，如果条件允许，尽可能部署同态加密等机制，以保持终端用户通信的安全。

云计算作为一种新的计算平台，绝非仅仅是服务器的虚拟化，它必将带来新的安全威胁。在部署 IaaS 方案时，无论对于哪朵“云”，都会有很多安全问题需要全面考虑和解决。只有谨慎对待每一种最新的安全威胁，才能更好地实现信息安全目标。

3. 虚拟化安全

尽管虚拟化带来了很多好处，它同样也带来了很多安全问题。

（1）虚拟机管理程序

在相同物理机器运行多个虚拟机的程序。如果管理程序中存在漏洞，攻击者将可以利用该漏洞来获取对整个主机的访问，从而可以访问主机上运行的每个访客虚拟机。由于管理程序很少更新，现有漏洞可能会危及整个系统的安全性。如果发现一个漏洞，企业应该尽快修复漏洞以防止潜在的安全事故。在 2006 年，开发人员开发了两个 rootkit（被称为 Blue Pill）来证明它们可以用来掌控虚拟主机。

（2）资源分配

当物理内存数据存储被一台虚拟机使用，并重新分配给另一台虚拟机时，可能会发生数据泄露；当不再需要的虚拟机被删除，释放的资源被分配给其他虚拟机时，同样可能发生数据泄露。当新的虚拟机获得更多的资源，它可以使用取证调查技术来获取整个物理内存以及数据存储的镜像。该镜像随后可用于分析，并获取从前一台虚拟机遗留下的重要信息。

(3) 虚拟机攻击

如果攻击者成功地攻击一台虚拟机，在很长一段时间内可以攻击网络上相同主机的其他虚拟机。这种跨虚拟机攻击的方法越来越流行，因为虚拟机之间的流量无法被标准 IDS/IPS 软件程序所检测。

(4) 迁移攻击

在必要时，在大多数虚拟化界面，迁移虚拟机都可以轻松地完成。虚拟机通过网络被发送到另一台虚拟化服务器，并在其中设置一个相同的虚拟机。但是，如果这个过程没有得到管理，虚拟机可能被发送到未加密的通道，这可能被执行中间人攻击的攻击者嗅探到。为了做到这一点，攻击者必须已经获得受感染网络上另一台虚拟机的访问权。

下面这些方法可以缓解上述的安全问题。

1) 管理程序：定期检查是否有新的管理程序更新，并相应地更新系统。通过保持管理程序的更新，企业可以阻止攻击者利用已知漏洞以及控制整个主机系统，包括在其上运行的所有虚拟机。

2) 资源分配：当从一台虚拟机分配资源到另一台时，企业应该对它们进行保护。物理内存以及数据存储中的旧数据应该使用 0 进行覆盖，使其被清除。这可以防止从虚拟机的内存或数据存储提取出数据以及获得仍然保持在内的重要信息。

3) 虚拟机攻击：企业有必要区分在相同物理主机上从虚拟机出来以及进入虚拟机的流量。这将促使我们部署入侵检测和防御算法来尽快捕捉来自攻击者的威胁。例如可以通过端口镜像来发现威胁，其中复制交换机上一个端口的数据流到另一个端口，而交换机中 IDS/IPS 则在监听和分析信息。

4) 迁移攻击：为了防止迁移攻击，企业必须部署适当的安全措施来保护网络抵御中间人渗透威胁。这样一来，即使攻击者能够攻击一台虚拟机，也将无法成功地执行中间人攻击。此外，还可以通过安全通道（例如 TLS）发送数据。虽然有人称在迁移时有必要破坏并重建虚拟机镜像，但企业也可以谨慎地通过安全通道以及不可能执行中间人的网络来迁移虚拟机。

针对虚拟化云计算环境有各种各样的攻击，但如果在部署和管理云模式时，企业部署了适当的安全控制和程序，这些攻击都可以得以缓解。

4. 云计算安全的非技术手段

云计算已得到广泛应用，企业部署云计算不得不考虑安全问题。黑客通过各种手段在云平台获取企业客户数据的事件屡见不鲜，不仅影响企业，还对用户隐私产生重大影响；勒索软件的攻击也对企业云安全构成严重威胁，给企业经济利益和声誉带来损失；员工认识不足，操作不慎同样是云安全的漏洞，等等。

数据保护和隐私也正是云安全面临的一个最大挑战：保证云计算环境下的信息安全，绝非只是技术创新那么简单。今天，人们可以放心地把钱存在银行，却不敢放心地将自己的数据放到遥远的“云”端。要保证云计算的安全，涉及很多新的技术问题，但更涉及政策方面的问题。

不少专家认为，要做好云计算安全，需要寻找这样一种机制。在这一机制下，提供云计算服务的厂商会面临第三方的监督，这个第三方和用户并没有利益关系，且受到相关法律、法规制约。只有在这种情况下，云计算的应用企业才可以获得中立的第三方的担保。也只有在这个时候，用户才可能放心地将数据存储到云端，就像放心地把钱存到银行中去一样。

目前，要做好云计算安全，缺失的不只是机制，存储和保护数据等标准同样也有待健全。在云计算环境下，机制和标准的缺失现象在发达国家和地区也同样存在。美国网络服务公司 American Internet Services 安全总监表示：“无论是政府还是监管机构都没有对运营方式制定任何规则。”而在日本和新加坡等国家，企业在部署云计算中都已经开始让律师和审计师参与其中。

因此，从云计算安全的角度，非技术的手段也许比技术的手段更为棘手和迫在眉睫。

8.1.2　云计算安全问题的应对

云计算安全问题是一个涉及公信力、制度、技术、法律和人们的使用习惯甚至监管等多个层面的复杂问题，也是用户关注的焦点问题。云计算安全问题的解决，需要用户不断转变固有观念，更需要云服务的提供商、云服务开发商做出努力，从技术架构、安全运营和诚信服务大众等各个方面建立更具公信力、更安全的云服务。在技术层面上，云计算安全问题的每种安全威胁都有相对应的技术加以解决，其难点在于统一的安全标准和法律法规，让服务商、开发商、政府机构以及普通用户认清云计算安全问题威胁的严重性，努力营造一个有序、规范、健康的云生态环境，使人们可以正确思考自身云服务需求或者满足各方面的利益需求。

1. 云计算安全标准及法律法规

云计算是一项新兴技术，虽然已经有越来越多的云计算产品满足用户的需要，但其在标准规范、安全约束等方面还处于初期阶段。国内外的发展水平也不尽相同，特别是我国作为发展中国家，在新技术的发展及应用方面比发达国家要晚五到十年，目前来讲处于云计算核心技术领域的企业更多是国外 IT 巨头，国内大的 IT 厂商需要加大在这方面的研究，而不是一味地跟风模仿，要有创造力。除了技术方面要加大投入外，笔者认为在其发展初期就要制定安全标准、法律法规，要有前瞻性举措，能够维护用户的基本权利，防止投机倒把以及有不良用心之人钻空子，更不允许让国外的企业集团对我国的云计算产业有太多的控制，也只有这样才能更加有效地让云计算技术在我国健康快速地发展。

云计算从诞生之日起就伴随着法律争议，很多国家已经开始讨论在法律上对其加以规范，适用原有的数据保护法、隐私或者有针对性地制定相关法律。云计算难点在于这种模式已经脱离了地域问题，在这个“云生态环境”里，数据在哪里存储、服务开发商的位置、服务使用者都是在不同的国家地区，势必增加了云计算法律法规标准制定及执行难度。云计算与传统的外包服务不同，其主要区别在于借助云计算，数据通过互联网进行存储和交付，数据的拥有者不能控制，甚至不知道数据的存储位置，数据的流动是全球性，跨越了国界，穿越了不同地区。产生法律问题的关键是任何人很难知道数据在哪里共享和传送，数据跨境传送、即时性地在全球传播，而每个国家都拥有自己的法律以及管理要求，云计算服务商显然无法做到与所涉及的所有国家的法律相符合，因此对各国管辖权之下的法律义务带来挑战。

第一，法律法规的制定。一方面这是一个全球性的问题，不管是民间标准组织，还是国家信息安全相关部门，都应该积极参与，众多的云服务商也要与政府一起合作，制定针对数据、隐私方面的共同标准，要考虑到功能、司法和合同几个方面的问题，例如政府管理法案和制度对于云计算服务、利益相关者和数据资源的影响等。再就是国家及地方性法规也需要加以研究制定云计算方面的法律法规，例如欧盟的SAFEHABOR联盟，它们在法律上明确规定了跨国进行存储和传输的电子信息需要遵循的标准，目前欧洲和美国都遵循这个标准，亚洲也有国家起草这方面的法律草案。在美国，涉及爱国者法案、萨班斯法案以及保护各类敏感信息的相关法律。美国联邦CIO委员会发布了新的安全机构方案，规范云计算的产品和服务，提出安全控制标准，该安全控制涵盖全面的IT系统安全的关注领域：包括访问控制，意识和培训，审计和冲刺制；评估和授权；配置管理，应急规划，识别和认证；事件响应；维修；媒体保护；物理和环境的保护；规划；人员的安全；风险评估；系统及服务的采购和通信保障；系统和信息的完整性。每个控制涵盖了一个非常具体的领域，各个机构组织定义自己的云计算实现。例如，访问控制下的控制，包括账户管理、存取执法、信息流执法和职责分离。根据人员的安全要求，包括个别人员的筛选，终止和转让的控制，同时根据事件的响应类别的控制，包括具体的事件响应的培训、处理、监测和报告。我国政府相关部门也在积极地制定相应的法规，对云计算企业制定合规性检查，包括厂商对客户承诺的不合理性、厂商信守承诺的程度、厂商对待客户数据的审计和监管力度。

第二，云计算安全标准组织机构研究的推动作用。例如，为推动云计算应用安全的研究交流与协作发展，业界多家公司在2008年12月联合成立了云安全联盟（Cloud Security Alliance，CSA），该组织是一个非营利组织，旨在推广云计算应用安全的最佳实践，并为用户提供云计算方面的安全指引。CSA在2009年12月17日发布的《云计算安全指南》中着重总结了云计算的技术架构模型、安全控制模型以及相关合规模型之间的映射关系，从云计算用户角度阐述了可能存在的商业隐患、安全威胁以及推荐采取的安全措施。目前，已经有越来越多的IT企业、安全厂商和电信运营商加入到该组织。欧洲网络信息安全局（ENISA）和CSA联合发起了CAM项目。CAM项目的研发目标是开发一个客观、可量化的测量标准，供客户评估和比较云计算服务商安全运行水平。

云安全联盟作为业界权威组织与商业标准公司BSI（英国标准协会）强强联手推出STAR认证，致力于帮助企业在日趋激烈的云服务市场竞争中脱颖而出。2013年9月26日，两机构正式宣布推出STAR认证项目，BSI成为目前全球唯一可以进行STAR认证的第三方认证机构。2015年6月15日，C-STAR发布会在广州中国赛宝实验室召开。C-STAR的发布代表着广州赛宝认证中心服务有限公司与CSA合作推出的国内首个全球认可的云安全评估服务落地中国。C-STAR采用云计算安全的行业黄金标准——CSA发布的云控制矩阵（Cloud Control Matrix），评估过程采用国际先进的成熟度等级评价模型，同时结合国内相关法律法规和标准要求，对云计算服务进行全方位的安全评价。C-STAR评估将在帮助企业有效提升云计算服务安全水平、管理策略的同时，证明安全水平领先于云服务提供者行列，保持企业的云服务业务持续发展及其竞争优势，维护企业的声誉、品牌和客户信任。

第三，云服务商安全方案的制定。目前云服务商如Amazon、IBM和Microsoft也都部署相应的云计算安全解决方案，主要通过采用身份认证、安全审查、数据加密和系统冗余等技术及管理手段来提高云计算业务平台的健壮性、服务连续性和用户数据的安全性。另外，在电信运营商中Verizon也已经推出了云安全特色服务。

2. 培养云计算安全使用行为

云计算相关法律法规的完善在很大程度上约束了人们及利益实体的网络犯罪行为，但是云计算安全问题并不能就此完全根除。那么，从用户角度来讲就需要养成良好的上网使用云服务的好习惯。

（1）注意保护自己的个人终端设备信息

这里的终端设备包括所有能上网的终端设备，一般来讲，尽量不要让别人在没有授权的情况下，查看自己的一些设备，特别是一些私密信息一定要有保护措施。

（2）安全防护软件

选择合适的云安全杀毒软件，现在很多的杀毒软件已经进入云计算时代，防止病毒侵入，并能得到及时的安全提醒，但还要定期杀毒以防护自己的智能设备。

（3）上网要有安全意识

在上网或者访问云服务应用时，注意保护自己的认证信息，还要防止网络诈骗。一般不要在自己计算机里保存个人资料和账号信息，更不可通过网络应用传播这些信息。在外边或者通过别人的设备上网时，要注意注销自己的登录信息，要访问一些安全的网站及应用。

（4）增长网络安全知识

平常要多积累网络安全方面的知识，掌握设置浏览器的安全级别，及时杀毒防毒，了解最新的安全信息等。在云平台开发应用或者使用云计算应用时，都需要充分了解该平台的安全标准措施，在自身的利益受到损害时能够得到补偿，如重要信息被窃取并被加以利用，是否有标准得到赔偿；数据丢失，能否有恢复的方法等。

（5）尽量选用可靠的云计算服务商

当前，不同的云计算服务商纷至沓来，有由传统 IT 厂商演变而来的，也有新型的初创企业，甚至有从在线电子商务公司转变而来的。它们提供不同的服务类型，服务质量也良莠不齐。企业在选择这些云计算服务的时候要结合自身需求，从不同的角度进行考察。如何才能选出最适合的公有云服务商呢？

为了帮助企业选择一个最适合自己的公有云服务商，需要结合以下 5 个要素说明。

① 要素一：服务的类别

云计算的三大类服务是各不相同的，企业在选择云计算的时候要注意区别它们之间的差异。如果需要对服务有更多的控制，那么企业应该选取 IaaS 类服务。但是，更多的控制意味着对企业 IT 的技术要求更高，因为 IaaS 服务底层的硬件平台由服务商管理，但是其上的平台一般需要客户自己管理。如果需要把尽可能多的 IT 服务外包出去，那么企业应该选择最上层的 SaaS 类服务。当然，如果选这类服务，企业对服务环境的控制力就非常有限，而且也不是所有应用需求都有相应的 SaaS 服务。

② 要素二：计费情况

提供商业云计算服务的提供商会根据不同的情况进行收费，例如有多少使用用户、具体使用了多少计算资源和使用了什么样的服务等。与所有购买的服务一样，企业需要能够看清所有服务的计费情况，尤其是在所使用的云计算服务能够动态扩展资源的情况下。大部分云计算服务提供商都会提供一个应用或接口为用户提供资源计费的具体情况。如果服务提供商不能提供类似的信息，那么企业选择这样的供应商就很可能会有问题。当然，另外一个与计费直接相关的问题就是服务的收费情况，企业需要做两方面的比较。一个是直接提供服务的成本与一个服务周期内预计服务费用的比较，另外一个就是不同云计算服务商之间收费的横向比较。

③ 要素三：关于标准遵循和认证问题

云计算服务的标准遵循会从几个方面影响用户。如果云计算服务支持标准，那么用户就可以通过标准的方式来访问。例如微软 Windows Azure 平台的存储访问是基于标准的 REST

方式，那么无论用户使用什么语言在什么平台上，都可以基于 REST 来访问这些存储。另外一方面，云计算平台对标准的支持可以让用户有选择的余地，而不至于完全锁定在一个特定的云计算服务上面。

当然，不同层次的云计算服务对用户的锁定程度是不一样的，一般来说 PaaS 类服务比 IaaS 类服务更具有锁定性，而 SaaS 类服务比 PaaS 类服务更具有锁定性，但是用户至少需要有能够把数据从云计算服务平台上迁移或备份出来的能力。

云计算服务商所获得的认证也是一个非常重要的考察指标，认证是第三方对于服务商的一种认可和肯定。有一些认证与 IT 系统的运维和安全相关，例如 ISO/IEC 27001：2500。有一些认证与合规性相关，例如在美国有一个 SAS 70（Statement on Auditing Standards），审计准则说明的认证。

SAS 70 认证是一个关于服务商的内部控制和财务相关的认证，因此对于云计算服务商而言这个认证尤为重要。SAS 70 认证由美国注册公共会计师协会创建，这种认证主要包含两个级别。一种是第一类认证，通过企业自己搜集内部信息，向监管机构证明所做的所有行为、控制目标和流程符合法律法规的监管。第二类认证更加严格，是在第一类认证的基础上，增加了服务监管人对于这个企业审核的意见。有了这两个认证的企业基本上可以保证在法律法规以及风险管理方面符合企业对于云计算安全的考虑。

④ 要素四：安全性问题

云计算放大了 IT 的挑战，原来存储在自己服务器内部的一些服务资料，现在要存储到云中，而云当中的应用可能在任何的地方。如何保证用户登录的安全，这个应用能否从某一个点迁移到另外一个点，到底什么人能够看到什么样的信息，看到这些信息的资料多少到底是由什么决定的，所有这些问题都是企业在考虑云计算安全时需要考虑的因素。

安全是企业采纳云计算时最担心的地方，但是如果在选择云计算服务的时候能够特别关注提供商在安全方面的具体实现情况，并且采用一些安全方面的最佳实践，那么将可以提高企业使用云计算服务的安全性。

公司在使用云计算服务之前应当进行全面的风险评估，其中涉及数据保护、数据完整性、数据恢复和合规性。建议企业在评估云计算安全的时候采用类似于金融服务行业的风险管控模式。云计算的风险管控要从安全性、隐私性、合规性以及服务的可持续性等方面综合考虑。

企业需要查看云计算服务商有没有相关的安全认证，相关的安全架构、流程和风险管控的方法等具体情况。另外，根据一些国家监管的规定，企业可能还需要了解服务商物理数据中心的位置，以满足企业对数据存储地点的要求。

⑤ 要素五：与企业已有系统的集成问题

企业在构建信息系统的时候要尽量避免形成“信息孤岛”的情况。无论是在数据层、应用层或者是在界面层，应用和应用之间都要能够比较方便地集成，从而让数据能够方便地流转，最终用户也能有良好的用户体验。这就需要企业在选择公有云服务的时候，要考虑目标公有云服务与自己企业内部的系统如何进行集成。这种集成可以通过多种方式来实现。

例如数据交换是一个比较基本的要求，最低的一个要求是可以借助手工操作的方式来进行。当然理想的目标是通过自动化的方式来实现各种集成。企业可以从两个方面来考察云计算服务的集成能力。一个是云计算服务是否提供与企业数据之间的安全传输通道来进行集成通信。例如微软的 Windows Azure 平台和亚马逊的 AWS 就提供它们的云平台数据中心与企业数据中心之间基于 IPSec 的安全通道。

另外一方面是看云计算服务提供商有没有提供一个开放的管理接口或管理工具，以便企业可以把云计算服务集成到自身数据中心的应用管理中。微软的 Windows Azure 平台提供了基于 REST 的服务管理的编程接口（Service Management API），而且微软还更进一步扩展了其基于 System Center 的系统管理工具，让企业 IT 管理人员可以在一个管理界面上同时管理其部署在企业内部的应用和部署在 Windows Azure 平台上的应用。

企业或者个人在使用云计算资源时，要听取专家建议，选用相对可靠的云计算服务商。要清楚地了解使用云服务的风险所在，对云计算发挥作用的时间和地点所产生的风险加以衡量。一般要听从专家的推荐，使用那些规模大、商业信誉好的云计算服务提供商。企业通过减少对某些数据的控制来节约经济成本，意味着可能要把企业信息、客户信息等敏感的商业数据存储到云计算服务提供商那里，对于信息管理者而言，他们必须对这种交易是否值得做出选择。另外还要注意自身数据的备份，以及重要数据一定要有加密才能传输或者存储在云服务提供商那里。

这些行为准则当然还不够全面，需要加以完善，目标就是让我们有安全意识和行为，起到预防作用。当然也不要借助网络或者云计算做一些非法的事情，因为所有的操作在整个网络环境中是留有痕迹的，借助技术手段是完全可以被追踪到的。

3. 云安全

云安全的概念与云计算安全性问题既有联系又有一定区别，它实际是网络时代信息安全的最新体现，其融合了并行处理、网格计算、未知病毒行为判断等新兴技术和概念，通过网络的大量客户端对网络中软件行为的异常监测，获取互联网中木马、恶意程序的最新信息，传送到 Server 端进行自动分析和处理，再把病毒和木马的解决方案分发到每一个客户端。通常意义上的云安全指的是采用云计算的方式为用户提供安全服务，是云计算的一种具体应用，云安全是我国企业创造的概念，在国际云计算领域独树一帜。但云安全与云计算的安全问题又不可完全割裂。

云安全的概念提出后，曾引起广泛的争议，许多人认为它是伪命题。但事实胜于雄辩，云安全的发展非常迅速，驱逐舰杀毒软件、瑞星、趋势、卡巴斯基、McAfee、Symantec、江民科技、Panda、金山、360 安全卫士和卡卡上网安全助手等都推出了云安全解决方案。

8.2 云计算的标准问题

标准是人们对科学技术和经济领域中重复出现的事物和概念，结合生产实际，经过论证、优化，由有关各方充分协调后为各方共同遵守的技术性文件。它是随着科学技术和生产实践的总结而产生和发展的。任何技术的发展都需要有一个规范化的约束，如果缺少云计算标准无疑会阻碍人们接受云计算，云计算的发展也会变得越来越混沌模糊，造成市场混乱，以致走向极端。标准的制定是通过企业、民间组织和政府机构共同完成的成果，是一个综合性的带有社会责任等各方面经验的成果。当然标准并不是由这些单位强制制定出来就能形成约束的，而是在各方良好的社会及法制环境下，得到市场充分竞争和公平竞争，由市场来检验，然后被广泛认可的。这个过程涉及整个产业链，由于云计算的特殊性，它也是一个全球性的问题，涉及多方面利益的问题，其标准化过程将是一个漫长而艰难的过程。不可否认，云计算标准是云计算不可或缺的部分，它的发展明显落后于云计算相关技术的发展。

在国内，标准规范建设虽然已经起步，但仍然任重而道远。相关安全标准规范的缺乏、云计算安全等级保护标准尚未正式发布以及云的安全检测审查能力尚未形成，这些都给信息安全以及隐私保护带来了挑战。此外，从服务安全的角度，云服务商是否可靠、其服务行为有无漏洞，这些也需要建立相关的审查审计制度。

在国内，众多的 IT 企业也在积极参与国际上的云计算标准工作，如中国在国际标准化组织中是积极的推动力量之一，CAS 中也有包括姚明信息科技、华为在内的中国企业，并且在中国也成立了分会。开放云计算宣言的企业已经有 300 多家参与其中，也有中国企业的身影。但是相对发达国家来说，标准化的努力工作还不够，核心技术方面还是一片空白，特别是在云计算的应用层面上也是基于国外的一些 IT 巨头的产品上进行的一些二次开发或者模仿，没有形成核心创造力。

对于云计算标准方面的工作，要着眼引导市场正确地认识云计算，扶植新进入企业，具备理解和实现上的参考价值，让国内领先企业具备国际竞争力，让有兴趣的个人找到方向和可参考的实现建设，云计算同 PC 和互联网产业一样，是一个全球性很强的产业链，其产业布局、发展、标准制定都需要与全球发展和竞争态势联系起来，用借鉴和合作的态度与国际标准组织合作。

8.3 云计算的其他问题

从起步、研发、应用和推广等各个环节来说，我国云计算还面临如下问题。

8.3.1 数据中心建设问题

全球进入“互联网+”时代，信息化在各行各业的广泛渗透，带动传统的机房产业向数据中心产业转变。电子信息技术平均每 2.5 年发展一代，每一代 IT 技术的发展都意味着其支持技术的发展。即机房的环境要求、建筑、结构、空气调节、电气、电磁屏蔽、综合布线、监控与安全防范、防雷与接地和综合测试等技术的发展，这些技术的发展使得传统的机房已经无法适应工厂的许多新要求，推动数据中心革命，建设新一代数据中心已经成为业界的共同认识。

数据中心，作为互联网行业的基础服务体系，其重要性不言而喻。我国对数据中心建设发展日益重视，政府部门纷纷做出重要部署，数据中心建设发展的政策环境日趋明朗优化。国务院、工业和信息化部、国家发展和改革委员会、国土资源部、国家电力监管委员会和国家能源局等部委都已通过市场准入、布局指导、资金支持和产业政策等方式稳步推进数据中心建设发展。

2013 年 1 月，工业和信息化部联合国家发展和改革委员会、国土资源部、国家电力监管委员会、国家能源局等国家五部委联合发布了《关于数据中心建设布局的指导意见》（工信部联通〔2013〕13 号）。

2015 年 3 月，工业和信息化部、国家机关事务管理局联合制定了《国家绿色数据中心试点工作方案》。这些政策从数据中心的选址、规模规划、能效指标，分重点、分领域、分步骤提升了数据中心节能环保水平、新技术应用等方面，对数据中心建设提出了指导性意见，这极大地促进了中国数据中心建设的整体布局优化。

天津市出台了《天津市一体化大数据中心建设规划（2021—2025 年）》，鼓励和引导数据中心规模化、集约化、绿色化、智能化发展，提高能源综合利用效率和有效算力水平，提出到 2025 年，全市大型、超大型数据中心运行电能利用效率降到 1.3 以下，形成全市数据中心布局合理、绿色发展的格局。其他地区在信息化建设方面也不断发力，为数据中心建设的快速发展提供了良好的环境。

我国数据中心建设产业整体发展良好，但在能耗、PUE、运维和标准等方面仍然存在一些问题，阻碍了全国数据中心建设产业的健康可持续发展。

1. 能耗过高

伴随着数据中心建设的快速发展，数据中心耗电问题日益突出。一个上规模的数据中心 3 年的电能费用，大约相当于该数据中心的建设费用，由此可见数据中心耗电量之巨大。通过近年来的调研，许多 IDC 机房集中的地方，并非电力能源充沛的地方，例如北京、上海等地的电力则需要通过西电东送才能满足需求。

2. 协同不足，负载不均衡

随着数据中心的蓬勃发展，很多企业建有自己的数据中心，但这些数据中心大多独立运营，技术发展与规划路线自成一派，尤其在自动化运营和资源共享机制方面兼容性较差，很难实现协同，导致数据中心无法联动、算力碎片化和资源浪费。数据中心单打独斗、分散运营，需要投入人力、物力自行发展用户，容易出现算力中心间的负载不均衡；对用户来说，由于数据中心的硬件配置、软件资源等存在差异，也给用户带来诸多不便。

3. 部署结构不合理，利用率偏低

统计显示，在规模结构方面，中国大规模数据中心比例偏低，大型数据中心发展规模甚至不足国外某一互联网公司总量，目前还没有实现集约化、规模化的建设。

数据中心建设发展新趋势如下。

（1）规模化：大型数据中心更受市场青睐

近年来，我国数据中心的建设规模不断扩大，许多地域的超大型数据中心规划建设规模甚至达到数十万平方米。从市场接受度来看，数据中心行业正在进行洗牌，用户更愿意选择技术力量雄厚、服务体系上乘的数据中心厂商。未来的数据中心将朝着全球化、国际化方向规模发展。

（2）虚拟化：传统数据中心将开展资源云端迁移

传统的数据中心之间，服务器、网络设备、存储设备和数据库资源等都是相互独立的，彼此之间毫无关联。虚拟化技术改变了不同数据中心间资源互不相关的状态，随着虚拟化技术的深入应用，服务器虚拟化已由理念走向实践，逐渐向应用程序领域拓展延伸，未来将有更多的应用程序向云端迁移。

（3）绿色化：传统数据中心将向绿色数据中心转变

不断上涨的能源成本和不断增长的计算需求，使得数据中心的能耗问题引发越来越多的关注度。数据中心建设过程中落实节地、节水、节电、节材和环境保护的基本建设方针，“节能环保，绿色低碳”必将成为下一代数据中心建设的主题。

（4）集中化：传统数据中心将步入整合缩减阶段

分散办公的现状，带来了相互分散的应用系统布局。然而，现实存在对分支机构数据进行集中处理的需求，远程办公又受困于网络无法互通等问题，致使总部与分支机构之间难以实现顺畅通信和资源共享。因此，数据中心集中化成为一种趋势。未来，随着科学技术的发

展，数据中心整合集中化之势态愈加明显。

当前，全国正在掀起数据中心建设的热潮，数据中心从最原始电子信息系统机房，向现代的大型数据中心方向迈进，虚拟化技术为数据中心建设注入了活力，绿色节能成为数据中心主旋律，“规模化、虚拟化、绿色化、集中化”成为数据中心建设发展的大趋势。

8.3.2 云服务能力问题

总的来看，国内云计算服务商，如阿里云、百度云、新浪云、腾讯云和金山云都能在各自市场占一席之地，但服务能力与美国等发达国家相比仍然有较大差距，公有云计算服务业的规模相对较小，业务也比较单一，配套环境建设落后。随着 Google、Amazon 等企业加速在全球和中国周边的布局，云计算服务向境外集中的风险将进一步加大，未来的变数还很多，我们自己的企业还需要努力。

面对云计算安全问题，不能过分夸大，也不能对云计算彻底失望，而要以客观科学的态度分析并解决问题。云计算安全问题是一个伴随任何 IT 技术都需要面对的普遍问题，只是云计算的这种集中式一旦出现安全问题，造成的损失会更大。

8.3.3 人才缺口问题

作为新行业，存在不完善是很正常的事情，新行业总在摸索中完善。云计算和众多新行业一样，面临一项重要问题：人才问题缺口大，需要大量云计算人才。

云计算作为一个新行业，得到国内 IT 企业和互联网企业的关注，但目前存在企业和高校都在摸索中培养储备人才的现象。高校和企业对接，了解企业云计算所需求的人才，为云计算输送优质人才，将有助于云计算发展和学生就业。

云产业生态需要 IT 和 CT 产业的融合发展，需要复合型人才的培养和建设，因此学科融合和复合型人才的培养尤为重要。

云计算对中小企业的发展存在巨大的价值，人才也往往是到了需要的时候才发现后备不足。中国云计算起步晚，概念性弱，产业化概念被提出后，没有统一行业规则，人才供应不能满足要求。

企业与高校合作是找寻高精尖人才的渠道，高校通过校企合作也必将促进人才培养的数量和质量的提升。

小结

目前云计算及其产业的发展面临一系列的问题，如云计算的安全问题、云计算的标准问题、政府在云计算及产业发展中的角色问题、产业人才培养问题和服务监管问题等，这些问题解决不好将直接影响云计算及其产业的发展。

面对云计算安全问题，不能过分夸大，也不能对云计算彻底失望，而要以客观科学的态度分析并解决问题。云计算安全问题是一个伴随任何 IT 技术都需要面对的普遍问题，只是云计算的这种集中式一旦出现安全问题，造成的损失会更大。

云计算安全问题是一个涉及公信力、制度、技术、法律和人们的使用习惯甚至监管等多个层面的复杂问题，也是用户关注的焦点问题。云计算安全问题的解决，需要用户不断转变固有观念，更需要云服务的提供商、云服务开发商做出努力，从技术架构、安全运营和诚信服务大众等各个方面建立更具公信力、更安全的云服务。在技术层面上，云计算安全问题的每种安全威胁都有相对应的技术加以解决，其难点在于统一的安全标准和法律法规，让服务商、开发商、政府机构以及普通用户认清云计算安全问题威胁的严重性，努力营造一个有序、规范的、健康的云生态环境，使人们可以正确思考自身云服务需求或者满足各方面的利益需求。

在国内，众多的 IT 企业也在积极参与国际上的云计算标准工作，如中国在国际标准化组织中是积极的推动力量之一，CAS 中也有包括姚明信息科技、华为在内的中国企业，并且在中国也成立了分会。开放云计算宣言的企业已经有 300 多家参与其中，也有中国企业的身影。但是相对发达国家来说，标准化的努力工作还不够，核心技术方面还是一片空白，特别是在云计算的应用层面上也是基于国外的一些 IT 巨头的产品上进行的一些二次开发或者模仿，没有形成核心创造力。

此外，云计算在我国还存在数据中心部署不合理、利用率低，云服务能力不足、规模小和人才缺口大等问题。

思考与练习

一、填空题

1. 目前云计算及其产业的发展面临一系列的问题，它们是________、________、________、________、________等，这些问题解决不好将直接影响云计算及其产业的发展。

2. 政府在云计算中的三种角色：________、________及________。

二、选择题

1. 云数据中心建设存在（　　）问题。

A. 能耗过高　　B. PUE 过高

C. 部署结构不合理，利用率低　　D. 服务能力不足

2. 云安全涉及（　　）。

A. 数据安全　　B. 应用安全

C. 虚拟化安全　　D. 网络安全

三、简答题

1. 请列举三个以上云计算事故，并分析对云计算应用的影响。
2. 结合产业发展分析云计算安全问题。
3. 从事产品销售的小型企业该如何应用云计算安全问题？
4. 结合云计算参考模型，分析 IaaS、PaaS 和 SaaS 安全。

第 9 章 云计算的应用

本章要点

- 云计算与移动互联网
- 云计算与 ERP
- 云计算与物联网
- 云计算与教育

9.1 云计算与移动互联网

移动互联网是指以宽带 IP 为技术核心，可同时提供语音、数据和多媒体等业务服务的开放式基础电信网络。从用户行为角度来看，移动互联网广义上是指用户可以使用手机、笔记本计算机等移动终端，通过无线移动网络接入互联网；狭义上是指用户使用手机终端，通过无线通信方式访问采用 WAP 协议的网站。

9.1.1 云计算助力移动互联网的发展

IT 和电信技术加快融合的进程，云计算就是一个契机，移动互联网则是一个重要的领域。根据摩根士丹利的报告，移动设备将成为不断发展的云服务的远程控制器，以云为基础的移动连接设备无论是数量还是类型都在快速增长。

云计算将为移动互联网的发展注入强大的动力。移动终端设备一般说来存储容量较小、计算能力不强，云计算将应用的“计算”与大规模的数据存储从终端转移到服务器端，从而降低了对移动终端设备的处理需求。这样移动终端主要承担与用户交互的功能，复杂的计算交由云端（服务器端）处理，终端不需要强大的运算能力即可响应用户操作，保证用户的良好使用体验，从而实现云计算支持下的 SaaS。

云计算降低了对网络的要求，例如，用户需要插卡某个文件时，不需要将整个文件传送给用户，而只需要根据需求发送用户需要查看的部分内容。由于终端不感知应用的具体实现，扩展应用变得更加容易，应用在强大的服务器端实现和部署，并以统一的方式（如通过浏览器）在终端实现与用户的交互，因此用户扩展更多的应用变得更为容易。

9.1.2 移动互联网实现云计算的挑战

未来的云生态系统将从“端”“管”和“云”3 个层面展开。“端”指的是接入终端设备，“管”指的是信息传输的管道，“云”指的是服务提供网络。具体到移动互联网而言，“端”指的是手机 MID 等移动接入的终端设备，“管”指的是（宽带）无线网络，“云”指的是提供各种服务和应用的内容网络。

由于自身特性和无线网络和设备的限制，移动云计算的实现给人们带来了挑战。尤其是在多媒体互联网应用和身临其境的移动环境中，例如，在线游戏和增强现实（Augmented Reality，AR）都需要较高的处理能力和最小的网络延迟。对于一个给定的应用要运行在云端，宽带无线网络一般需要更长的执行时间，而且网络延迟的难题可能会让人们觉得某些应用和服务不适合通过移动云计算来完成。总体而言，较为突出的挑战如下。

1. 可靠的无线连接

移动云计算将被部署在具有多种不同的无线访问环境中，如 GPRS、LTE 和 WLAN 等接入技术。无论何种接入技术，移动云计算都要求无线连接具有以下特点。

- 需要一个“永远在线”的连接保证云端控制通道的传输。
- 需要一个“按需”可扩展链路带宽的无线连接。
- 需要考虑能源效率和成本，进行网络选择。

移动云计算最严峻的挑战可能是如何一直保证无线连接，以满足移动云计算在可扩展性、可用性、能源和成本效益方面的要求。因此，接入管理是移动云计算非常关键的一方面。

2. 弹性的移动业务

就最终用户而言，怎样提供服务并不重要。移动用户需要的是云移动应用商店。但是和下载到最终用户手机上的应用程序不同，这些应用程序需要在设备上和云端启动，并根据动态变化的计算环境和使用者的喜好在终端和云之间实现迁移。用户可以使用手机浏览器接入服务。总之，由于较低的 CPU 频率、小内存和低供电的计算环境，这些应用程序有很多限制。

3. 标准化工作

尽管云计算有很多优势，包括无限的可扩展性、总成本的降低、投资的减少、用户使用风险的减少和系统自动化，但还是没有公认的开放标准可用于云计算。不同的云计算服务提供商之间仍不能实现可移植性和可操作性，这阻碍了云计算的广泛部署和快速发展。客户不愿意以云计算平台代替目前的数据中心和 IT 资源，因为云计算平台依然存在一系列未解决的技术问题。

由于缺乏开放的标准，云计算领域存在如下问题。

1）有限的可扩展性。大多数云计算服务提供商声称可以为客户提供无限的可扩展性，但实际上随着云计算的广泛使用和用户的快速增长，CCSP 很难满足所有用户的要求。

2）有限的可用性。其实，服务关闭的事件在 CCSP 中经常发生，包括 Amazon、Google。对于一个 CCSP 服务的依赖会因服务发生故障而遇到瓶颈障碍，因为一个 CCSP 的应用程序不能迁移到另一个 CCSP 上。

3）服务提供者的锁定。便携性的缺失使得 CCSP 之间的数据、应用程序传输变得不可能。因此，客户通常会锁定在某个 CCSP 服务。而 OCCF（Open Cloud Computing Federation，开放云计算联盟）将使整个云计算市场更加公平化，允许小规模竞争者进入市场，从而促进创新和活力。

4）封闭的部署环境服务。目前，应用程序无法扩展到多个 CCSP，因为两个 CCSP 之间没有互操作性。

9.1.3 移动互联网云计算的产业链

移动互联网是移动通信宽带化和宽带互联网移动化交互发展的产物，它从一开始就打破了以电信运营商为主导和核心的产业链结构，终端厂商、互联网巨头、软件开发商等多元化价值主体加入移动互联网产业链，使得整个价值不断分裂、细分。移动互联网的产业链构成如图 9-1 所示。价值链中的高利润区由中间（电信运营商）向两端（需求识别与产品创意、用户获取与服务）转移，产业链上的各方都积极向两端发展，希望占据高利润区域。

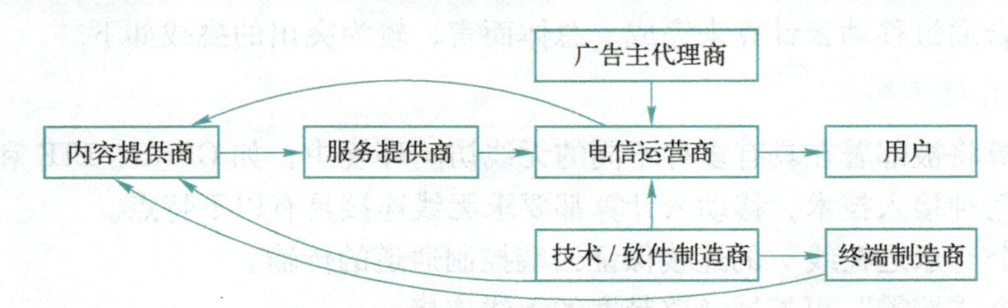

图 9-1 移动互联网的产业链构成

具体来说，内容提供商和服务提供商（CP/SP）发展迅速，但尚未具备掌控产业链的能力；互联网和 IT 巨头以手机操作系统为切入点，联合终端产商，高调进入移动互联网产业；终端厂商通过“终端+服务”的方式强势介入并积极布局移动互联网产业链，力图掌控产业链；运营商由封闭到开放，积极维护对产业链的掌控。所以，CP/SP 虽然对产业链的运营有着很大的影响，但目前真正有实力对电信运营商主导地位构成威胁的却是传统互联网企业和终端产商。运营商必须直面这样一个事实，即没有一个主体主导移动互联网的产业链，运营商真正要做且可以做的是扬长避短。

移动云计算的产业链结构主要由以下几种实体构成。

1. 云计算基础设施提供商

云计算基础设施提供商提供硬件和软件的基础设施，或应用程序和服务，如 Amazon、Google 和 Rackspace，其中后者是偏重基础设施的硬件方，而 Amazon 则兼而有之。

从提供商角度看，一般是通过提供有竞争力的定价模式吸引消费者。能吸引消费者的业务通常是便宜的，但质量可靠，这时可以通过 hosted/SaaS 云基础的办法来部署自己的基础设施或利用他人资源来实现。

2. 云计算中的应用程序/服务提供商（第一层消费者）

第一层消费者一般是指云计算基础设施提供商或应用程序服务提供商。例如，Google 就是云计算基础设施和应用程序及服务的提供商。但大多数应用程序和服务都是运行在服务提供商提供的基础设施之上。

从第一层消费者的角度来看就是通过将资本支出转移到运营支出上来减少 IT 资本支出。这些客户依据设备数量寻找定价模式，同时尽量减少昂贵的硬件和软件支出，帮助消费者最大限度地降低未知风险。这增加了对供应商在网络可扩展性、可用性和安全方面的要求。

3. 云计算中的开发者（第二层消费者）

第二层消费者就是应用程序和服务的开发者。尽管基于客户端而利用云端服务的应用程序越来越多，但典型的应用程序通常在云之上运行。

尽管一些应用很难建立，但开发者还是期望开发出简单、便宜的应用服务为用户提供更加丰富的操作体验，包括地图与定位、图片与存储等。这些开发商一般通过 SaaS 提供网络应用与服务。

4. 云计算中的最终用户（第三层消费者）

第三层消费者是典型的应用程序的最终用户。他们不直接消费服务，但消费应用，从而反过来消耗云服务。这些消费者不在乎应用程序托管与否，他们只关心应用程序是否运行良好，如安全性、高可用性和良好的使用体验等。

不同角色以不同的方式推动、发展云计算，但最后，云计算主要与经济效益有关，由云计算网络的第一层客户推动，应用程序和服务提供商则由最终用户和开发人员驱动。总之，这是一个应用/服务提供商通过多种基础设施消费其他应用/服务的网络。

移动运营商基于云或托管方式正变得越来越重要，尤其在做新技术的最初部署时，有助于减少未知风险。从开发者的角度来看，他们越来越依赖网络上的服务（即应用程序），甚至他们的本地/本机连接的应用程序就是 Web 服务的大用户。从整体来看，集中应用（移动网络）和服务（包括移动网络和本地应用程序）的消费将成为软件服务的消费趋势，运营商将在移动互网云计算产业链中处于有利位置。

9.1.4 移动互联网云计算技术的现状

云计算的发展并不局限于个人计算机，随着移动互联网的蓬勃发展，基于手机等移动终端的云计算服务已经出现。基于云计算的定义，移动互联网云计算是指通过移动网络以按需、易扩展的方式获得所需的基础设施、平台、软件（或应用）等 IT 资源或（信息）服务交付与使用模式。

根据 Gartner 统计，2022 年全球云计算市场规模为 4910 亿美元，增速 19%，预计在大模型、算力等需求刺激下，市场仍将保持稳定增长，到 2026 年全球云计算市场将突破万亿美元。根据中国信通院统计，2022 年我国云计算市场规模达到 4550 亿元，较 2021 年增长 40.91%。相比于全球 19%的增速，我国云计算市场仍处于快速发展期，预计 2025 年我国云计算整体市场规模将超万亿元。随着移动运营商与 IT 企业的深度融合，加上用户对云计算的深入应用，移动互联网云突飞猛进，各种解决方案得到了有力推动。

移动互联网云计算的优势如下：

1. 突破终端硬件限制

虽然部分智能手机的主频已经突破 4 GHz，但是和数据中心服务器相比还是相距甚远。单纯依靠手机终端进行大量数据处理时，硬件就成了最大的瓶颈。而在云计算中，由于运算能力及数据的存储都是来自于移动网络中的“云”，所以，移动设备本身的运算能力就不再重要。通过云计算可以有效地突破手机终端的硬件瓶颈。

2. 便捷的数据存取

由于云计算技术中的数据是存储在“云”上的，一方面为用户提供了较大的数据存储空间；另一方面为用户提供便捷的存取机制，对云端的数据访问完全可以达到本地访问速度，也方便了不同用户之间的数据分享。

3. 智能均衡负载

针对负载较大的应用，采用云计算可以弹性地为用户提供资源，有效地利用多个应用之间的周期变化，智能均衡应用负载可提高资源利用率，从而保证每个应用的服务质量。

4. 降低管理成本

当需要管理的资源越来越多时，管理的成本也会越来越高。通过云计算来标准化和自动化管理流程，可简化管理任务，降低管理的成本。

5. 按需服务，降低成本

在互联网业务中，不同客户的需求是不同的，通过个性化和定制化服务可以满足不同用户的需求，但是往往会造成服务负载过大。而通过云计算技术可以使各个服务之间的资源得到共享，从而有效降低服务的成本。

目前主要有电信运营商和服务提供商在提供移动互联网云计算服务。

表 9-1 所示为电信运营商所提供的云计算服务，可以看到，在移动云计算发展的初期，运营商基于虚拟化及分布式计算等技术，提供 CaaS、云存储和在线备份等 IaaS 服务。

表 9-1　电信运营商移动云计算服务

厂　家	CaaS	云 存 储	在 线 设 备	移动式服务
AT&T	√	√		
Verizon	√	√	√	
Vodafone			√	√
O2			√	
NIT				√
中国移动	√	√		
中国电信	√		√	√
中国联通	√	√		

表 9-2 所示为服务提供商目前所提供的移动互联网云计算服务，大部分都针对自己的终端研发了在线同步功能，实现“云+端”的互联互通。

表 9-2　服务提供商移动云计算服务

厂　　家	服 务 名 称	服 务 内 容
华为	华为云	计算、存储、网络基础设施
中国移动	移动云	云主机、云数据库
腾讯	TencentOS Server	操作系统
微软	Live Mesh	在线同步
Google	Android	手机操作系统
惠普	WebOS	在线同步、用户信息集成

9.2 云计算与 ERP

云计算 ERP 软件继承了 SaaS、开源软件的特性，让用户通过网络得到 ERP 服务，用户不用安装硬件服务器、不用安装软件、不用建立数据中心机房、不用设置专职的 IT 维护队伍，不用支付升级费用，只需通过安装有浏览器的任何上网设备就可以使用高性能、功能集成、安全可靠和价格低廉的 ERP 软件。

云计算模式下的 ERP 系统运营模式与传统的运营模式有着很大区别。图 9-2 所示是现有云计算模式下云计算用户与提供商结构简图。从图中可以看出，传统的 ERP 系统提供商所在的位置处于中间环节，既是数据中心云计算服务提供商的用户，同时又是 ERP 系统用户的 SaaS 服务提供商。在这种模式下，对于 ERP 系统服务提供商来说，他们只需要关注软件的安装、维护和版本的集中控制以及根据用户的需求提供新型的服务；而 ERP 最终用户也可以在任何时间、任何地点访问服务，更容易共享数据并将数据安全地存储在基础系统中。对于云计算 ERP 的使用者来说，云计算 ERP 软件应该开放源代码，可以随时使用，随时扩展，只需按使用情况支付服务费而不需要支付版权许可费用。这些完全符合开源软件的定义。通过 SaaS 模式使用云计算软件，用户不需要支付软件许可费，只需支付服务费等租用费用。对于用户而言，通过云计算 ERP 则进一步提升了使用的自由，让开源 ERP 在互联网时代有了更实际的意义。

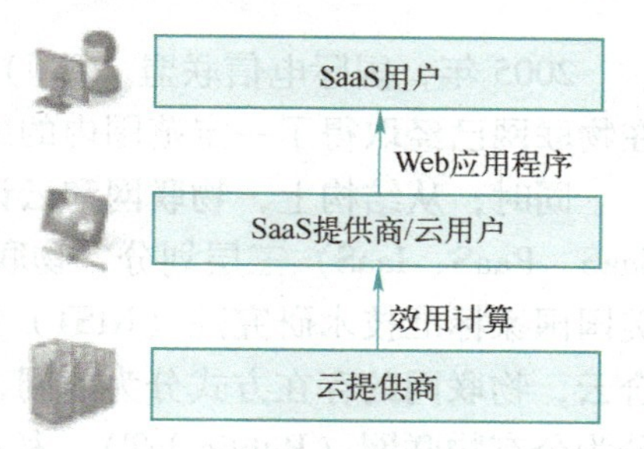

图 9-2　云计算用户和提供商

具体而言，云计算模式为 ERP 系统的发展带来了以下优势：

1）屏蔽底层环境。对于 ERP 系统服务提供商以及最终用户来说，底层的大多数硬件环境、软件环境都由云计算服务商提供，而软件服务商只需支付服务费用，不需要操作硬件的扩充与维护，降低了硬件的投入成本。

2）保障双方权利。云计算的模式避免了 ERP 系统的盗版问题。通过对系统的设计，可增加互动交流平台，便于 ERP 系统服务商根据用户的需求维护、升级自己的产品，更加有效地为用户提供服务。同时，由于成本的降低，ERP 服务商也可通过免费开放系统，只收取服务费，打破了传统的经营理念。

3）更加安全可靠。由于云计算服务提供商拥有庞大的云（计算资源）支持，即使有部分云出现故障，也不会影响到全局，不会导致用户无法使用资源。另外，专业的云计算提供商由于长期从事相关资源的维护保障工作，积累了大量经验，在安全保障方面会更加专业，减少由于安全问题给用户带来的损失。

4）便于深度分析。云计算的优势在于处理海量的数据与信息，通过对不同用户可公开数据资源的深度分析与挖掘，为用户提供更加广泛的附加服务。这一点是云计算完全不同于现行 ERP 模式的一个创新点，合理利用这一优势将给服务商带来无限机会，给用户带来意想不到的收获。

当然，在现行的架构下，ERP 系统的云计算模式也存在着一些不足：

1）对通信设施的依赖。现行的模式主要依靠通信网络，一旦网络发生大面积故障，系统将无法工作。

2）用户数据私有性的保证。由于 ERP 系统一般涉及一个企业内部运作的大量数据以及商业秘密，保障企业的核心机密私有性对于云计算的模式发展是一个具有相当挑战性的课题，涉及制度、法律保障和模型安全设计等多方面的因素。

ERP 系统与云计算模式都处在发展阶段，虽然有部分服务商注意到了云计算模式下的 ERP 系统的潜力所在，开始提供相关的服务，但仍处于摸索阶段。因此，ERP 的云计算模式需要一段相当长的发展与改进过程。

9.3 云计算与物联网

2005 年，国际电信联盟（ITU）首次提出“物联网”（Internet of Things）的概念，到现在物联网已经取得了一定范围内的成功，它的出现已经极大地改变我们的生活。

同时，从结构上，物联网和云计算在很多方面有对等的可比性，例如，云计算 SPI（即 SaaS、PaaS、IaaS）三层划分，物联网也有 DCM（即感知层、传输层、应用层）三层划分。美国国家标准技术研究院（NIST）把云计算的部署模式分为公有云、私有云、社区云和混合云，物联网的存在方式分为内网，专网和外网；也可和云计算一样，把物联网的部署模式分为公有物联网（Public IoT）、私有物联网（Private IoT）、社区物联网（Community IoT）和混合物联网（Hybrid IoT）。

由于云计算从本质上来说就是一个用于海量数据处理的计算平台，因此，云计算技术是物联网涵盖的技术范畴之一。随着物联网的发展，物联网将势必产生海量数据，而传统的硬件架构服务器将很难满足数据管理和处理的要求。如果将云计算运用到物联网的传输层和应用层，采用云计算的物联网将会在很大程度上提高运行效率。下面我们来介绍一下物联网与云计算的关系、基于云计算的物联网环境以及云计算在典型物联网应用行业应用中的作用。

9.3.1 物联网与云计算的关系

物联网与云计算是近年来兴起的两个不同概念。它们互不隶属，但它们之间却有着千丝万缕的联系。

物联网与云计算都是基于互联网的，可以说互联网就是它们相互连接的纽带。人类是从信息积累搜索的互联网方式逐步向对信息智能判断的物联网方式前进的，而且这样的信息智能是结合不同的信息载体进行的。互联网教会人们怎么看信息，物联网则教会人们怎么用信息，更具智慧是物联网的特点。由于把信息的载体扩充到“物”，因此，物联网必然是一个大规模的信息计算系统。

物联网就是互联网通过传感网络向物理世界的延伸，它的最终目标就是对物理世界进行智能化管理。物联网的这一使命也决定了它必然要由一个大规模的计算平台作为支撑。

云计算与物联网的结合方式可以分为以下几种：

1）单中心、多终端方式的云中心大部分由私有云构成，可提供统一的界面，具备海量的存储能力与分级管理功能。

2）多中心、大量终端方式的云中心由公有云和私有云构成，两者可以实现互连。对于很多区域跨度较大的企业、单位而言，多中心、大量终端的模式较适合。

3）信息应用分层处理、海量终端方式的云中心由公有云和私有云构成，它的特点是用户的范围广、信息及数据种类多、安全性能高。

以上 3 种只是云计算与物联网结合方式的勾勒，还有很多其他具体模式，已经有很多模式或者方式在实际当中应用了。

9.3.2 云计算与物联网结合面临的问题

技术总能带给人们很多的想象空间，作为当前较为先进的技术理念，物联网与云计算的结合也有很多需要解决的问题。

1. 规模问题

规模化是云计算与物联网结合的前提条件。只有当物联网的规模足够大之后，才有可能和云计算结合起来。

2. 安全问题

无论是云计算还是物联网，都有海量的与物、人相关的数据。若安全措施不到位，或者数据管理存在漏洞，它们将使人们的生活无所遁形。

3. 网络连接问题

云计算和物联网都需要持续、稳定的网络连接，以传输大量数据。如果在低效率网络连接的环境下，则不能很好地工作，难以发挥应用的作用。

4. 标准化问题

标准是对任何技术的统一规范，由于云计算和物联网都是由多设备、多网络和多应用通过互相融合形成的复杂网络，需要把各系统都通过统一的接口、通信协议等标准联系在一起。

9.3.3 智能电网云

随着智能电网云技术的发展和全国性互联电网的形成，未来电力系统中的数据和信息将变得更加复杂，数据和信息量将呈几何级数增长，各类信息间的关联度也将更加紧密。同时，电力系统在线动态分析和控制所要求的计算能力也将大幅度提高。日益增长的数据量对电网公司系统的数据处理能力提出了新的要求。在这种情况下，电网企业已经不可能采用传统的投资方式，靠更换大量的计算设备和存储设备来解决问题，而是必须采用新的技术，充分挖掘现有电力系统硬件设施的潜力，提高其适用性和利用率。

基于上述构想，可以将云计算引入电力系统，构建面向智能电网的云计算体系，形成电力系统的私有云-智能电网。智能电网云充分利用电网系统自身物理网络，整合现有的计算能力和存储资源，以满足日益增长的数据处理能力、电网实时控制和高级分析应用的计算需求。智能电网云以透明的方式向用户和电力系统应用提供各种服务，它是对虚拟化的计算和存储资源池进行动态部署、动态分配/重分配、实时监控的云计算系统，从而向用户或电力系统应用提供满足 QoS 要求的计算服务、数据存储服务及平台服务。

智能电网云计算环境可以分为 3 个基本层次，即物理资源层、平台层和应用层。物理资源层包括各种计算资源和存储资源，整个物理资源层也可以作为一种服务向用户提供，即 IaaS。IaaS 向用户提供的不仅包括虚拟化的计算资源、存储，还要保证用户访问时的网络宽带等。

平台层是智能电网云计算环境中最为关键的一层。作为连接上层应用和下层资源的纽带，其功能是屏蔽物理资源层中各种分布资源的异质特性并对它们进行有效的管理，也向应用层提供一致、透明的接口。

作为整个智能电网云计算系统的核心，平台层主要包括智能电网高级应用和实时控制程序设计和开发环境、海量数据存储的存储管理系统、海量数据文件系统及实现智能电网云计算的其他系统管理工具，如智能电网云计算系统中的资源部署、分配、监控管理、分布式并发控制等。平台层主要为应用程序开发者设计，开发者不用担心应用运行时所需要的资源，平台层提供应用程序运行及维护所需要的一切平台资源。平台层体现了平台及服务，即PaaS。

应用层是用户需求的具体表现，是通过各种工具和环境开发的特定智能电网应用系统。它是面向用户提供的软件应用服务及用户交互接口等，即 SaaS。

在智能电网云计算环境中，资源负载在不同时间的差别可能很大，而智能电网应用服务数量的巨大导致出现故障的概率也随之增长，资源状态总是处于不断变化中。此外，由于资源的所有权也是分散的，各级电网都拥有一定的计算资源和存储资源，不同的资源提供者可以按各自的需求对资源施加不同的约束，从而导致整个环境很难采用统一的管理策略。因此，若采用集中式的体系结构，即在整个智能电网云环境中只设置一个资源管理系统，那么很容易造成瓶颈并导致故障点，从而使整个环境在可伸缩性、可靠性和灵活性方面都存在一定的问题，这对于大规模的智能电网云计算环境并不适应。

解决此问题的思路是引入分布式的资源管理体系结构，采用域模型。采用该模型后，整个智能电网云计算环境分为两级：第一级是若干逻辑上的单元，称其为管理域，它是由某级电网拥有的若干资源，如高性能计算机、海量数据库等，构成一个自治系统，每个管理域拥有自己的本地资源管理系统，负责管理本域内的各种资源；第二级则是这些管理域相互连接而构成的整个智能电网云计算环境。

管理域代表集中式资源管理的最大范围和分布式资源管理的基本单位，体现两种机制的良好融合。每个域范围内的本地资源管理系统集中组织和管理该域内的资源信息，保证在域内的系统行为和管理策略是一致的。多个管理域通过相互协作，以服务的形式提供可供整个智能电网云计算环境中的资源使用者访问的全局资源，每个域的内部结构对资源使用者而言则是透明的。引入管理域后的智能电网云组成，如图 9-3 所示。

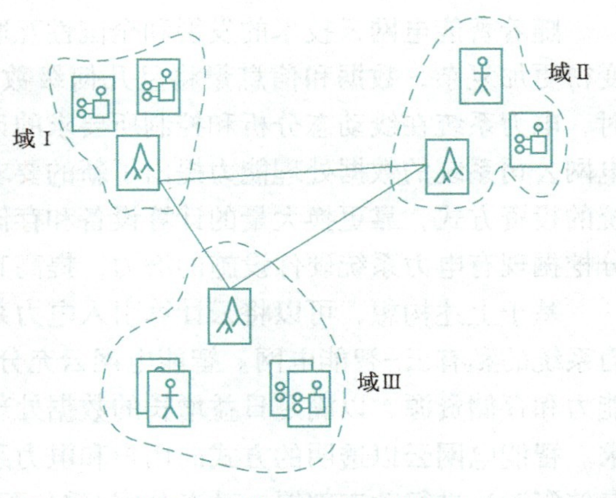

图 9-3 基于资源管理域的智能电网云组成

将云计算技术引入智能电网领域，充分挖掘现有电力系统计算能力和存储设施，以提高其适用性和利用率，无疑具有极其重要的研究价值和意义。

尽管智能电网云概念的提出较好地利用了电力系统现有的硬件资源，但在解决资源调度、可靠性及域间交互等方面的问题时，仍面临许多挑战。对这些问题进行广泛而深入的研究，无疑会对智能电网云计算技术发展产生深远的影响。

9.3.4 智能交通云

交通信息服务是智能交通系统（Intelligent Transportation System，ITS）建设的重点内容，目前，我国省会级城市交通信息服务系统的基础建设已初步形成，但普遍面临着整合利用交通信息来服务于交通管理和出行者问题。如何对海量的交通信息进行处理、分析、挖掘和利用，将是未来交通信息服务的关键问题，而云计算技术以其自动化 IT 资源调度、快速部署及优异的扩展性等优势，将成为解决这一问题的重要技术手段。

1. 国内外智能交通的发展状况

随着我国城市化进程加速、汽车数量爆炸式增长，城市拥堵问题日益严重，同时出现频繁的交通事故、噪声污染和空气污染，使城市承载能力与社会运行效率受到了严峻挑战，传统的依靠加大基础设施投入的方法已经不能解决人们日益增长的交通需求。智能交通系统是在传统交通基础上发展起来的新型交通系统，是智慧交通的基础，也是智慧城市的重要组成部分，成为推动交通高质量发展的重要引擎。根据《2023—2028 年中国智能交通系统行业竞争分析及发展前景预测报告》分析：目前，国内约有 2000 多家企业涉足智能交通行业，主要集中在道路监控、高速公路收费、3S（GPS、GIS、RS）和系统集成环节。在监控产品领域，国内约有 500 家企业从事生产和销售。高速公路收费系统是中国智能交通领域的一大特色，约有 200 多家企业从事相关产品的生产。在 3S 领域，尽管有 200 多家企业，但部分领军企业在高速公路机电系统、高速公路智能卡、地理信息系统和快速公交智能系统等领域占据了重要地位。随着物联网、云计算、大数据、人工智能等新一代信息技术的快速发展，智能交通系统将实现更紧密的技术融合。这将推动智能交通系统向更高层次、更广泛的应用领域发展，提升交通管理的智能化水平，智能交通系统市场规模将保持高速增长态势。随着交通强国和现代综合交通运输体系的建设，智能交通将广泛应用于各种场景。

日本是世界上率先展开 ITS 研究的国家之一，在 1973 年日本通产省开始开发汽车综合控制系统（Comprehensive Automobile Control System，CACS），日本的 ITS 研究与应用开发工作主要围绕 3 个方面进行，即提供实时道路交通信息的汽车和通信系统（Vehicle Information Communication System，VICS）、电子不停车收费系统（Electronic Toll Collection，ETC）和先进的公路系统（Advanced Highway System，AHS）。新加坡在 ITS 的发展方面已经走到世界的前列，其智能交通信号控制系统实现了自适应和整体协调。韩国的智能公交调度及信息服务系统 TAGO，让首尔市的交通井然有序。首尔市的智能交通在交通故障、交通监测和公共交通等领域都得到了充分的应用和发展，交通服务水平属于亚洲高水平。

2. 交通数据的特点

交通数据有以下特点：

- 数据量大。交通服务要提供全面的路况，需组成多维、立体的交通综合监测网络，实现对城市道路交通状况、交通流信息和交通违法行为等的全面监测，特别是在交通高峰期需要采集、处理及分析大量的实时监测数据。
- 应用负载波动大。随着城市机动车水平的不断提高，城市道路交通状况日趋复杂，交通流特性呈现随时间变化大、区域关联性强的特点，需要根据实时的交通流数据及时、全面地采集、处理和分析。
- 信息实时处理要求高。市民对交通服务的主要需求之一就是对交通信息发布的时效性要求高，需要将准确的信息及时提供给不同需求的主体。
- 有数据共享需求。交通行业信息资源的全面整合与共享是智能交通系统高效运行的基本前提，智能交通相关子系统的信息处理、决策分析和信息服务是建立在全面、准确、及时的信息资源基础之上的。
- 有高可用性、高稳定性要求。交通数据需面向政府、社会和公众提供交通服务，为出行者提供安全、畅通、高品质的行程服务，对智能交通手段进行充分利用，以保障交通运输的高安全、高时效和高准确性，势必要求 ITS 应用系统具体高可用性和高稳定性。

如果交通数据系统采用烟筒式系统建设方式，将会产生建设成本较高、建设周期较长、IT 管理效率较低、管理人员工作量繁重等问题。随着 ITS 应用的发展，服务器规模日益庞大，将带来高能耗；数据中心空间紧张、服务器；利用率低或者利用率不均衡等状况，造成资源浪费，还会造成 IT 基础架构对业务需求反应不够灵敏，不能有效调配系统资源以适应业务需求等问题。

云计算通过虚拟化等技术，整合服务器、存储和网络等硬件资源，优化系统资源配置比例，实现应用的灵活性，同时提升资源利用率，降低总能耗，降低运维成本。因此，在智能交通系统中引入云计算有助于系统的实施。

3. 交通数据的数据中心云计算化（私有云）

交通专网中的智能交通数据中心的主要任务是为智能交通的各个业务系统提供数据接收、存储、处理、交换和分析等服务，不同的业务系统随着交通数据流的压力而应用负载波动大，智能交通数据交换平台中的各个子系统也会有相应的波动，为了提高智能交通数据中心硬件资源的利用率，并保障系统的高可用性及稳定性，可在智能交通数据中心采用私有基础设施云平台。交通私有云平台主要提供以下功能：

- 基础架构虚拟化，提供服务器、存储设备虚拟化服务。
- 虚拟架构查看及监控，查看虚拟资源使用状况及远程控制（如远程启动、远程关闭等）。
- 统计和计量。
- 服务品质协议（Service Level Agreement，SLA）服务，如可靠性、负载均衡、弹性扩容和数据备份等。

4. 智能交通的公共信息服务平台、地理信息系统云计算化（公共云）

在智能交通业务系统中，有一部分互动信息系统、公共发布系统及交通地理信息系统运行在互联网上，是以公众出行信息需求为中心，整合各类位置及交通信息资源和服务，形成统一的交通信息来源，为公众提供多种形式、便捷、实时的出行信息服务。该系统还为企业提供相关的服务接口，补充公众之间及公众与企业、交通相关部门、政府的互动方式，以更好地服务于大众用户。

公众出行信息系统主要提供常规信息、基础信息和出行信息等的动态查询服务及智能出行分析服务。该服务不但要直接为大众用户所使用，也为运营企业提供服务。

交通地理信息系统（GIS-T）也可以作为主要服务通过公共云平台，向广大市民提供交通常用信息、地理基础信息和出行地理信息导航等的智能导航服务。该服务直接向市民所用，同时也为交通运营企业针对 GIS-T 的二次开发提供丰富的接口调用服务。

所有在互联网上的应用都属于公众云平台，智能交通把信息查询服务及智能分析服务作为一个平台服务提供给其他用户使用，不但可以标准化服务访问接口，也可以随负载压力动态调整 IT 资源，提高资源的利用率并提高保障系统的高可用性及稳定性。交通公共云平台主要提供以下功能：

- 基于平台的 PaaS 服务。
- 资源服务部署，申请、分配、动态调整和释放资源。
- SLA 服务，如可靠性、负载均衡、弹性扩容和数据备份等。
- 其他软件应用服务（SaaS），如地理信息服务、信息发布服务、互动信息服务和出行诱导服务等。

5. 关于智能交通云的争议

有关专家认为，数据安全是全球对云计算最大的质疑，例如，智能交通领域的城市轨道交通，传统安防服务的主体是地铁运营安防，其监控覆盖范围是地铁运营所涵盖的有限站点和区域，录像资料保密性和安全性要求高，且不接入公共网络，其服务对象是地铁运营人员和公安。同时，由于其安全级别要求更高，如信号系统对安防系统有特殊要求，使得安防系统在设计时必须特别考虑。系统即使扩容也要受制于地铁站点的数量，不会无限制的扩容。对于这种相对封闭的系统来说，“云计算”显然没有太多的价值。

这些专家还认为其他如城市治安监控、金融、高速公路等传统的安防行业，由于整个系统的建设和设计初衷会考虑到保障整体系统的可控性、稳定性及系统间的联动、封闭的反馈环自动化控制等要求，注定会融入有一个相对封闭的大系统而非“云”系统，因此不适合采用“云计算”的模式。

总之，对于智能交通，不可否认的是云计算会在其中扮演重要角色，但如何扮演，是第一主角还是重要配角，这些都是值得探讨和研究的问题。

9.3.5　医疗健康云

同样，云计算在医疗健康领域的应用也被寄予厚望。产生所谓的医疗健康云的概念。医疗健康云在云计算、物联网、5G 通信及多媒体等新技术基础上，结合医疗技术，旨在提高医疗水平效率、降低医疗开支、实现医疗资源共享和扩大医疗范围，以满足广大人民群众日益提升的健康需求的一项医疗服务。云医疗目前也是国内外云计算落地行业应用中最热门的领域之一。

1. 医疗健康云的优势

- 数据安全。利用云医疗健康信息平台中心的网络安全措施，断绝数据被盗走的风险；利用存储安全措施，使得医疗信息数据定期进行本地及异地备份，提高数据的冗余度，使得数据安全性大幅提升。
- 信息共享。将多个省市的信息整合到一个环境中，有利于各个部门的信息共享，提升服务质量。
- 动态扩展。利用云医疗中心的云环境，可对云医疗系统的访问性能、存储性能和灾备性能等进行无缝扩展升级。
- 布局全国。借助云医疗的远程可操作性，可形成覆盖全国的云医疗健康信息平台，医疗信息在整个云内共享，惠及更多的群众。
- 前期费用较低。因为几乎不需要在医疗机构内部部署技术（即“可负担”）。

2. 前期健康云需要考虑的问题

将云计算用于医疗机构时，必须考虑以下问题：

- 系统必须能够适应各部门的需要和组织的规模。
- 架构必须鼓励以更开放的方式共享信息和数据源。
- 资本预算紧张，所以任何技术更新都不能给原本就不堪重负的预算环境带来过大的负担。
- 随着更多的病人进入系统，更多的数据变成数字化，可扩展性必不可少。
- 由于医生和病人将得益于远程访问系统和数据功能，可移植性不可或缺。
- 安全和数据保护至关重要。

综观所有医疗信息技术，采用云计算面临的最大阻力也许是来自对病人信息的安全和隐私方面的担心。医疗行业在数据隐私方面有一些具体的要求，已成为《健康保险可携性及责任性法案》（HIPAA）的隐私条例，政府通过这些条例为个人健康信息提供保护。

同样，许多医疗信息技术系统处理的是生死攸关的流程和规程（如急症室筛查决策支持系统或药物相互作用数据库）。面向医疗行业的云计算必须拥有最高级别的可用性，并提供万无一失的安全性，这样才能得到医疗市场的认可。

因此，一般的 IT 云计算环境可能不适合许多医疗的应用。随着私有云计算的概念流行起来，医疗行业必须更进一步：建立专门满足医疗行业安全性和可用性要求的医疗云环境。

目前可观察到两类医疗健康云，一类是面向医疗服务提供者，如 IBM 和 Active Health 合作的 Collaborative Care，可以称为医疗云；另一类是面向患者的，如 Google Health、Microsoft Health Vault 及美国政府面向退伍军人提供的 Blue Button，暂且称其为健康云。

除了将现有的 IT 服务搬到云上外，将来更大的机会在于方便医疗机构之间、医疗机构和患者之间信息的分享和服务的互操作性，以及在此基础上开放给第三方去形成新的业务。对于像过渡期护理（Transitional Care）、慢性病预防与管理、临床科研等涉及多家医疗医药机构的合作、患者积极参与的情形，在医疗健康云上进行将如虎添翼。

9.4 云计算与教育

9.4.1 MOOC

教育科研是一个国家保持可持续发展和创新的基础，也是全社会关注的重点。教育科研领域的信息化建设建设要采纳最新的信息技术，实现广泛的合作，促进先进的教育科研成果的流通，从而提高教育效果，加快科技进步。

在传统的课堂讲授方式中，老师通过口述并运用板书配合讲解，老师一直是教学中的主体，“老师教，学生学”这种教学模式使得学生一直处于被动学习的状态，学生缺乏对教学内容的真实感受。这种教学模式带来的弊端是很多的，学生长时间处于这种“被动”的学习状态，学习积极性很难提高，学习效果就会下降，甚至会造成学生厌学、弃学的结果，显然，这和现代教育讲究的个性化、全方位、创新性的学习理念背道而驰。

随着信息技术的迅速发展，特别是从互联网到移动互联网，创造了跨时空的生活、工作和学习方式，使知识获取的方式发生了根本变化。教与学可以不受时间、空间和地点条件的限制，知识获取渠道灵活与多样化。全球开放教育资源运动在全球许多国家和地区迅速发展，并伴随云计算、物联网等技术的发展，MOOC（Massive Online Open Course，大规模网络开放课程）应运而生，并在短期内得到了迅速发展。

1. 什么是 MOOC

慕课，简称“MOOC”，也称“MOOCs”，是一种在线课程开发模式，它发端于过去发布资源、学习管理系统以及将学习管理系统与更多的开放网络资源综合起来的旧的课程开发模式。它的出现被喻为教育史上一次教育风暴，500 年来高等教育领域最为深刻的技术变革。

2. MOOC 的发展历史

MOOC 一词源于 2008 年戴夫·科米尔（Dave Cormier）和布莱恩·亚历山大（Bryan Alexander）对乔治·西蒙斯（George Siemens）和斯蒂芬·唐斯（Stephen Downes）在马尼托巴大学开设的名为“联通主义学习理论和连接性知识”的新型大规模开放式网络课程英文名“Massive Open Online Courses”首字母的缩写。2011 年，美国斯坦福大学将 3 门计算机课程对全球免费开放，注册学习人数均超过或接近 10 万人。掀起了 MOOC 学习的热潮。2012 年，更多的学校、组织及个人都在互联网上提供 MOOC。美国《纽约时报》将 2012 年称为 MOOC 元年。2013 年是 MOOC 在我国飞速发展的一年。2013 年 1 月，香港中文大学加盟 Coursera；4 月，香港科技大学加盟了 Coursera；5 月 21 日，北京大学、清华大学、香港大学、香港科技大学等 6 所大学宣布加盟 edX；7 月 8 日，复旦大学和上海交通大学宣布加盟 Coursera。除此之外，各大高校也在自主或联合开发自己的 MOOC 平台和在线学习平台，如清华大学自主开发的“学堂在线”，西南交通大学与台湾新竹交通大学、上海交通大学、西安交通大学等共同建设开放式 MOOC 课程平台，上海交通大学联合北京大学、清华大学、复旦大学等 12 所大学共同组成“在线课程共享联盟”等。2013 年被称为中国的 MOOC 元年，如图 9-4 所示。

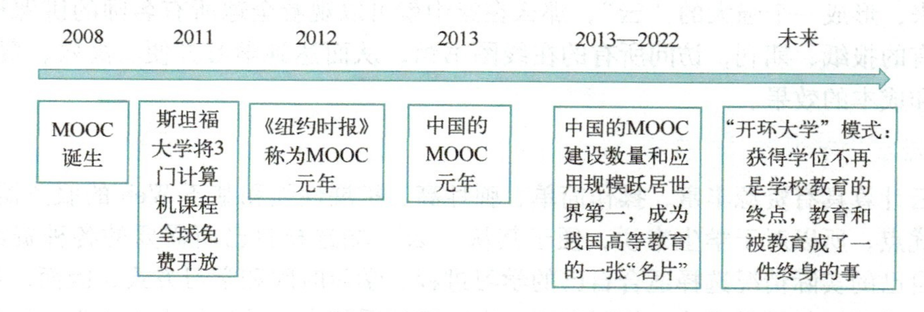

图 9-4　MOOC 发展历程

3. 课程特征

- 工具资源多元化：MOOC 课程整合多种社交网络工具和多种形式的数字化资源，形成多元化的学习工具和丰富的课程资源。
- 课程易于使用：突破传统课程时间、空间的限制，世界各地的学习者依托互联网在家即可学到国内外著名高校课程。
- 课程受众面广：突破传统课程人数限制，能够满足大规模课程学习者学习。
- 课程参与自主性：MOOC 课程具有较高的入学率，同时也具有较高的辍学率，这就需要学习者具有较强的自主学习能力才能按时完成课程学习内容。

4. 我们身边的 MOOC

随着 MOOC 的深入人心，越来越多的人加入 MOOC 学习的热潮，对高校产生巨大的冲击，许多高校纷纷开始建立自己的 MOOC，加入 MOOC 组织，如图 9-5 所示。

图 9-5 高校的 MOOC

9.4.2 云计算对教育发展的重要意义

1. 实现全球化教育资源的共享

借助云技术，可以整合全部教育资源，达到优势互补的作用。如果把全球的优势教育资源整合起来，形成一个强大的“云”，那么在家中就可以观看全球所有名师的讲课视频，查阅全球所有的报纸、期刊，访问所有的在线图书馆，从而达到学习方便、高效、费用低廉，节约时间和成本的效果。

2. 促进学生学习方式的变革

由于云计算具有资源丰富、操作简单、弹性高、扩展性强和基于 Web 的服务器、存储、数据库等优点，所以对于学生来说，便于其从“云”端选择自己所需要的各种资源，也便于其根据自己的实际情况选择适合自己的学习进程、学习时间和学习方式，因而，可将学生从过去传统的死板的教学模式中解脱出来，有利于接受能力、认知能力强的学生缩短自己的学习进程，获取更多的知识，还有利于其形成举一反三、推陈出新的能力。

3. 推动教师的改变

云技术的使用要求广大教师也应该具备良好的信息技术使用能力，否则再好的资源也不能发挥其应有的作用。因此，教师应该利用现有的多媒体技术，逐步实现电子备课和网络教案，最终实现和云技术的全面对接。

9.4.3 云计算与教育行业所面临的挑战

在云技术日益成熟的今天，很多领域都开始设计云技术，教育也不例外。教育信息化在培养人才、提升教育质量等方面将发挥更大的作用。从国家层面来说，为了促进教育均衡和教育公平，各个高校充分进行课程共享、资源共享，彼此形成优势互补。教育云技术以其按需提供资源的特点，成为高校关注的焦点。但教育云的构建却不是一帆风顺的，它同样面临着挑战。

1）知识产权的问题。在建设教育云技术时，要将各个高校的资源集中起来，给用户提供服务。但是资源从何而来。

2）隐私问题。现在信息部门已经掌握了学校的很多资源，这就涉及隐私问题，例如信息资源可以提供给谁，通过什么途径提供，这并没有法律依据可循。

3）云平台的安全问题。云服务可以将资源都储存在云中，从法律角度来说，用户疑虑信息安全是否得到保障是无可厚非的。因此，信息托管部门必须建立健全的管理制度，对师生保持可靠的信任度。

思考与练习

一、填空题

1. 从用户行为角度来看，移动互联网广义上是指用户可以使用手机、笔记本计算机等________，通过________接入互联网；狭义上是指用户使用________，通过________访问采用 WAP 协议的________。

2. 未来的云生态系统将从“端”“管”“云”3 个层面展开。“端”指的是________，“管”指的是________，“云”指的是________。具体到移动互联网而言，“端”指的是手机 MID 等移动接入的终端设备，“管”是的是（宽带）无线网络，“云”指的是________。

二、选择题

1. 教育云面临（　　）挑战。

A. 知识产权的问题。在建设教育云技术时，要将各个高校的资源集中起来，给用户提供服务。但是资源从何而来？

B. 隐私问题。现在信息部门已经掌握了学校的很多资源，这就涉及隐私问题，比如信息资源可以提供给谁，通过什么途径提供。这些并没有法律依据可循。

C. 云平台的安全问题。云服务可以将资源都储存在云中，从法律角度来说，用户疑虑信息安全是否得到保障是无可厚非的。因此，信息托管部门必须建立健全的管理制度，对师生保持可靠的信任度。

D. 成本问题。教育的投入是非常重要的，充满智慧的，与环境、文化、师资息息相关。

2. 云应用的应用领域包括（　　）。

A. 工业　B. 政务　C. 农业　D. 金融　E. 交通　F. 国民经济建设的各个领域

三、简答题

1. 结合云计算在互联网中的挑战和现状，需要如何改进？

2. 分析云计算是如何与 ERP 系统相结合的？云 ERP 与传统 ERP 之间最大的不同是什么？

3. 云计算在物联网行业中具体有哪些应用，分析这些应用所带来的好处。

4. 分析云计算对教育行业产生哪些影响？

参考文献

[1] 吕云翔，钟巧灵，张璐，等．云计算与大数据技术［M］．北京：清华大学出版社，2018.
[2] 程克非，罗江华，兰文富，等．云计算基础教程［M］．2版．北京：人民邮电出版社，2018.
[3] 王风茂，蔡政策．云计算技术基础教程［M］．北京：机械工业出版社，2020.
[4] 刘鹏．云计算［M］．3版．北京：电子工业出版社，2015.
[5] 张炜，聂萌瑶，熊晶．云计算虚拟化技术与开发［M］．北京：中国铁道出版社，2018.
[6] 孙宇熙．云计算与大数据［M］．北京：人民邮电出版社，2017.
[7] 中国信息通信研究院．云计算白皮书（2023）［R/OL］．（2023-07）．http://www.caict.ac.cn/kxyj/qwfb/bps/202307/t20230725_458185.htm.
[8] 青云科技．2024破晓虚拟新纪元 国产虚拟化技术革新与实践之路白皮书［R/OL］．（2024-03）．https://resources.qingcloud.com/service/extfile/page/4e861c0f9f7d4a4aa86a9fe742cf71f9?cl_track=4b785#/file.
[9] 中国电子技术标准化研究院．云计算标准化白皮书［M］．北京：中国铁道出版社，2014.